Tobias Beuler

BAU KEINEN SCHEISS

So planst und baust du dein Traumhaus

TOBIAS BEULER

BAU KEINEN SCHEISS

So planst und baust du dein Traumhaus

FBV

Bibliografische Information der Deutschen Nationalbibliothek
Die Deutsche Nationalbibliothek verzeichnet diese Publikation in der Deutschen Nationalbibliografie. Detaillierte bibliografische Daten sind im Internet über https://dnb.de abrufbar.

Für Fragen und Anregungen
info@m-vg.de

Wichtiger Hinweis
Ausschließlich zum Zweck der besseren Lesbarkeit wurde auf eine genderspezifische Schreibweise sowie eine Mehrfachbezeichnung verzichtet. Alle personenbezogenen Bezeichnungen sind somit geschlechtsneutral zu verstehen.

Originalausgabe
3. Auflage 2024

Türkenstraße 89
80799 München
Tel.: 089 651285-0

Redaktion: Ulrich Wille
Korrektorat: Anke Schenker
Umschlaggestaltung: Marc-Torben Fischer
Umschlagabbildung: Adobe Stock
Umschlagfoto Autor: Steffen Roth
Satz: Daniel Förster
Druck: CPI books GmbH, Leck
Printed in Germany

ISBN Print 978-3-95972-796-9
ISBN E-Book (PDF) 978-3-98609-553-6
ISBN E-Book (EPUB, Mobi) 978-3-98609-554-3

Wir produzieren nachhaltig
www.m-vg.de

Für Charlie

Inhalt

1.

Im Traum gesehen, das Haus am See!

Träumen Sie auch vom Haus?

Die deutliche Mehrheit der Menschen in Deutschland, Österreich und der Schweiz träumt jedenfalls von einem eigenen Haus in guter Lage, gerade so, wie der Musiker Peter Fox einst seine Vorstellung vom »Haus am See« besungen hat.

Bei Peter Fox befindet sich das Haus »am Ende der Straße« und bezieht sich dabei allerdings potenziell auch auf den Umstand, dass es ein langer und unter Umständen beschwerlicher Weg zum eigenen Haus ist, der ein hohes Investment an Geld, Mut und Vorbereitung voraussetzt. Das mag wohl der Grund sein, warum er nicht noch öfter verwirklicht wird.

Seit vielen Jahren begleite ich Bauherren dabei, diesen Traum zu planen, und weiß daher, dass es keine kleine Aufgabe ist, die eigenen Ideen auch mit einem funktionierenden Plan zu hinterlegen und diesen dann noch sicher in die Tat umzusetzen. Die Sorge ist groß, dass die falschen Entscheidungen getroffen werden oder dass höchstens die zweitbeste Lösung für den großen Traum gewählt wird.

Das motiviert mich immer wieder zu zeigen, dass es absolut machbar ist, seinen Traum vom Haus in die Tat umzusetzen, ohne allzu viele Konzessionen machen zu müssen und ohne lauter Fehler zu begehen. Es lässt sich auch heute noch einiges an Budget einsparen und viel Stress vermeiden, wenn Bauherren nach Plan vorgehen.

Sorgen wir deshalb dafür, dass es kein allzu holpriger Weg für Sie als angehende Bauherren wird, wenn Sie auch Pläne schmieden, ins »Haus am See« zu kommen.

Für sehr viele Menschen ist das eigene Haus nämlich auch ein extrem positiv besetzter Fixpunkt einer erfüllten Lebensgestaltung. Da sind sich plötzlich sogar Hip-Hopper und Normalos ganz nah.

Fehler werden passieren – das ist okay

Für viele Menschen ist der Traum vom Eigenheim klarer Teil der Zukunftsplanung. Sie denken dabei an Sicherheit, Freiheit und Selbstbestimmung. Und wer will schon an Sachmängelhaftung, Beweislastumkehr und jahrelange Lüftungsprotokolle denken, wenn er erst einmal endlich im trauten Heim wohnt?

Weil das Haus die größte Einmalinvestition im Leben ist, sind Bauherren fast immer die einzigen Anfänger auf der Baustelle. Und wenn sie keinen eigenen Plan verfolgen, benehmen sie sich auch so.

Baupartner, Handwerker und Hausbaufirmen wissen hingegen genau, welchen Plan sie immer wieder verfolgen, wenn sie mal wieder ein Haus verkaufen, planen oder bauen – ihren Plan. Die Bauherren tun fast alles, was mit der Planung und Umsetzung ihres Traums zusammenhängt, immer zum ersten Mal. Das öffnet Tür und Tor für Missverständnisse und Fehleinschätzungen.

Das sollte aber nicht dazu führen, dass Bauherren sich sorgen, dass ein eigenes Haus als Aufgabe für sie »eine Nummer zu groß« sein könnte. Es lohnt sich sogar sehr, optimistisch und neugierig in die ganze Sache zu starten – nur eben mit Plan.

Bauherren können ihren eigenen Plan sicher umsetzen, wenn sie wissen, worauf es ankommt, wann sie ihre Ziele auch einmal mit etwas Nachdruck durchsetzen müssen und welche Konsequenzen ihre Entscheidungen haben. Dann ist ihr Plan, das Projekt Eigenheim, zwar immer noch komplex, weil recht viele Entscheidungen zu treffen sein werden, aber gar nicht kompliziert.

Doch offensichtlich planen einige Bauherren ihr Haus nicht zu Ende oder treffen auf unerwartete Herausforderungen. Unter anderem aufgrund dessen kommt es bei etlichen Investitionen während des Baus und im Nachhinein zu bösen Überraschungen.

So hat die Arbeitsgemeinschaft für zeitgemäßes Bauen e. V. in den Jahren 2017 bis 2019 einmal Prüfberichte von Bausachverständigen für Einfamilienhäuser statistisch erfasst und ausgewertet, was denn während des Baus und danach an Baumängeln aufgefallen ist:

»Die bittere Bilanz: Ein fehlerfrei gebautes Haus scheint die große Ausnahme zu sein. Ein Drittel aller Sanitärarbeiten, ein Drittel aller Heizungseinbauten, ein gutes Viertel aller Elektroinstallationen [...] waren fehlerhaft.«[1] Damit ist sie bereits umschrieben, die große Sorge vieler angehender Bauherren.

Wenn solche Fehler auftreten, hat das selbstverständlich einen Einfluss auf die Kalkulation des ganzen Projekts, das damit erheblich teurer werden kann als eigentlich geplant. Der zitierte Bericht weist auf massive mögliche Folgeschäden hin, die keine Seltenheit sind: »In den Rohbauten gab es in 32 Prozent der Fälle Probleme mit den Wänden – sei es, dass Maße nicht eingehalten, falsche Baustoffe eingesetzt wurden oder falsch gedämmt wurde.«[2] Und bei den Wänden hört es nicht auf.

Auch die Erfahrung meines Teams weist darauf hin, dass in einer nennenswerten Zahl von Bauprojekten Schaden entstehen kann, der mehr ist als ein optischer Mangel. Folgeschäden im fünfstelligen Bereich sind keine Seltenheit. Auch das hat die Studie abseits unserer Erfahrungen erfasst:

»In dem Bauschadensbericht nannten die Sachverständigen für 58 Prozent der begutachteten Fälle einen Schaden von bis zu 5.000 Euro pro Haus. Bei fast 40 Prozent bewegten sich die Kosten für die Fehlerbehebung zwischen 5.000 und 50.000 Euro. In 7 Prozent der Fälle gingen die Schäden über einen Wert von 50.000 Euro hinaus.«

Häufig genug ist dabei Kern des Problems, dass ein Baumangel nicht sofort auffällt, für den Laien nicht immer ersichtlich ist und manchmal erst nach Jahren seine bitteren Konsequenzen zeigt.

Auch ist es häufig nicht so einfach, der Baufirma dann ihr Versäumnis beim Bau nachzuweisen. Wie wollen Sie nach Jahren feststellen, wie die Feuchtigkeit in Ihr Haus gekommen ist? Hat die Baufirma etwas falsch eingebaut, bei der Isolierung und Abdichtung geschludert oder haben Sie etwa falsch gelüftet?

Und der Bericht lässt daher einen interessanten Hinweis folgen, den ich an dieser Stelle fett unterstreichen möchte: »Die Fehlerfolgekosten lägen sicherlich höher, wenn die Mängel nicht rechtzeitig durch die Sachverständigen erkannt worden wären.«[3] Viele Baumängel bleiben noch weiter unentdeckt und sorgen vielleicht erst Jahre später für ungewollte Aufmerksamkeit, wenn nicht auf manche Dinge ein kritisches Auge fällt.

Es lohnt sich also für Bauherren, eine eigene Idee zu entwickeln, wie das eigene Haus geplant und die Einhaltung der eigenen Ziele durch alle beteiligten Partner sichergestellt werden kann. Und womöglich ist es auch hilfreich, sich an der einen oder anderen Stelle Hilfe zu suchen und einen Bausachverständigen hinzuzuziehen.

Was bedeutet in diesem Zusammenhang denn dann »eigene Idee«?

An einigen wenigen neuralgischen Punkten ist die eigene Übersicht der wichtigen und folgenschweren Entscheidungen sogar extrem wichtig, weil dann der wichtige und wertvolle Rat eines Experten an den entscheidenden Stellen eingeholt werden kann. Das spart auch schon wieder Geld und Nerven.

Das wiederum funktioniert besonders gut, wenn zukünftige Hausbesitzer wissen, wann sie besonders aufmerksam sein müssen und ein eigenes Bauchgefühl entwickeln, was wichtig ist und später wichtig sein wird. Es funktioniert am besten, wenn sie sich nicht wie Anfänger verhalten.

Sie sind die einzigen Anfänger

Bauherren tun genau das, was sie hier als ihren Traum planen, in aller Regel zum allerersten Mal. Und sie sind dabei darauf angewiesen, ihrer Intuition zu folgen, wenn sie keinen klaren und geprüften Plan verfolgen. Die Intuition ist aber nicht immer automatisch der beste Ratgeber und aus diesem Grund wird das vorliegende Buch Ihre Intuition und Ihr Bauchgefühl für das eigene Bauprojekt auf sichere Füße stellen.

Das bezieht sich beispielsweise auf die Kommunikation mit all Ihren Partnern am Bau. Um dafür gleich zu Beginn einmal zu sensibilisieren, fällt mir immer das wunderbare Wörtchen »bauseits« ein.

Dieses kleine Wort ist in vielen Baubeschreibungen etabliert und verstellt in bezeichnender Weise seine eigentliche Bedeutung, weil es intuitiv etwas zu bedeuten scheint. Bauherren gehen beim Lesen dieses Begriffs allzu häufig einfach darüber hinweg und folgen ihrer Intuition.

Stellen Sie sich vor, Sie bekommen ein Angebot vorgelegt, in dem sinngemäß steht: »Material und Verlegung der Fußböden über Fußbodenheizung wie in der Baubeschreibung. Die Fußbodenleisten werden bauseits angebracht.« Für den Laien klingt das so, als würde hier zweimal der gleiche Umstand erklärt. Die Fußböden sind Teil des Projekts und die Fußbodenleisten werden auch im Rahmen des Baus des Hauses eingebaut.

Das Wort »bauseits« bedeutet in der Übersetzung allerdings nichts anderes als »nicht inkludiert«. Damit rechnet der Laie wahrscheinlich nun wirklich nicht und muss hinterher sehen, wo die Fußbodenleisten herkommen.

Ein wenig wird es also in diesem Buch auch darum gehen, einen eigenen Duden für angehende Bauherren zu entwickeln: »Deutsch – Baustelle, Baustelle – Deutsch«.

Und die eigene Intuition kann regelmäßig und viel grundlegender falsche Ableitungen nahelegen. Eine der ersten Fragen, die sich den Bauherren ja stellt, ist die Entscheidung, wie denn später das Haus aufgebaut werden soll: als Fertighaus oder vielleicht als Stein auf Stein gemauertes Bauwerk?

Viele Überlegungen spielen in diese Entscheidung hinein, wie die mögliche Bauzeit, die Auswahl von guten Anbietern und beispielsweise auch der spätere Wert des Hauses. Dabei sagt die Intuition beispielsweise, dass ein Fertighaus in der Regel später einen niedrigeren Wiederverkaufswert hat, was vielleicht einmal spannend wird, wenn das Haus gegen eine kleinere Wohnung fürs Altenteil eingetauscht werden soll.

Jedoch ist es bei Fertighäusern so, dass sie in der Regel sogar einen besseren Wiederverkaufswert erreichen, beispielsweise auch, weil hier bei den »guten Anbietern« Aspekte der Wohngesundheit und Bauökologie leichter eingehalten und umgesetzt werden können als bei manchem »Massivhaus«, das heutige Dämmstandards durch viel Kunststoff und Styropor einzuhalten versucht.

Die Zahlen der Energieeffizienz sind jedoch vermutlich in der Zukunft eine Frage von Interessenten für ein Haus und damit ein wertbestimmender Faktor. Damit rechnet aber insgesamt kaum ein Bauherr und macht sich auch wenig Gedanken darüber, ob wohngesundes Bauen bei Fertighäusern günstiger umzusetzen ist. Die Intuition sagt vermutlich das Gegenteil. In der Realität ist es häufig genau so.

Aus diesem Grund trauen wir der eigenen Intuition nur bedingt und schaffen lieber die Grundlage für ein sicheres Verständnis und Bauchgefühl.

Sie sind mit Ihrem Traum nicht allein

Wie verbreitet ist dieser Traum vom Eigenheim eigentlich und auf welche Wünsche stützt er sich?

Im »Mieterland Nummer eins« in der EU (nämlich Deutschland) sind knapp über 50 Prozent der Bevölkerung in einer Mietwohnung zu Hause, der Rest wohnt immerhin schon im Eigenheim.

Allerdings sind damit andersherum eben auch nur etwa 50 Prozent der Deutschen Eigentümer einer Immobilie, und das lässt Deutschland im internationalen Vergleich weit abgeschlagen dastehen. In Bezug auf die sogenannte »Eigenheimquote« ist Deutschland gar einsames Schlusslicht in Europa.

Die Frage ist: Wollen die das so oder ist es der lange Weg zum Haus am See, der sie abhält, ihren Traum zu leben?

Der Blick auf die reinen Zahlen gibt eine Antwort: Längst nicht immer ist das Schicksal frei gewählt, der Wunsch ist ein anderer!

Drei Viertel der Mieterinnen und Mieter in Deutschland wünschen sich im Ergebnis einer Studie sehr wohl, eine eigene Immobilie zu besitzen. Nur rund 14 Prozent der Bevölkerung möchten ausdrücklich weiterhin zur Miete wohnen und finden das wunderbar so, wie es ist. Der Rest wohnt, wie er wohnt, wohl eher aus pragmatischen Gründen.[4]

Man kann also sagen: Mindestens sieben von acht Deutschen träumen oder leben den Traum vom Eigenheim. Damit gehört das eigene Haus zu den sehr konsensfähigen großen Zielen eines erfüllten Lebens.[5] Dafür sind die zukünftigen Bauherren bereit, Zeit, Geld und Energie zu investieren.

Rund 24 Prozent der Mieter in Deutschland unter 50 Jahren krempeln auch jetzt schon ziemlich konkret die Ärmel hoch und planen den Erwerb von Wohneigentum, weil sie ihren Traum nun endlich Realität werden lassen wollen! Sie halten diesen Schritt für erstrebenswert, strengen sich an, ihn in die Tat umzusetzen, und fragen sich, wie das am besten gelingen kann.

Mit diesem Wunsch sind die deutschen Mieter dabei auch international nicht allein.

In Österreich erklären laut einer dort groß angelegten Studie 64 Prozent der Mieter, dass sie gerne in Eigentum leben wollen. 53 Prozent der Bevölkerung leben bereits in einem solchen selbst besessenen Haus oder einer Wohnung, relativ gesehen also ein paar mehr als in Deutschland. Der Rest träumt auch hier noch weiter. Auch die Österreicher zieht es deutlich ins Eigenheim.

Viele, auch internationale, Studien werfen ein klares Schlaglicht auf die sehr guten Gründe, aus der Mietwohnung rauszuwollen, die auch sehr gut Ihre Gründe als Leser sein können: Die Österreicherinnen und Österreicher geben im Rahmen der zitierten Studie beispielsweise eine Erklärung ab, warum sie lieber in einem eigenen Heim leben würden.

Es gibt handfeste Gründe für die eigenen vier Wände

91 Prozent der Befragten stimmen der Aussage zu, dass Immobilien »eine wertbeständige Anlage für die Zukunft« seien. Sie wollen also Eigentum aufbauen.

Fast ebenso beeindruckende 80 Prozent der befragten Österreicher meinen, dass sie dann »eine Sorge weniger haben, wenn die Wohnung oder das Haus abbezahlt ist«. Sie suchen nach Sicherheit.

Und immer noch 76 Prozent »zahlen lieber die Kreditrate als eine Miete, damit das Haus oder die Wohnung irgendwann ihnen gehört«. Sie streben nach Freiheit und Unabhängigkeit.

Und besonders ausgeprägt ist bei unseren südlichen Nachbarn der Wunsch nach den eigenen vier Wänden im Kreis der Familien.[6] 72 Prozent derer, die eine junge Familie haben, wollen den Traum erreichen.

Die Tatsache, dass die Familien besonders stark vom eigenen Zuhause träumen, haben die Österreicher dabei sicher nicht allein gepachtet. Und auch die genannten Gründe dafür sind bestimmt auf einer breiten Basis anschlussfähig. Daher bin ich sicher, mit diesen Zielen auch bei Ihnen als zukünftige Bauherren offene Haustüren einzurennen.

Und in der Schweiz? Dort leben etwas über 35 Prozent der Privathaushalte in einem Wohneigentum, wobei wiederum nur jedes zweite davon ein Einfamilienhaus ist.

Laut der »Wohnraumstudie« aus diesem Land wünschen sich auch dort rund zwei Drittel der in Mieterschaft lebenden Personen, irgendwann ein Wohneigentum besitzen zu können.[7] Natürlich auch dort aus guten Gründen, nämlich mit dem Blick auf günstigere Wohnkosten (47 Prozent), mehr individuellen Gestaltungsfreiraum (39 Prozent) und eine mögliche Absicherung im Alter (38 Prozent).[8]

Die Verhältnisse und die Wünsche sind also im DACH-Raum ziemlich vergleichbar. Und sie beweisen jeweils eine hohe Einigkeit der Bevölkerung darin, das eigene Haus zu einer Säule des eigenen Traums von der Zukunft zu erklären. Es spricht viel dafür, dieses Ziel zum Gelingen zu bringen!

Traum oder Albtraum – der eigene Plan macht den Unterschied!

Allerdings ist der Bau des eigenen Hauses auch eine außergewöhnlich große Aufgabe, egal, von welcher Seite Sie dabei gerade auf die Alpen schauen. Das ist sicherlich einer der Hauptgründe dafür, dass ihn nicht jeder umsetzen kann.

Wer davon träumt, nimmt sich deshalb meistens vor, diesen Traum nur einmal wahr werden zu lassen, und empfindet ihn auch als große Aufgabe. Das eigene Haus ist fast immer die größte Einmalinvestition eines ganzen Lebens. Es soll auch – nicht nur deshalb – nur einmal gebaut werden.

Ein gesunder Respekt vor der Größe der Aufgabe ist gerechtfertigt. Schließlich zeichnet sich der Traum vom Eigenheim durch einige besondere Merkmale aus. Neben dem lieben Geld ist das unter anderem die Tatsache, dass ein Hausbau mit allen notwendigen Entscheidungen fast beispiellos komplex ist, auch wenn er gar nicht kompliziert sein muss.

Es gilt, eine Menge an folgenreichen Entscheidungen zu treffen, die in einer langen Kette teils hintereinander, teils parallel zu treffen sind und deren Auswirkungen im System der notwendigen Weichenstellungen Anfänger und Nicht-Profis häufig gar nicht abschätzen können.

Wie realistisch ist es, dass eine etwas schief gegossene Bodenplatte oder ein nach »DIN« immer noch ausreichend gerade gemauerter Keller, den Bauherren so errichten lassen und dann im Übergabeprotokoll als »einwandfrei« freizeichnen, später Schwierigkeiten bereitet, den Kamin bis zum Dach standardmäßig günstig und im Rahmen der Kalkulation zu mauern?

Über die womöglich folgenschweren Zusammenhänge zwischen der Kellerdecke eines Hauses und dem Schornstein auf dem Dach denken

Mieter nie nach, warum auch? Angehende Hausbesitzer allerdings auch selten …

Wer vor solchen Aufgaben und Entscheidungen zum ersten Mal mit Zollstock und Wasserwaage in der Hand bei der selbst durchgeführten Rohbaukontrolle steht, fragt sich dann plötzlich: Sollen wir da im Rahmen des Abnahmeprotokolls jetzt auf Nachbesserung drängen? Oder mit den Schultern zucken? Ist das berühmte »Maurermaß«, eine Daumenbreite Toleranz, bei der Bauabnahme vollkommen ausreichend, weil es später eh egal ist? Nie gemacht, nie darüber nachgedacht.

»Ein Millimeter ist kein Maß am Bau«, sagen die Handwerker … »Ist das ein Problem?«, fragen sich die Bauherren …

Oder kommt da noch ein dickes Ende? Irgendwoher kommen die Gruselgeschichten arrivierter Hausbesitzer ja, die manchmal erzählt werden.

»Unterschreiben Sie doch bitte jetzt erst mal hier für die Abnahme der Bodenplatte, damit der Fahrer den Betonmischer von der Baustelle bekommt, wir haben schon 19 Uhr und alle wollen nach Hause …« – Ja?! Nein?! …

Weiß nicht …!

Wer ihn träumt, fürchtet, bei der Umsetzung des großen Traums Fehler zu machen. Es könnte sein, dass falsche Entscheidungen getroffen werden, die die bestmögliche Umsetzung verhindern. Diese Verunsicherung kann auch früh im Projekt einsetzen und den Respekt vor der eigenen Courage, so groß zu denken, befeuern.

Es kann schon eine beeindruckende Aufgabe sein, die eigenen Ideen irgendwann überhaupt mal verbindlich auf Papier zu planen, mit Baufirmen zu diskutieren, aus Katalogen auszuwählen, mit Angeboten und Vertragsentwürfen, Bauplänen und Baubeschreibungen zu vergleichen, final als beste Lösung festzulegen und dann zu beauftragen, damit sie gebaut werden.

Aber das ist auch eine tolle Aufgabe!

Es gilt, Partner vom Architekten über die Baufirma bis hin zum einzelnen Handwerker auszuwählen, zwischen verschiedensten Optionen von der Wahl des Kellers über die Materialien des Hauses bis zur Tapete zu entscheiden, Soll- und Ist-Zustände ins Verhältnis zu setzen und an vielen entscheidenden Punkten zu sagen:

Ja, so will ich das haben!

Ja, das unterschreibe ich!

Ja, das ist gut so!

Wenn das alles gut klappt, kann es eine wahre Freude sein, die Pinterest-Ideen der ersten Inspirationsphase Gestalt werden zu sehen, die Pläne des Architekten endlich in der dritten Dimension anzufassen und auf dem eigenen Grundstück am Morgen des »ersten Spatenstichs« – empfehlenswerter ist sicher ein Bagger – den neuen Tag zu riechen und zu wissen, dass hier, genau an dieser Stelle, in sechs Monaten das geöffnete Küchenfenster den gleichen Blick ins Grüne bietet.

Und es gibt beste Gründe, optimistisch in die Sache zu gehen und gewissen Prozessen zu vertrauen.

Denn Schwierigkeiten mit all diesen Aufgaben werden nur jene Bauherren bekommen, die sich nicht klarmachen, dass sie in dem ganzen Business die einzigen blutigen Anfänger sind. Herausfordernd wird es nur für jene, die Schritte übersehen, die wirklich folgenschwere Konsequenzen im Guten wie im Schlechten nach sich ziehen.

Ich behaupte mal etwas, ohne es valide statistisch erfasst zu haben: 99 Prozent aller unangenehmen Herausforderungen, Fehler und Mängel am Bau haben eine lange Geschichte und sind in ihrer Entstehung und Lösung nicht von einer mangelhaften Planung zu trennen. Daher ist es wichtig, sich in der Planungsphase auf die Konsequenzen der eigenen Entscheidungen zu konzentrieren und diese zu sehen. Die gute Nachricht: Das ist gut möglich!

Das eigene Haus zu bauen ist, wie Tetris zu spielen. Werden dort am Beginn gleich einmal Fehler gemacht und Ungenauigkeiten eingebaut, werden die Steine nicht vorausschauend kombiniert, dann wird es später schwierig, mit den Konsequenzen Schritt zu halten. Dann rauschen immer schneller immer neue Aufgaben auf das Spielfeld herunter und »Game over« droht. Doch dieses Spiel ist gut zu gewinnen, wenn am Beginn eine gewisse Sorgfalt herrscht.

Es bleiben trotzdem Sorgen, wenn die Aufgabe kein Spiel mehr ist: Schon aufgrund der mangelnden Erfahrung könnte den angehenden Bauherren an mancher Stelle die nötige Übersicht entgleiten. Es könnte bei alledem auf die falschen Partner gesetzt werden, die die Bauherren womöglich noch über den Leisten ziehen. Und manche Leistung könnte schlecht oder viel zu teuer eingekauft werden.

Alle anderen Beteiligten haben ihren Anteil an der gesamten Leistung im Zweifel schon Hunderte Male erbracht und wissen genau, was sie tun. Der Maurer wird die Wand auch mit einer Hand auf den Rücken gefesselt noch beeindruckend schnell hochziehen, der Dachdecker die Ziegel wie immer zum Kollegen fliegen lassen und der Badbauer die Silikonfuge mit dem dicken Daumen normgerecht ziehen, wo der ambitionierte Selbstausbauer nach 3 Metern Fuge und einem Spätnachmittag im Halbdunkel der Baustrahler bereits den halben Fliesenspiegel grob »individualisiert« hätte.

Für die Baupartner ist alles Standard.

Die Hausbaufirma hat nicht nur beim eigentlichen Bau in besonderem Maße Prozesse standardisiert und macht ganz vieles »immer so«. Nicht zuletzt deswegen entscheiden sich Bauherren ja für diese erfahrenen Firmen mit Sparpotenzial durch Standardisierung. Die Abläufe bei einem Hausprojekt sind insbesondere für die, die keine blutigen Anfänger in diesem Spiel sind, vollkommen normal und die »machen das immer so«.

Vielleicht ließe sich mit mehr Erfahrung, mehr Übersicht und eigener Expertise alles viel schneller, einfacher und günstiger bauen – und würde dennoch besser werden? Wer das erste eigene Haus baut, fürchtet sich – nicht ganz zu Unrecht – oft vor dem eigenen Anfängersein.

Angehende Bauherren fragen sich daher auch: Was muss geschehen, damit der Traum vom eigenen Haus möglichst stressfrei und ohne große Herausforderungen in die Realität umgesetzt werden kann? Worauf ist zu achten, damit Fehler vermieden werden, die das ganze Projekt gefährden können? Was sind die wichtigsten Meilensteine und wo gibt es guten Rat?

Die Befürchtungen und Ideen, was beim eigenen Haus alles schiefgehen könnte, sind genauso vielfältig wie die Vorstellungen von seiner Umsetzung.

Schon weil nicht ganz klar ist, an was alles zu denken ist, werden einige wichtige Teile übersehen und von anderen entschieden, manche Entscheidung dann deshalb falsch getroffen oder aus der Not nicht die beste Lösung erreicht.

Um dieser Sorge adäquat zu begegnen, gilt es also, einen eigenen funktionierenden und dabei überschaubaren Plan zu entwickeln, für eine Sache, die man noch nie gemacht hat. Dieser eigene Plan erst macht den Unterschied!

Denn all das lässt sich lösen: Die Möglichkeit, den Weg zum Eigenheim mit einem guten Plan zu hinterlegen, macht letztlich den Unterschied zwischen den Bauherren, die ihr Ziel relativ stressfrei und fokussiert erreichen, und jenen, die teures Lehrgeld dabei bezahlen und viel zu viel Stress investieren. Der eigene Plan ist komplex, aber nicht kompliziert.

Die gute Nachricht: Ihr Plan wird in diesem Buch Schritt für Schritt erarbeitet und mit einem tiefen Verständnis dafür hinterlegt, was das Wesen eines guten Plans ist.

Werden Sie Prozesseigner Ihres Baus

Mit der Erfahrung aus rund 8.000 Bauprojekten, die mein Team und ich bisher begleiten durften, möchte ich mit vielen Best-Practice-Beispielen und einer klaren Struktur aufzeigen, welche Fragen Sie erstens sich und zweitens Ihren Partnern am Bau stellen sollten, worauf Sie achten und wo Stolperfallen lauern können.

Das Buch wird Bauherren so bis zur Unterschrift unter den Vertrag zum Bau des eigenen Hauses begleiten. Denn das ist der bedeutendste und folgenschwerste Meilenstein auf dem Weg zum eigenen Haus, eine Entscheidung, die sich danach nur unter großen Verwindungen und Spannungen rückgängig machen lässt. Hier werden Fakten geschaffen und noch einmal mehr, wenn kurz danach »der Bagger rollt«. Deshalb soll dieser Schritt optimal begleitet und vorbereitet werden.

Als zukünftige Bauherren sollen Sie die besten Chancen bekommen, das Projekt aus eigener Kraft erfolgreich zu gestalten!

Einer der zentralen neuen Ansätze dafür: Verabschieden Sie sich ein für alle Mal von der Idee, dass Sie sich voll und ganz auf den Prozess verlassen könnten. Wenn Sie nur auf das bauen, was Ihnen Baufirmen und Dienstleister als vermeintlich erprobte und standardisierte Prozesse so anbieten, werden Sie schnell zum Beifahrer der ganzen Sache und wundern sich, wohin die Reise geht.

Wenn Sie stattdessen erst einmal davon ausgehen, vor allem Ihr Ding durchzuziehen, dann ist das nicht egoistisch oder überheblich, sondern eine gute Prüfung für alle Pläne, die Ihnen begegnen werden: Wird da gerade mein Traum umgesetzt?

Um so zu denken, müssen Sie nicht einmal besonders skeptisch oder misstrauisch sein; Sie bringen sich allein dadurch, dass Sie nicht mit Plan Ihre klar formulierten Ziele verfolgen, bereits in die Defensive und laufen schnell den Prozessen hinterher. Lassen Sie das!

Es kann durchaus sein, dass die Baufirmen und Dienstleister Ihnen für Ihre Ideen die richtigen Wege aufzeigen. Es ist aber auch möglich, dass Sie manche Antworten nicht bekommen, weil Sie gar nicht an die richtigen Fragen denken.

Es ist denkbar, dass Sie, als letztlich Verantwortliche für die Ergebnisse, zu spät über Dinge nachdenken, die sich zu einem früheren Zeitpunkt leicht und ohne Probleme hätten klären lassen können.

Es kann sein, dass Sie sich ein günstiges Standardhaus bauen lassen und dabei viel mehr Geld ausgeben, als wenn Sie sich etwas ganz individuell hätten planen lassen, das womöglich viel mehr Ihrem Traum entspricht.

Sind Hausbaufirmen böse?

Jetzt wurde ganz schön vor möglichen unredlichen oder mindestens etwas gleichgültigen Motiven der Partner am Bau gewarnt.

Um die Frage aus der Überschrift also gleich zu beantworten: Nein! Hausbaufirmen und andere Dienstleister am Bau sind natürlich nicht böse.

Handelsvertreter, Verkäufer, Fertighausfirmen, Architekten oder Baufirmen, Handwerker und andere – ich weigere mich zu glauben, dass unter den möglichen Partnern dieser Aufzählung ein überdurchschnittlich hoher Anteil schwarzer Schafe unterwegs ist.

Jedoch ist die Frage zu stellen, wer bei einem Haus bestimmte Dinge dann »halt immer so macht« und wer nicht. Es sind alle anderen Partner beim Projekt Haus, die ihre Prozesse durch viel Erfahrung, Anpassung und viele Jahre in einer bestimmten Weise optimiert haben und sie deshalb immer so durchführen. Mit hoher Wahrscheinlichkeit haben die Partner dabei jedoch auch die Prozesse für sich selbst optimiert und Standards eingeführt. Das würde vermutlich jeder so tun und vielleicht tun Sie und ich das im eigenen Beruf auch genauso. Die etablierten Standards müssen Ihnen als »Ersttäter« am Bau aber nicht zwingend immer nützlich sein.

Nur Sie als Bauherren tun alles zum ersten Mal.

Baufirmen sind jedoch Wirtschaftsunternehmen, die neben der Sorge um ihren eigenen guten Ruf eben auch aus unternehmerischer Sicht und Erfahrung angehalten sind, den eigenen wirtschaftlichen Profit zu optimieren. Es sind Firmen, die möglichst viele Kunden haben wollen, von diesen möglichst viel Geld bekommen wollen und dabei eine gute Umsatzrendite im Auge haben. Das ist ihre unternehmerische Pflicht.

Natürlich verbietet es sich für eine seriöse Firma, dabei so sehr den Kundennutzen mit Füßen zu treten, dass das später zu Aufruhr und schlechten Weiterempfehlungen führt. Von diesen Firmen hört man auch nach einigen Jahren meistens nicht mehr allzu viel.

Aber selbstverständlich werden solche Partner auch nie argumentieren, dass sie mit ihren Entscheidungen und den Angeboten zwar selbst nicht profitabel wirtschaften können, aber dafür ja etwas Gutes für die armen angehenden Bauherren tun können, indem sie nur deren Vorteil suchen.

»Robin Hoods der Baustelle« sind sie auch nicht und sollen sie auch nicht sein. »Er nahm es stets aus der eigenen Umsatzrendite und verteilte es unter den armen Bauherren«. Nein, so auch nicht.

Denn von den Firmen, die so altruistisch handeln würden, würde man nach kurzer Zeit dann auch nichts mehr hören, weil sie längst vom Markt verschwunden wären. Solche nicht profitorientierten Firmen wären vermutlich schnell insolvent und es wäre doch äußerst schlecht, wenn das eigene Häuschen gerade halbwegs im Rohbau errichtet worden wäre, als die Baufirma mit dem übergroßen Ohr für Bauherren dann leider insolvent wurde.

Also ist es die Aufgabe, die Ziele der Baufirma und Ihre Ziele als Bauherren unter einen Hut zu bringen.

Die Baufirma hat eigene Interessen und weiß, wie sie diese gut und routiniert vertreten kann. Und die Bauherren sollten eben auch ihre Interessen und Ziele kennen und wissen, wie sie diese möglichst gut vertreten können. Bei einer guten Aushandlung sind hinterher auch beide Seiten zufrieden.

Gleichermaßen wollen angehende Bauherren vermeiden, dass Leistungen schlecht durchgeführt werden und dass das dann in wesentlichen Teilen »unter ihrem Radar« geschieht, dass sie Fehler nicht bemerken, vorsätzlich oder aus Versehen gemacht. Mancher Handwerker sagt auch mal: »Ich weiß, dass das so nicht fachgerecht ist, aber es geht so schneller!« Den wollen Sie nicht als Partner haben.

Die Herausforderung, die es damit zu lösen gilt, führt manchen auch zu der Überlegung, sich den ganzen Stress mit dem Bauen lieber zu sparen und nach Alternativen zu schauen. Was, wenn ein Haus gekauft wird, bei dem sich schon zuvor jemand mit diesen ganzen Aufgaben herumgeschlagen hat?! Vielleicht lässt sich der ganze Aufwand des Bauens reduzieren, indem beispielsweise ein Haus gekauft wird, das schon steht. Da erspart »man« sich vielleicht einiges …

Neu bauen oder Bestandsimmobilie kaufen?

Dem aufmerksamen Statistikliebhaber oder Wortklauber wird in den bisherigen Ausführungen ohnehin aufgefallen sein, dass sich eine Ungenauigkeit durchgezogen hat. Wann immer über Personen gesprochen wurde, die vom Eigenheim träumen, wurde regelmäßig auch von »Bauherren« gesprochen. Ich spreche auch meine Leser meistens als »angehende Bauherren« an.

Dabei bedeutet der Wunsch nach den eigenen vier Wänden ja noch nicht, dass all jene, die vom Eigenheim träumen, auch gleich ein *Einfamilienhaus* wollen. Oder dass sie dieses gar *bauen* wollen.

Selbstverständlich kann es auch ein Ziel sein, »nur« eine Eigentumswohnung zu besitzen. Diese kann dann als Teil eines Mehrfamilienhauses neu gebaut werden, muss dies aber nicht. Die Wohnung kann auch aus dem Bestand erworben werden.

Es kann auch durchaus ein Ziel sein, »nur« ein bereits fertiges Haus zu kaufen. Denn weder das eigene Einfamilienhaus noch die eigene Wohnung müssen selbst als Bauprojekt in Auftrag gegeben werden.

Allerdings ist der Titel des Buches sehr bewusst: »*Bau keinen Scheiß*« – und nicht »Kauf keinen Scheiß«. Und das hat Gründe.

Haus oder Wohnung?

Viele Fragen und Punkte des »Plans vom Eigenheim« lassen sich auch auf eine Eigentumswohnung anwenden, die vielleicht von einem Bauträger erworben oder mit diesem gebaut wird und sich später in einem Mehrfamilienhaus befindet. Und etliche Tipps funktionieren auch beim Kauf aus dem Bestand.

Zunächst fokussiert sich das Buch natürlich auf diesen Zweck, es soll eine klare Antwort auf eine möglichst konkrete Aufgabe erreichen. Es soll ausdrücklich darum gehen, angehende Bauherren eines Einfamilienhauses an die Hand zu nehmen, die ein eigenes Haus von der ersten Idee an planen und bauen wollen.

Ich halte das auch für den Königsweg aus maximaler Gestaltungsfreiheit, der Umsetzung Ihres Traums vom Einfamilienhaus und – wenn dabei ein guter eigener Plan verfolgt wird – auch aus optimalem Einsatz von Zeit und Geld. Das alles bei möglichst geringem Risiko.

Insbesondere der Neubau eines Einfamilienhauses wird trotzdem oft als besondere Herausforderung angesehen, weil so viele Entscheidungen von null an geplant und umgesetzt werden. »Ein gekauftes Haus« oder »eine gekaufte Wohnung« klingt da entspannter, weil die ursprünglichen Bauherren sich den Kopf für die jetzigen Käufer zerbrochen haben? Haben sie vielleicht aber auch nicht genug. Da lauert oft die erste Fehleinschätzung.

Die Idee, ein neues Haus oder eine Wohnung zu bauen oder etwas Bestehendes zu kaufen, ist häufig eine frühe Abwägung, mit Blick auf die jeweiligen Vor- und Nachteile. Es ist aber auch eine Abwägung des vermuteten Aufwands, zum Eigenheim zu kommen.

Grundsätzlich wird oft unterstellt, dass ein Neubauprojekt ein langwierigeres, aufwendigeres und in vielen Fällen auch teureres Projekt darstellt als der Kauf eines bestehenden Einfamilienhauses.

Als wirklicher Fan des Hausbaus sehe ich allerdings handfeste Vorteile darin, das eigene Haus von Beginn an selbst zu planen. Denn dieser Plan, vom weißen Blatt Papier aus, bewahrt nicht zuletzt in ganz außerordentlicher Weise vor vielen Notwendigkeiten, Kompromisse einzugehen.

Stellen Sie sich vor, Sie gehen in ein Restaurant und setzen sich an den Tisch und der freundliche Kellner eröffnet Ihnen, dass die Herrschaften am Nachbartisch bereits für Sie aus der Karte gewählt haben. Überraschend, oder? Sie müssten sich nur noch entscheiden, ob Sie sitzen bleiben, das Angebot annehmen und natürlich die Speisen bezahlen oder nicht.

In einem À-la-carte-Restaurant, in dem Sie sich alles Mögliche bestellen können, würden sich wohl die wenigsten vor diese finalen Fakten stellen lassen wollen, ohne genau zu wissen, was gleich an Essen kommt. Es sei denn, Sie sind heute besonders abenteuerlustig oder wollen mal etwas wagen. Bei einer Bestandsimmobilie entscheiden manche genau so.

Sie erwarten sich womöglich Kostenvorteile oder eine Ersparnis von Stress und bösen Überraschungen und nehmen »in Kauf«, was jemand anderes gut fand.

Womöglich haben Sie Glück! Vorspeise, Hauptgang und Dessert entsprechen genau Ihren Vorstellungen und Sie können zufrieden sein. Schönen Dank noch einmal für die ausgezeichnete Empfehlung!

Vielleicht ist aber auch die Vorspeise ein Fischgericht, und den mögen oder vertragen Sie überhaupt nicht. Die Entscheidung für eine Bestandsimmobilie bedeutet fast immer, sich mit bestehenden Angeboten mehr oder minder zu arrangieren. Vielleicht bekommen Sie von Krustentieren eine anständige allergische Reaktion und werden bei einem Haus mit einem Kinderzimmer für die drei Kurzen, die Sie haben, auch nicht glücklich?

Vielleicht lässt sich an der Menüfolge ja noch etwas ändern?

Womöglich ist in Ihrem neuen alten Haus der Zuschnitt der Räume so, dass Sie spekulieren müssen, später Änderungen vornehmen zu können. Das ist aber im Zweifelsfall ein bedeutsamer Eingriff in die Statik des Hauses und kann schwer umzusetzen und entsprechend teuer sein. Können Sie das jetzt schon überblicken? Überlässt der Verkäufer Ihnen die notwendigen Pläne der Statik? Können und wollen Sie diese vorab lesen, bevor das Haus Ihnen gehört, oder einen Architekten um Prüfung bitten, der dafür natürlich eine Rechnung schicken wird?

Dann ist vielleicht auch das Haus aus dem Bestand, das zunächst recht schnell erworben werden könnte und einfach durch die Tatsache, dass es schon steht, weniger Stress verspricht als der komplette Neubau eines Hauses, schnell ein herausforderndes und langwieriges Projekt.

Natürlich ersparen sich die Bauherren bei einem bestehenden Haus einiges – das Haus ist ja in der Sache schon da! »Ausbaggern der Baugrube, Bauantrag, Grundriss, Statik, Zufahrt, fällt alles weg …?!« Doch womöglich kommt auch später alles wieder?

Bestandskäufer »erleichtern« sich nicht nur um einige Aufgaben, die teilweise dann auch in diesem Szenario doch später wieder auftauchen, sondern auch um viele Gestaltungsmöglichkeiten und erkaufen sich die vermeintlich einfachere Umsetzung mit neuen Aufgaben, die sie auch nicht bestellt haben:

Sie wollen die Räume verändern oder vergrößern, dann muss doch wieder ein Statiker her. Im Weinkeller steht mehr Wasser als »Monte Bello von Ridge«, obwohl der gute Rotwein dort stehen sollte, dann wird doch wieder der Bagger bestellt und die undichte Stelle gesucht. In den Schlaglöchern der Zufahrt ist neulich ein Kleinwagen verloren gegangen? Der Tiefbauer muss her! In die Garage aus den 1960ern passt ein Mittelklassewagen aus den 2020ern gerade so rein, aber dann geht die Tür vom Auto nicht mehr auf und die von der Garage nicht mehr zu? Dann muss eine neue Garage her, mit Bauantrag und dem ganzen Bürokratiekram. Für eine Garage, echt?

Die neue Garage soll dann ein wenig größer werden, weil eben auch die Anforderungen an die Garage größer sind als früher. Weil die alte Garage aber direkt an der Grundstücksgrenze steht, darf sie eine bestimmte Größe nicht überschreiten, sonst muss sie von der Grundstücksgrenze wegrücken. Das wiederum geht nicht, weil da das Haus im Weg steht, und schon machen sich die Hauskäufer einen Kopf über Sachen, die sie überhaupt nicht auf dem Schirm hatten.

Viele machen sich einen Punkt nicht klar, obwohl er auf der Hand zu liegen scheint: Wer ein Haus oder eine Wohnung kauft, der lässt sich auf eine bereits fertig errichtete Immobilie ein, die für jemand anderen und nach dessen Vorstellungen geplant wurde. Das kann durchaus gut funktionieren und auch passen.

Wer relativ lockere Vorstellungen davon hat, wie sehr das Eigenheim auf die eigenen Bedürfnisse und das eigene wenig fassbare »gute Gefühl« zugeschnitten sein muss, kann sich womöglich eher mit einem bestehenden Grundriss und dem Charakter eines Bestandsgebäudes arrangieren.

Wer höhere und/oder konkretere Ansprüche an den eigenen Gestaltungsspielraum ausruft, mag sich aber schwertun, in einem gekauften Altbau sein zukünftiges Zuhause zu finden.

Für viele Bauherren ist der Traum vom Eigenheim dabei erst komplett, wenn zu 100 Prozent die eigenen Ideen und Vorstellungen eingebracht werden können und auch die inspirierende Planungsphase Teil des gesamten Projekts werden kann. Das fällt beim Kauf aus dem Bestand weitreichend aus.

Tatsächlich erreichen Bauherren, die dann noch viele ihrer Vorstellungen umsetzen können, meiner Beobachtung nach häufig auch später eine höhere Zufriedenheit mit ihrem neuen Zuhause.

Trotzdem lässt sich das alte Haus schönreden. Oder schön finden!

Das Häuschen von der Omi hat halt so einen bezaubernden Charme mit den kleinen Räumen, den netten Holzfenstern und den Rosen im Vorgarten, die sie 40 Jahre lang gehegt und gepflegt hat. Das Haus ist zwar sehr unpassend geschnitten für drei Kinder, aber das lässt sich bestimmt ändern. Ein paar Sachen müssen eh erneuert werden, wie die Heizung und die Fenster.

Ein bereits errichtetes Wohngebäude wird auch als »Bestandsimmobilie« bezeichnet. Und das wohl auch deshalb, weil diese Objekte leider gegenüber vielen Wünschen der zukünftigen Hausherren nachhaltig Bestand haben werden.

Es lässt sich eben bei einem Haus, das aus Vorbesitz zu Eigentum wird, nicht alles einfach so anpassen.

So wie sich manche Bauherren den Bau des Eigenheims häufig ehrfürchtig eher etwas zu kompliziert vorstellen, so stellt sich mancher Bestandskäufer den Umbau einer Bestandsimmobilie oft zu leicht vor.

Das Nachmittagsprogramm mancher Fernsehsender ist auch deshalb geprägt von der Schaulust auf die Probleme der Menschen, die hoch motiviert und sorglos »Ab in die Ruine«[9] ziehen wollen und den »Einsatz in vier Wänden«[10] nicht scheuen, den Hinweis »Achtung, Baustelle«[11] ignorieren, irgendwann »Do it yourself – S.O.S.«[12] rufen – und dabei zur Schadenfreude der Zuschauer dann doch auf einen Haufen langwieriger Probleme stoßen.

»Dieter, wo ist denn die tragende Wand im Wohnzimmer?« – »Draußen, im Container!« – »Alle Mann raus hier!«

Zumindest stehen bestimmte Änderungen dann irgendwann in keinem Verhältnis mehr zu Zeit und Geld, die hierfür investiert werden müssen. Und auch wenn Sie nicht »in die Ruine« ziehen wollen und der Sender VOX Ihnen aufgrund des recht guten Allgemeinzustandes der ins Auge gefassten Bestandsimmobilie nicht anbieten wird, Sie beim Fluchen zu begleiten, kann das Umbauprojekt schnell eine ungeahnte Größe bekommen.

Es muss auch keineswegs die augenfällige Ruine sein, die schweres Stirnrunzeln nach dem Kauf erzeugt. Es können ganz individuelle Wünsche der neuen Eigentümer sein, die vielleicht nur ein paar »kleine Anpassungen« vornehmen wollen und sich umschauen, wie kompliziert und teuer das schnell wird.

Sie wollen es eben zu ihrem Projekt machen.

Und machen es dabei zu einem Projekt, das im Nachhinein nie frei von Kompromissen sein kann. Vielleicht sagt der beauftragte Architekt und Statiker an der einen oder anderen Stelle auch: Da lassen wir mal schön die Finger von, die Wand zu verschieben!

Anpassungen in bestehenden Gebäuden sind immer eine bauliche Herausforderung. Wird beispielsweise ein älteres Haus erworben und die Fußbodenheizung soll auf den neuesten Stand der Technik gebracht werden, dann muss schnell im ganzen Haus der Boden aufgestemmt und viel Technik herausgerissen werden. Schnell sieht ein gekauftes Haus dann mehr nach Baustelle aus als jeder einmal besenrein durchgefegte Rohbau.

Schnell werden hinter mancher Wand neue Probleme und Aufgaben gefunden, die die schnelle Anpassung an die eigenen Bedürfnisse in weite Ferne rücken. Dann wird, für den Profi wenig überraschend, festgestellt, dass im Haus aus der Nachkriegszeit doch mehr günstiger Sand als teurer Zement für den Beton genutzt wurde und dieser sich zwar bequem mit der Zahnbürste abbrechen lässt – allerdings leider auch mit entsprechenden Konsequenzen für die Haltbarkeit der gesamten Bausubstanz und den erkannten Sanierungsbedarf.

Hupsi, da haben wir wohl die Büchse der Pandora geöffnet …

Und schnell finden sich Bauherren, die lieber etwas Bestehendes umbauen oder sanieren wollen, in der Notwendigkeit wieder, doch nicht die liebste Lösung im Bestand umsetzen zu können.

Zum Durchschnaufen noch mal ins Restaurant: Der freundliche Kellner kommt an den Tisch und fragt dieses Mal: »Haben die Herrschaften schon gewählt?« – »Selbstverständlich! Ich nehme bitte das beste Steak und mein Mann bekommt den zweitbesten Fisch.«

Eine Bestandsimmobilie kann schnell Kompromisse erfordern, die das eigene finanzielle und emotionale Budget für dieses Projekt genauso (und noch mehr) herausfordern wie ein Neubau. Sie können sich wünschen, nach Kauf dann im bestehenden Bau alles selbst zu entscheiden. Doch manchmal können Sie sich auch nur zwischen Kompromissen entscheiden, die wieder durch andere vorgegeben wurden.

Dann wird der notwendige Umbau in der Bestandsimmobilie trotzdem teuer und dabei höchstens zur zweitbesten Lösung für Ihre Vorstellungen.

Beim Neubau ist das in der Basis schon anders, da gehen die Bauherren mit einem eigenen Plan in das Projekt und suchen vom weißen Blatt Papier den besten Weg der Umsetzung. Das ist ein riesiger Vorteil.

Bei einer Bestandsimmobilie sehen sie sich in vieler Hinsicht erst einmal vollendeten Tatsachen ausgesetzt und müssen dann Möglichkeiten suchen, den eigenen Plan auf Basis dieser Möglichkeiten und Aufgaben am Anfang überhaupt überblicken zu können und aus vorhandenen Puzzleteilen trotzdem noch ihr Bild vom Traumhaus zu puzzeln.

So bleibt eine Bestandsimmobilie fast immer ein Kompromiss. Und wenn die Käufer sie danach sanieren, dann bleibt sie ein sanierter Kompromiss. Denn vor allem tiefe Eingriffe in die Struktur und die Statik lassen ein solches Projekt schnell finanziell und in Bezug auf die Zeit aus den Fugen geraten. Wie bei einem Neubau gilt zudem, dass insbesondere Anfänger in diesem Bereich es schwer haben, zu einem frühen Zeitpunkt sicher zu kalkulieren, was auf sie zukommt.

Und weil sie eben nicht vom weißen Blatt Papier aus planen und ihre Ziele mit einem selbst entwickelten Plan absichern können, können sich Unwägbarkeiten und Überraschungen im Prozess lange und sogar besser vor ihrem wachsamen Blick verbergen als beim Neubau. Selbst Profis tun sich schwer, bei einer einfachen Begehung des Objekts der Begierde sicher zu entscheiden, was alles in ihm steckt.

Das bezieht sich dann auch auf den Faktor Zeit, der eines der stärksten Argumente gegen den Neubau und für den Bestand war. Womöglich wurde ein Haus gekauft und ein Zeitrahmen für die Sanierung und Anpassung angestrebt. Weil es schneller gehen sollte, wurde aus dem Bestand gekauft.

Die eigenen Wünsche wurden abgesteckt, damit nunmehr der eigene Traum besser in diesem Haus aufgehen kann. Und dann werden bei der Sanierung alte Rohre oder Leitungen gefunden, die so nicht mehr zulässig, verwendbar oder gesund sind. »Die Installationen wollten wir eigentlich so lassen«, heißt es dann …

Oder die Qualität des Dachs macht eine Komplettsanierung notwendig. Schon können, wenn dann noch ein wenig Handwerkermangel und finanzieller Klärungsbedarf hinzutreten, auch hier schnell Wochen und Monate ins Land ziehen, die nicht geplant wurden.

Wurde womöglich gleichzeitig die bestehende Mietwohnung bereits gekündigt, um wenigstens dort einen Teil der finanziellen monatlichen Herausforderungen abzuschmelzen, dann schließt sich auch schnell das Fenster für die Umsetzung des eigenen Plans und verursacht auch hier zeitlichen und finanziellen Stress.

Mancher Bauherr, der in dieser Form eine alte Immobilie saniert hat, sagt aus der Erfahrung später, dass man für das Geld und den Stress vermutlich auch leicht einen Neubau hätte realisieren können. Häufig ist das keine falsche Einschätzung.

Sanierung oder Neubau – keine philosophische Frage

Mitunter finden sich Bauherren dann in einer Situation wieder, die an das »Schiff des Theseus« erinnert. Dieser brachte, in einem überlieferten Paradoxon der griechischen Antike, sein schon etwas älteres, aber noch voll seetaugliches Schiff in eine Werft und bat darum, jede einzelne der Planken zur Sicherheit mal zu ersetzen. Theseus war wohl der Typ »Hosenträger und Gürtel« …

Der Besitzer der Werft fand es allerdings schade, die noch ziemlich guten Planken einfach wegzuwerfen, und legte aus diesen noch nutzbaren Einzelteilen einfach ein zweites Schiff auf Kiel. Er nahm alle Teile und baute sie Element für Element wieder zu einem neuen Schiff zusammen. Das griechische Paradoxon fragt an dieser Stelle, welches Schiff nun eigentlich das von Theseus ist.

Für Bauherren, die eine Bestandsimmobilie renovieren wollen, wird es auch schnell paradox, aber an anderer Stelle. Sie planen mit eigener Vorstellung, wie sie das bestehende Haus ihrem Traum vom Eigenheim anpassen wollen. Mit Blick auf notwendige Sanierungen und Instandhaltungen sollen oder müssen dann auch dort schnell immer mehr Teile des bestehenden Hauses ersetzt, bearbeitet oder herausgerissen werden.

Jedoch möchte ich, mit einiger Erfahrung von Baustellen, dabei ausdrücklich feststellen: Aus den herausgerissenen Teilen bauen Sie garantiert kein zweites Haus! Die verursachen eher noch Entsorgungskosten.

Und obwohl Sie für viel Geld ein bestehendes und noch einigermaßen »seetüchtig« erscheinendes Haus gekauft haben und dabei durch den baulichen Zustand des eben nicht neuwertigen Objekts vielleicht etwas sparen konnten, wird das Gesamtprojekt schnell teurer und aufwendiger als Planung und Umsetzung eines Neubaus. Je nach baulichem Zustand der Bestandsimmobilie, je nach Veränderungswünschen und -notwendigkeiten bauen Sie fast ein neues Haus im alten. Und das ist im Zweifel aufwendiger, komplizierter, eventuell teurer und weniger planbar als der Bau »von der weißen Leinwand« aus. Paradox …

Dabei muss selbstverständlich keineswegs jeder Teil des Hauses ersetzt werden, damit dieser Worst Case für die erst einmal so überzeugende Idee, mit einer Bestandsimmobilie Geld und Stress zu sparen, eben nicht mehr funktioniert. Es können vermeintlich kleine Ursachen wie ein nun notwendiger Energieausweis für das Haus sein, die große Folgen für die Bewertung des Projekts haben.

Der Energieausweis ist vorgeschrieben und kostet kundenfreundlich circa 49 Euro. Aber die Sanierung, damit ein adäquater Energiestandard erreicht wird, der einen adäquaten Energieausweis rechtfertigt, kostet dann einen hohen fünf- oder sechsstelligen Betrag zusätzlich zum Kaufpreis der Immobilie.

Dieser Auswand lässt sich jedoch, falls Ihnen doch ein interessantes Bestandsobjekt die Entscheidung für einen eigenen Neubau schwer macht, grob kalkulieren und damit auf eine bessere Basis zur Abwägung stellen. Im Netz gibt es dazu Sanierungskostenrechner für einen ersten Überschlag, wenn Sie mal ein paar Zahlen in einem Planspiel durchrechnen wollen.[13]

Beim Haus aus dem Bestand wird von sehr soliden Vorgaben aus geschaut, mit welchem Budget welche Teile des eigenen Traums der Neueigentümer im Haus nun angepasst und umgesetzt werden können. Und welche Anforderungen erfüllt werden müssen.

Beim Neubau, der mit einem Architekten in einer frühen Phase geplant wird, kann hingegen geschaut werden, wie mit dem eigenen und gut berechneten Budget der eigene Traum bestmöglich umgesetzt wird. Der große Vorteil ist: Die Bauherren können mit 100 Prozent ihrer eigenen Ideen in das Projekt starten.

Sie werden vielleicht auch dort feststellen müssen, dass sich das eine oder andere nicht umsetzen lässt, nicht ins Budget passt oder vielleicht sogar durch noch bessere Ideen eines beauftragten Architekten oder anderer Partner ersetzt werden kann.

Bei der Bestandsimmobilie starten Sie jedoch immer mit 100 Prozent der Ideen einer anderen Person – aus einer anderen Zeit – und müssen schauen, wie viel und wie weit Sie dann diese Vorstellungen an Ihre Vorstellungen anpassen können. Im einen Fall geschieht das mit einem CAD-Programm, im anderen Fall mit dem Abbruchhammer. Was klingt jetzt nach mehr Stress?

Dabei werden im Falle des Neubaus die notwendige Statik, die Energieeffizienz und der Grundriss, die kreative Gestaltung und die Installationen den Vorstellungen der Bauherren untergeordnet, weil diese sagen, ob sie einen Hobbyraum und drei Kinderzimmer benötigen oder ob sie einen Bungalow und eine Doppelgarage wollen.

Bei einem Haus aus dem Bestand ordnen sich zunächst die eigenen Vorstellungen den bestehenden Vorgaben der vor 20 oder 50 Jahren erstellten Statik, der bestehenden Ausstattung und dem zur Verfügung stehenden Budget unter, wobei das Budget der neuen Besitzer insgesamt viel angreifbarer für Überraschungen bleibt.

Träume mit Plan nennt man »Ziel«

Das wäre so weit ein astreines Plädoyer für den Neubau, dessen Fan ich sicher bin. Doch auch der Neubau ist nicht ohne Tücken.

Wird in einer zufälligen Runde von Personen in der richtigen Altersgruppe nach Erfahrungen mit dem Hausbau gefragt, dann hört der neugierige Fragesteller mit guter Zuverlässigkeit Sätze wie: »Ja, da haben wir damals bei unserem Haus einige Fehler gemacht!«, »Da hätte ich mich aus heutiger Sicht anders informieren sollen«, »Da haben wir reichlich Lehrgeld bezahlt« oder schlimmstenfalls: »Das mit dem Hausbau würde ich nicht noch einmal machen!«.

Sollten Sie beim Traum vom eigenen Haus skeptisch werden? Nein, strategisch!

Das Haus ist eine Kette »erster Male«: der erste Keller, das erste Grundstück, der erste Rohbau, der erste Architekt, das erste Dach, die ersten Installationen, der erste Balkon, der erste Pool, die erste Bauabnahme, die ersten Fenster, Dachziegel, Armaturen, Briefkasten, Klingel, Fliesen, Grundriss, … der erste Burnout?

Je besser Sie Ihr eigenes Ziel kennen, desto klarer wird der beste Weg dorthin erkennbar sein. Dann müssen Sie »nur noch« an alles denken und die richtigen Fragen zur rechten Zeit stellen. Kriegen wir hin!

Anfänger in einer Sache zu sein muss nicht bedeuten, sich wie ein Anfänger zu verhalten, wenn eine eigene Strategie verfolgt wird. Aus diesem Grund entwickelt dieses Buch mit Interessenten und angehenden Bauherren jetzt einen guten eigenen Plan, um den eigenen Traum endlich als Ziel bezeichnen zu können und ihn leichter und stressfreier zu erreichen.

Womit anfangen? Mit der Kohle!

Was kostet 1 Quadratmeter Haus?

Wie groß ist die finanzielle Aufgabe eigentlich genau? Irgendwann kommt es doch zu dieser Frage. Womit ist »zu rechnen«?

Das ist häufig sogar eine der ersten Recherchen, die zukünftige Hausbesitzer anstellen, um die eigene Idee mit ein paar Zahlen zu unterfüttern. Schon mal so ein Gefühl zu bekommen wäre großartig … und mit Blick auf den eigenen Plan ist es natürlich auch klug, zunächst ganz unverbindlich den eigenen Finanzierungrahmen abzuschätzen. Da wäre ich eindeutig dabei, machen Sie das so!

Eine ungefähre eigene Idee zu haben ist sicherlich klug, bevor angehende Bauherren beispielsweise bei der Bank einen Termin anfragen.

»Wie viel Geld brauchen Sie denn?« – »Wie viel krieg' ich denn?« So schon mal gar nichts.

Es ist wichtig zu wissen, welches Ziel Sie selbst erreichen möchten, und es dann mit dem in Einklang zu bringen, was die Bank anbietet.

Was müssen Sie sich leisten können für ein Haus?

Einfach mal die Internet-Suchmaschine anwerfen. Die Erstellung von 1 Quadratmeter Haus – die sogenannten Bauwerkskosten – verortet Google[14] je nach Quelle sehr schnell bei circa 2.000 Euro. Klingt machbar … ?! Dabei fällt allerdings auf, dass es auch eine ordentliche Spanne gibt zwischen den prognostizierten Kosten der Bausparkassen, Baufirmen, Fertighausanbieter, Immobilienvermittler und sonstigen, die sich da so online tummeln und Zahlen raushauen …

So ganz einig sind die sich da nicht und es gibt Abweichungen von über 300 Prozent zwischen den leicht auffindbaren Kalkulationen[15] für ein Haus. 1.000 Euro? Oder 6.000 Euro?

Schon eine kurze Recherche der Kosten für 1 Quadratmeter Haus bei Google führt aufgrund der Varianz der vielen Antworten dazu, dass Sie sich genauso informiert fühlen wie zuvor: gar nicht.

Und dann genügt den durchschnittlichen Bauherren aus nachvollziehbaren Gründen 1 Quadratmeter Haus auch nicht und sie bauen im Durchschnitt in Deutschland stattdessen lieber ein Haus mit rund 150 Quadratmetern.[16] Auf dieser Fläche lässt sich offenbar der durchschnittliche Traum der deutschen Nestbauer verwirklichen.

Dann sind es aber auch schon 300.000 Euro für die Investition nach den fix recherchierten 2.000 Euro Durchschnittspreis von eben. Das weiß die Statistik von Tante Google.

Und als Betrachter vertrauen Menschen gerne auf den Durchschnitt. Menschen haben eine Neigung dazu, sich am Durchschnitt und an der Masse zu orientieren:

Sie können bei Volkswagen beispielsweise den Polo, den Golf und den Passat kaufen. Am besten verkauft sich der Golf, der ist nicht zu groß und nicht zu klein. Nicht zu teuer und auch nicht gerade das Billigste dort. Den Golf haben auch ganz viele und jeder kennt einen, der einen hat. Beruhigend, nicht wahr?! Durchschnitt halt.

Oder wir lesen gerne: 138 Personen haben diese Unterkunft besucht. Im zweiten Hotel aus der Liste waren nur 87 Leute. Dann wohl lieber das erste nehmen.

Bei den Quadratmeterkosten für ein Haus ist das mit dem Durchschnitt aber gerade noch etwas schwieriger. Manche Quellen im Internet sprechen von 1.300 Euro pro Quadratmeter, andere von 5.000 Euro. Das ergibt dann eine Spanne zwischen den Kalkulationen von 195.000 bis zu 750.000 Euro für ein »normales« oder »durchschnittliches« Haus von 150 Quadratmetern, was auch immer da sonst durchschnittlich dran ist. Oder 555.000 Euro Unterschied und mehr als eine Verdreifachung. Für das gleiche Haus? Wohl nicht, aber was ist der Unterschied?

Sicher spielt die »Lage, Lage, Lage« offenbar eine wichtige Rolle in dieser Berechnung und das Häuschen zu bauen kostet beispielsweise in Bremen – im Durchschnitt – laut Statistischem Bundesamt, immerhin einer renommierten und glaubwürdigen Institution, genau 1.478 Euro pro Quadratmeter, in Bayern aber auch schon exakt (?) 2.387 Euro pro Quadratmeter.[17] Google weiß alles genau.

Okay, cool, das jetzt endlich so genau zu wissen, das hilft doch schon viel besser bei der eigenen Kalkulation. Taschenrechner raus und den eigenen Traum kalkuliert … Wenn es schon so genaue Zahlen gibt!

Dabei neigen Menschen dazu, nicht nur dem Durchschnitt, sondern auch nicht runden Zahlen eher zu glauben als runden.

Testen Sie sich selbst

Wenn Sie lesen, dass die Stadt Nürnberg 518.365 Einwohner hat, dann wirkt das total präzise. Wenn Ihnen aber jemand sagt, dass sie 520.000 Einwohner hat, dann wirkt das wie eine Schätzung oder ein gerundeter Wert. Faktisch sind aber beide Werte gleich präzise und ziemlich sicher beide falsch. Die nicht runde Zahl war zur Zeit der Recherche für dieses Buch vielleicht mal präzise, aber vermutlich auch nur einen Tag lang. Vermutlich sind durch den fortwährenden Zuzug in die Metropole heute sogar eher die 520.000 näher an der Wahrheit. Aber wir glauben ja an präzise – gerne nicht runde – Zahlen und Statistiken.

Insbesondere so präzise Zahlen sollten jedoch zur Vorsicht mahnen. Das eigene Häuschen und der eigene Traum sind womöglich gar nicht so durchschnittlich. Womöglich ist nicht einmal der Durchschnitt sehr aussagekräftig. Was steht denn da in Bremen für die 1.478 Euro pro Quadratmeter? Haben die Parkett oder Laminat? Fußbodenheizung, Pool, Kunststofffenster, Keller, ein oder drei Kinderzimmer?

Und wie viel Grundstück? Kleiner Teaser von mir: gar keins!

Das ist nämlich längst nicht das Ende der Gründe, warum diese Kalkulation noch arg schönfärberisch ist. So steht das Haus, wie es das Statistische Bundesamt berechnet, dann mit diesen Zahlen für die Baukosten pro Quadratmeter eben noch nicht in Bremen oder Bayern, obwohl es dort so steht, sondern in Wolkenkuckucksheim, also lediglich im Traum der Bauherren.

Denn diese Bauwerkskosten sind, nicht nur beim Statistischen Bundesamt, ohne Grundstück gerechnet, das sagen die Zahlen und Begrifflichkeiten aber gar nicht so deutlich und manch Interessierter ist geneigt zu überlegen, ob er die knapp über 200.000 Euro (oder genau 1.478 Euro multipliziert mit 150 Quadratmeter Durchschnitthausgröße) nicht schon mal zur Grundlage seiner weiteren Überlegungen macht.

Angehende Bauherren könnten sich verplanen, bevor es richtig losgeht, und laufen in die erste Enttäuschung:

Grob kalkulierte 221.700 (entsprechend 150 × 1.478) Euro für das Haus in Bremen laut Suchmaschine … machbar …?

Augen zu und Kreditkarte durch?

Und falsch. Es entstehen weitere Kosten. Das Grundstück braucht es beispielsweise schon.

Das Statistische Bundesamt ist dabei wenigstens unverdächtig, Häuslebauer mit besonders niedrigen Lockpreisen zu irgendetwas zu verleiten, aber andere Quellen sind vielleicht schon eher parteiisch.

Das Problem mit konkreten Zahlen

Recherchieren Sie! Schauen Sie im Internet nach Zahlen! Aber fragen Sie sich stets, welche Intention die jeweiligen Quellen neben der Bereitstellung von Informationen verfolgen. Quadratmeterpreise von 2.000 Euro sind mit dem Blick aus der Praxis wirklich (zu) niedrig angesetzt, aber oft zu finden. Da sollten die zukünftigen Hausbesitzer sich mindestens fragen, ob nicht eine Quelle auch einen gewissen Nutzen aus dem guten Gefühl der Interessenten ziehen möchte, dass das »alles gar nicht so teuer« scheint, und diesen Enthusiasmus dann ausnutzen mag. Sie kennen das vielleicht vom Autokauf oder dem Urlaub: Der Grundpreis ist verlockend und 10 Prozent gibt es nur heute noch – aber dann zahlen Sie später, wenn Sie durch das gute Angebot bereits emotional involviert sind, Überführungskosten, die Zulassung, die Winterreifen und die Inspektionspauschale sowie die Versicherung vom Autohändler und die empfehlenswerte Garantieverlängerung. Verkäufer sagen: »The best buyer is the buyer!« Wer erst mal grundsätzlich am Haken hängt, der ist viel leichter zu »Mehr« zu überreden. Da schadet eine sehr niedrige Kalkulation am Beginn dem Kalkül des Verkäufers sicher nicht.

Mitunter sind auch die Zahlen der Statistik für kleine Bauherren nicht relevant, weil sogenannte »Projektentwickler«, große Firmen, die gleich mal Wohnanlagen mit 200 Einheiten bauen, auch dort eingerechnet werden. Die bekommen jedoch sicher andere Preise bei Rohstoffen, Handwerkern und an manch anderer Stelle.

Beim Grundstück, das jetzt in den Fokus gerückt ist, spielt die Lage dann noch viel stärker eine Rolle als bei den Bauwerkskosten, die sich auch entsprechend den Durchschnittslöhnen der Handwerker, dem allgemeinen Lohnniveau und den Gebührenordnungen vor Ort in einem gewissen Rahmen noch unterschiedlich gestalten.

Für das Grundstück sind aber in sehr weiter Spanne zwischen 50 Euro pro Quadratmeter in der Eifel, vielleicht an einem Ort, wo sich Fuchs und Hase gute Nacht sagen, und 1.500 Euro für 1 Quadratmeter begehrteren Baulands, beispielsweise in Köln in sehr guter Lage, zu veranschlagen.[18] Von München oder Frankfurt haben wir da noch gar nicht gesprochen.

Im Schnitt liegen die Kosten für das passende »Bauland in mittlerer Lage« in Deutschland noch einmal bei etwa 165 Euro pro Quadratmeter.[19]

Bei einem Grundstück von 500 Quadratmetern und durchschnittlichen Kosten hierfür kommen also noch einmal durchschnittlich rund 82.500 Euro hinzu. In Köln aber auch: 750.000 Euro. Autsch.

Ein solches 500-Quadratmeter-Grundstück liegt in der heute üblichen Range der Grundstücksgrößen und ist nicht sehr groß, speziell wenn dann noch ein Haus draufsteht. Das zeigt sich in heutigen Neubaugebieten gut, in denen mancher gern einmal aus Interesse flaniert, um sich von anderen Häusern inspirieren zu lassen.

Dort versteckt sich manchmal noch eines der alten Häuser, deren Besitzer auch für Geld und gute Worte ihren alten Kasten nicht verkaufen und für das Neubaugebiet abreißen lassen wollten; diese Hausbesitzer haben häufig Grundstücke, auf denen auch Pferde, Schafe und Hühner zwischen Obstbäumen gehalten werden können, weil früher so gebaut und das Grundstück geplant wurde.

Doch das lässt sich neidvoll beobachten, während die Besitzer der Neubauten drumherum ihren Kindern im Garten lieber Tischtennisplatten als Fußbälle schenken – aus Platzgründen. Der Nachbar mag halt nicht, wenn der Ball immer rüberfliegt.

500 Quadratmeter hat das durchschnittliche Grundstück heute vielleicht. Hinzu kommen dann weiterhin für eine seriöse Budgetschätzung des eigenen Traums auch noch weitere Kosten wie Erschließungskosten und Baunebenkosten. Später werden dafür auch noch einmal ungefähr 10 bis 15 Prozent gerechnet und damit schon bei einer sehr zurückhalten-

den Kalkulation mindestens 30.000 Euro »on top« in unserem sehr durchschnittlichen Beispiel vonnöten sein.

Die Baunebenkosten sind eben auch meistens nicht oder nur zum Teil in den Bauwerkskosten enthalten, die sich schnell recherchieren lassen. Und auch manche Hausbaufirma, die irgendwann darauf angesprochen wird, nimmt sie nicht in die allererste Kostenschätzung auf, um den potenziellen Kunden vielleicht auch nicht gleich mit der ganzen Wahrheit der hohen, realistischeren, Summe zu konfrontieren. So etwas passiert einem »guten Verkäufer« selten.

Dann geben die Bauherren womöglich noch Geld aus für die Außenanlagen, den Garten und die Schaukel für die Kinder, die Zuwegung und die lauschige Terrasse mit Südlage und Beschattung. Es wird langsam unübersichtlich mit der eigenen Recherche.

Wenn Sie dann noch auf die Idee kommen, dass heute eine tolle Küche der Mittelpunkt eines Traumhauses ist, dann wären Sie damit keineswegs allein und geben hier auch noch einmal einen Batzen Geld aus. Aber das ist ja wichtig, schließlich beginnt und endet jede gute Party in der Küche.

Die Suchmaschine und die Hausbaufirma haben die Küche bei den Gesamtkosten für ein Haus oder bei den Durchschnittskosten allerdings auch eher nicht eingerechnet.

Erträumen Sie sich Ihre Küche im eigenen Haus so, wie Omas kleine Küche damals aussah, die so war, wie damals Küchen geplant und gebaut wurden – schmal, klein und pragmatisch? Ich glaube nicht.

Da wird nicht gekleckert und besser eine Reserve für die tolle Küche eingeplant!

Wer aus der vorherigen 80-Quadratmeter-Wohnung alles für das vielleicht nun deutlich größere Haus mitnehmen kann und dennoch Sorgen hat, im Wohnzimmer dann sein dreifaches Echo zu hören, weil die Räume so leer sind, der zahlt ohnehin auch noch für Innenausbau und Einrichtung und manche größere und kleinere Ausgaben, die sich auch summieren werden. Mal so eine richtig schöne Lampe, das wäre was … nicht die Baufassungen wie letztes Mal in der WG.

Mit Bauwerkskosten und Grundstück sowie einigen Nebenkosten passt das alles in der Summe dann sehr schnell viel eher zum Durchschnittspreis für einen Neubau in Deutschland von (Achtung: exakt!) 509.142 Euro[20], den ein großer Baufinanzierer einmal ausgewertet hat. Das war es dann mit den 300.000 Euro der ersten Suchmaschinenergebnisse oder den 221.700 Euro »in Bremen«

Davon jedoch erzählt Google am Anfang wenig, wenn Sie nach »Kosten Hausbau« suchen!

Die beschriebenen tatsächlichen Durchschnittskosten formen nun eine beeindruckende (hohe) Zahl, aber es ist vermutlich besser, angesichts dieser amtlichen Summe einmal am Beginn des eigenen Traums vom Haus tief ein- und auszuatmen und dann zu sehen, dass dennoch mit einem guten Plan sehr viel erreichbar ist, als vorher mit zu niedrigen Zahlen sich selbst zu beruhigen und dann hintenraus Schwierigkeiten zu bekommen. Und wie gesehen ist ja auch die Summe von 509.142 Euro für Ihren Traum sehr wahrscheinlich völlig aus der Luft gegriffen. Das ist halt der Durchschnitt.

Um den zu verstehen, müssen wir genauer auf Ihren womöglich gar nicht so durchschnittlichen Traum schauen. Dann aber lässt sich mit einem eigenen Plan vom Haus immerhin recht gut verhindern, dass allzu viele Kosten überraschend entstehen, und sicher noch einiges an Kosten bei der Umsetzung sparen.

Nach der ganzen ernüchternden Faktensichtung muss es jetzt aber wieder um eine realistische Motivation gehen. Smarte Bauherren können sich eine weitere, sehr realistische Zahl zum Ziel machen.

Bauherren können mitunter schnell 100.000 Euro und mehr sparen

Bei der Betrachtung der Durchschnittskosten für ein Haus in Deutschland müssen Bauherren auch immer im Hinterkopf haben, dass die durchschnittlichen Bauherren sich eben auch in ihrer Planung durchschnittliche Fehleinschätzungen geleistet haben könnten. Wenn es gelingt, an der einen oder anderen Stelle eine bessere Idee zu haben als der Durchschnitt, lassen sich beispielsweise schnell 100.000 Euro einsparen. Echt?

Ja. 100.000 Euro, die nicht zuletzt auch den Unterschied zwischen einem Haus machen können, das sich die Bauherren leisten können, und einem, das das eigene Budget leider sprengt, wie der Bankberater mit ernster Miene vorträgt.

Die einfachste und klarste Bezugsgröße für die Kosten eines Hauses hat sich dabei in den bisherigen Beschreibungen und in den Suchmaschinenrecherchen mehr schlecht als recht versteckt: die Quadratmeter des Hauses verursachen offensichtlich unmittelbar Kosten.

Wenn Sie nur die – wahrscheinlich zu niedrig angesetzten – 2.000 Euro pro Quadratmeter rechnen, die Google gerne nennt, dann lassen sich bereits bei einem Haus mit 20 Quadratmetern weniger Wohnfläche rund 40.000 Euro einsparen. Aus der Erfahrung heraus sind sogar mindestens 3.000 Euro pro Quadratmeter Haus anzusetzen, bei größeren Wünschen auch entsprechend größere Summen.

Nun wird der Traum vom eigenen Haus häufig von Ideen der Freiheit, der Selbstbestimmung und eines »Raums zum Leben« motiviert. Da wirkt es zunächst eher wie eine Einschränkung, genau diesen Raum schon bei der frühen Planung zu reduzieren.

Was dahinter steht, ist oft die Vorstellung, dass das Raumgefühl in einem Haus ziemlich linear mit den zur Verfügung stehenden Quadratmetern zusammenhängt. Doch das ist keineswegs der Fall, vielmehr kann ein kleinerer, aber klug geplanter und eingerichteter Raum ein besseres Raumgefühl vermitteln als ein schlechter geplanter großer Raum.

Längliche Räume, beispielsweise für ein Badezimmer, bringen einige Quadratmeter Ersparnis, ohne funktionelle Einschränkungen zu erfordern. Gerade in einem Badezimmer geschieht fast alles immer »an den Wänden des Raumes«: Das Waschbecken zum Zähneputzen hängt dort, die Dusche und die Badewanne sind in den Ecken der Räume verortet, die Handtuchheizkörper oder der Schrank mit den kleinen nützlichen Tiegelchen zur täglichen Betonung der eigenen Schönheit befinden sich ebenso an der Wand. Alles, was »in der Mitte des Raumes« geschieht, passiert eigentlich im überflüssigen Bereich des Raumes, der höchstens dem Schrittzähler der Smartwatch wirklich etwas bringt.

Ein großes Dachfenster kann dann mehr für das Raumgefühl in einem solchen Bad tun, als 5 Quadratmeter mehr Bodenfläche.

Kinderzimmer und Schlafzimmer können vielleicht statt 15 Quadratmeter auch »nur« 13 Quadratmeter haben, ohne dass Raumgefühl verloren geht. Es fehlt ja später auch der direkte Vergleich, wenn die Räume erst einmal erbaut wurden.

Das eigentlich geplante Ankleidezimmer der Eltern und der begehbare Schuhschrank können mindestens einmal einer Prüfung unterzogen werden. Und die großartige Galerie, die den Eingangsbereich des Hauses zu einer Eingangshalle werden lässt, ist (raum-) ökonomisch eigentlich eine Katastrophe, weil ohne Zwischendecke darüber gar kein Zimmer sein kann.

So lassen sich durchaus die ersten 40.000 bis 60.000 Euro schnell einsparen, bevor überhaupt Geld ausgegeben werden musste. Ein Architekt, der auf eine in dieser Weise kompakt geplante Bauweise unter Berücksichtigung kleiner Tricks zur Schaffung eines sehr guten Raumgefühls spezialisiert ist oder sich gut in diese Aufgabe hineindenken kann, ist dann der erste richtige Ansprechpartner für die Bauherren und amortisiert das Budget für die damit angestoßene Architektenplanung sehr leicht. Unter uns: Das ist wahrscheinlich sogar günstiger, als man erwartet.

Ein solcher unabhängiger Architekt ist auch grundsätzlich ein möglicher Ansprechpartner, um zunächst einmal eine Planung des eigenen Hauses zu erstellen, die schon sehr früh auf Sparpotenzial achtet.

Die Architektur eines Hauses kann häufig gegenüber den gängigen Trends und Angeboten der Hausbaufirmen vereinfacht werden. In Musterhausparks beispielsweise sind die Häuser häufig mit sehr großen Fensterflächen versehen.

Das ist durchaus ein Faktor, der auf das Raumgefühl und das berühmte lichtdurchflutete Wohnen einzahlt, jedoch auch ein Faktor, der heutzutage fast übertrieben wird. Hausbaufirmen, die ihre Bestseller in Katalogen darstellen, zeichnen lieber ein paar Fenster mehr ein und berücksichtigen ein paar bodenlange Fenster mehr, als sich der Kritik auszusetzen, hier nicht mit dem neuesten Trend zu gehen. Zahlen muss das ja später eh der Kunde.

Genau das nicht zu tun, gegen den Trend zu planen und mit einem guten Architekten trotzdem darauf zu achten, dass bei reduzierter Komplexität der Architektur später ein großartiges Raumgefühl entsteht, vermittelt wiederum ein gewisses Einsparpotenzial. Die Hausbaufirma kann das sowieso alles bauen.

10.000 bis 20.000 Euro sind dann bei einer solchen vereinfachten Planung, die sich später im Haus nicht minderwertig anfühlen wird, locker drin und reduzieren wieder das notwendige Gesamtbudget.

Einige Ausstattungsdetails werden heutzutage in Häusern eingebaut, weil sie bestimmten Intentionen geschuldet sind. Manchmal sind sie im Musterhaus der Hausbaufirma schon so vorgesehen gewesen und die angehenden Bauherren finden sie bei der Besichtigung cool. Das täuscht mitunter sogar darüber hinweg, dass die dort gesehenen Raffstores dann im ganzen Haus eingeplant werden, obwohl die Bauherren in vielen Räumen nie die Fenster verdunkeln. Und wenn sie das im Wohnzimmer tatsächlich gerne tun, dann vielleicht im Technikraum, der Küche und dem Gästebad nicht?

Womöglich tut es in diesen Räumen auch der gute alte Rollladen, der einige 100 Euro Ersparnis pro Fenster verspricht, zumal er einbruchssicherer ist als Jalousien. Mancher schnöde Spartipp geht eben über das bloße Geld hinaus.

Mindestens in diesen weniger im Lebensmittelpunkt stehenden Räumen kann auch darüber nachgedacht werden, ob es die teurere, glatt verputzte Wand sein muss, die heute schick ist, oder ob es nicht auch die Raufasertapete tut.

Mit in dieser Weise vereinfachten Malerarbeiten, die dann später über die Hausbaufirma beauftragt werden, lassen sich auch noch einmal 10.000 bis 15.000 Euro einsparen. Malerarbeiten sind beim Hausbau ein häufig unterschätzter Kostenfaktor. Das dauert alles länger, als jeder denkt, der beim letzten Auszug die Dübellöcher in 20 Minuten mit Zahnpasta gefüllt und ein paar Flecken mit der billigen Farbe aus dem Baumarkt überpinselt hat.

So wollen Sie aber dann halt auch nicht in Ihr neues Haus ziehen und der Profi ist entsprechend teuer. Beim Tapezieren eben weniger teuer als beim Spachteln und Schleifen der trendigen glatten Wand.

Auf einige Ausstattungen können und wollen Sie aus guten Gründen natürlich auch nicht verzichten. Entweder, weil sie heute zum absoluten Standard bei Neubauten gehören, wie etwa elektrische Rollläden oder bodengleiche Duschen – und das sind auch wirklich angenehme Dinge.

Auf manches möchten Sie nicht verzichten und dafür lieber auf andere Weise Geld einsparen, etwa indem Sie darüber nachdenken, diese Leistungen günstiger zu vergeben oder zu bekommen.

Die klassische Idee, das zu erreichen, liegt bei einigen Bauherren dann in der Erbringung von Eigenleistungen. Das ist selbstverständlich dem eigenen handwerklichen Geschick anvertraut und bedeutet im Umkehrschluss immer ein gewisses Investment an Zeit und Energie. Dafür müssen diese Leistungen eben keiner anderen Firma bezahlt werden.

Die Risiken der nicht ganz perfekten oder gar mangelhaften Ausführung fallen dann aber mehr denn je den Bauherren zu und erfordern einen ehrlichen Blick auf die eigenen Fähigkeiten.

Es kann auch hilfreich sein, einige Leistungen selbst zu vergeben und aus dem Gesamtangebot der Baufirma herauszulösen. Dann können die Bauherren selbst Angebote von Handwerksfirmen einholen und vergleichen und sich so im Idealfall die besten Angebote und günstigsten Preise sichern. Das erfordert allerdings auch wiederum ein Investment in Zeit und Energie. Schließlich müssen all diese Handwerksfirmen gesucht, angesprochen und verglichen werden.

Die Haftung des einzelnen Bauträgers, bei dem alle Leistungen »aus einer Hand« beauftragt werden, weicht nun einem komplexen Modell, bei dem für einzelne Arbeiten auch mit einzelnen Firmen der zeitliche Ablauf auf der Baustelle koordiniert und über mögliche Nachbesserungen verhandelt werden müsste, wenn etwas schiefgeht.

Und ganz grundsätzlich muss ja auch die Baufirma angesprochen und mit ihr über einzelne Elemente des Vertrages gesprochen werden, die ihrerseits am liebsten alles aus einer Hand verkauft hätte, weil dann auch der Gewinn in die gleiche Hand gefallen wäre.

Im späteren Bauprojekt müssen die Bauherren nun zudem koordinieren, dass die Leistungen der Drittfirmen zur rechten Zeit und zuverlässig so erbracht werden, dass sie in den Zeitplan aller anderen Beteiligten passen. Es nützt ja nichts, wenn die günstigere Firma Elektroarbeiten aus Termingründen dann erbringen könnte, wenn die Wände noch nicht stehen – und dann erst wieder acht Wochen danach … So lange ruht der Bau?

Für die Eigenleistungen können je nach Geschick, Selbstvertrauen und Einsatz sicher bis zu 40.000 oder 50.000 Euro kalkuliert werden, mit allen Einschränkungen auf das eigene Zeitbudget und die größer werdende Verantwortung, dass dann auch alles gut durchgeführt wird.

Zuletzt wurde ja immer darauf verwiesen, dass das eigene Haus nicht ohne das eigene Grundstück gedacht werden kann. Also lassen sich folgerichtig auch hier Sparpotenziale auffinden. Wenn es statt eines großen Grundstücks von 800 Quadratmetern vielleicht auch ein Grundstück von 700 oder 500 Quadratmetern sein darf und der Quadratmeter im gewünschten Baugebiet 400 Euro kostet, was in den heutigen Neubaugebieten nicht unüblich wäre, so spricht man auch dort noch einmal von einer

Kostenersparnis in der Höhe von 40.000 Euro bei nur 100 Quadratmetern »Verzicht« – auf Grundstücksfläche, Grunderwerbssteuer, Nebenkosten und Rasenmähen.

Dabei ist ein gut geschnittenes kleineres Grundstück manchmal wieder besser dafür geeignet, den Feierabend im eigenen Garten zu verbringen, als ein irgendwie planerisch »verbasteltes« größeres Grundstück. Schon deshalb sollten Bauherren sich nicht gleich ärgern, wenn heute sogar kleinere Grundstücke den Durchschnitt repräsentieren. Sie können dann bei einem gut geschnittenen Grundstück sogar noch echtes Sparpotenzial finden.

Mitunter gibt es auch Vorgaben der Behörden in den Baugebieten, wie das Haus auf dem Grundstück zu stehen hat. Nicht selten ergibt dann bei genauerer Betrachtung der Möglichkeiten, das eigene Traumhaus auf verschiedenen Grundstücksschnitten zu platzieren, ein etwas kleineres Eckgrundstück einen viel besseren Raumeindruck für die späteren Gartennutzer als das größere, aber sehr längliche Grundstück.

Die 100.000 Euro möglicher Ersparnis sind, wenn die in diesem Kapitel genannten Summen zusammengezählt werden, sehr konservativ gerechnet, auch um keine falschen Begehrlichkeiten zu erwecken. Jede dieser Einsparungen hat mitunter etwas mit Kompromissen und Einschränkungen zu tun, die den Traum der Bauherren tangieren oder erleichtern. Was klar wird, ist die grundsätzliche Möglichkeit, mit eigener Planung den eigenen Wunsch auch im positiven Sinne vom Durchschnitt zu entkoppeln und dabei Geld zu sparen.

Eins ist sicher: Sie bauen keinen Durchschnitt

In die verdächtig präzisen und sehr durchschnittlichen Berechnungen, die jede Suchmaschine und manche Quelle bereithält, gehen bei alledem auch Daten ein, die nicht genauer aufgeschlüsselt werden. Da verliert der »Durchschnitt« mitunter komplett seine Aussagekraft für Ihr Projekt.

Wurden dort eher Fertighäuser oder Architektenhäuser geplant und zu den Durchschnittspreisen umgesetzt? Liegen die Grundstücke dort, wo Sie als Bauherr auch Ihren Lebensmittelpunkt haben wollen? Welcher Baustandard ist in Deutschland eigentlich so Durchschnitt, dass Bauherren ihn für den Durchschnittspreis bekommen würden?

Vielleicht wollen Sie ja »gehobenen Standard« und nicht »Standard«, was als Ausdruck irgendwie paradox anmutet. Ist ein Kunststofffenster Standard oder ist es vielmehr gehobener Standard? Sind Aluminiumfenster vielleicht gehobener Standard? Oder doch erst goldene Wasserhähne?

Ist Parkett schon gehobener Standard? Und Laminat Standard? Oder offener Estrich … Natürlich ist Estrich kein Standard, werden Sie sagen. Stimmt. Stimmt das auch im Keller?

Na ja, den Traum vom großen Balkon oder dem Pool werden Sie wohl rausrechnen müssen, auch aus dem gehobenen Standard. Das ist dann Luxus?

Aber jetzt mal andersherum: Gibt es in Deutschland einen einzigen Prospekt für angehende Häuslebauer, in dem auch mal »minderwertiger Baustandard« explizit für interessierte »Sparfüchse« angeboten wird? »Lassen Sie sich von unserem unterdurchschnittlichen Baustandard begeistern«.

Sicher nicht, und das ist nicht nur statistisch verräterisch.

In der Baubranche und im Umgang mit den großen Träumen wird manches bewusst im Unklaren und Ungefähren gelassen, wenn die Interessenten nicht die richtigen Fragen stellen. Jetzt schmunzeln Sie darüber, aber was, wenn der »gehobene Standard« von der Hausbaufirma im Angebot als Teil der Umsetzung Ihres Traums beschrieben und gerne verkauft wird? Können Sie sich dann im Moment der Vertragsunterschrift darüber freuen und vertrauensvoll unterzeichnen oder soll genau dann doch lieber kurz angemerkt werden, dass etwas entweder »Standard« ist oder »gehoben« – und dass Sie gerne wüssten, was Sie da jetzt bekommen? »Sie bekommen in unserem Angebot gehobenen Standard« – »Topp! Dann hätte ich gerne Fischgrätenparkett!« – »Nein, das ist kein gehobener Standard!« Das zahlen Sie selbst.

Die Hausbaufirmen argumentieren, dass die zukünftigen Bauherren selbstverständlich rechtzeitig erfahren, was sie da genau bekommen, und später sogar noch eine Auswahlmöglichkeit erhalten. Wenn Sie den Verbraucherbauvertrag für das Projekt unterschrieben haben, werden Sie doch zur »Bemusterung« eingeladen, die teilweise über mehrere Tage im Bemusterungszentrum andauern kann, und können sich da verschiedene Elemente Ihres Traumhauses aussuchen – aus dem breiten, meistens sogar gehobenen »Standard« halt.

Was hier noch nach mehr oder minder amüsanten Wortklaubereien aussieht, spielt im gesamten Projekt Haus unter Umständen eine große Rolle. Vom ersten Prospekt, den sich Interessenten vielleicht bei einer Hausbaufirma mitgeben lassen und zu Hause auf der Couch interessiert durchblättern, bis hin zu späteren Verträgen, die klare Konsequenzen nach sich ziehen, gilt:

Es kommt auf einzelne Worte an.
Es ist immer zu prüfen, was genau in Verträgen steht und was einzelne wichtige Klauseln und Begriffe bedeuten – und es kommt vor allem auch darauf an, was nicht in Verträgen, Prospekten und Vereinbarungen steht. Der Preis ist häufig nicht das wichtigste Unterscheidungskriterium zwischen verschiedenen Angeboten.

In anderen Zusammenhängen sind die Bauherren bei solchen Vergleichen viel erfahrener. Wenn ein Kunde im Supermarkt einen Bund Petersilie kauft und auf dem Etikett dann ein ebensolches Sträußchen Petersilie auf einem wunderbaren 600-Gramm-Steak liegen sieht, dann weiß er, dass das nur ein »Serviervorschlag« ist – und dass das Steak der Petersilie für 1,39 Euro nicht beiliegt. Er ist dann auch nicht enttäuscht beim Auspacken.

Bei Hausprospekten und Verträgen folgt mancher viel unkritischer und unerfahrener der Vorstellung, dass ein bestimmter Standard, der zugesichert oder gar in Prospekten abgebildet oder im Musterhaus verbaut ist, schon okay und die Abbildungen und Versprechungen nicht irreführend sein werden. Wenn etwas Standard ist, dann doch wohl, weil damit die allermeisten sehr zufrieden sind.

Dabei sind angehende Bauherren dann manchmal sogar weniger kritisch, als sie es sonst als Verbraucher sind, und gehen davon aus, dass die »Serviervorschläge«, der Standard der Baufirmen also, auf Webseiten, in Prospekten und Baubeschreibungen schon der Realität entsprechen werden.

Ich habe kürzlich mit einem Bauherren gesprochen, der schon mehrere Projekte als Geldanlage durchgeführt hat, und ihn gefragt, ob er das Gefühl habe, dass Bauherren bei Bauvorhaben auch mal übervorteilt werden? Seine Antwort: »Ja klar, das ist doch Standard!«

Und nicht mal gehobener …

Ist Ihr Traum Durchschnitt?

Die Skepsis gegenüber dem Durchschnitt und dem Standard endet nicht bei der Einrichtung des Hauses. Sie bezieht sich auch auf alle anderen Dinge, die Bauherren eigentlich im Blick haben sollten.

Durchschnittliche Projektkosten für Einfamilienhäuser in Deutschland, die ein Baufinanzierer wie gesehen offenbar auf den letzten Cent nachhalten kann, beinhalten oft nur Kosten, die vorher absehbar waren oder vielleicht über diesen nachfinanziert wurden; sie beinhalten aber nicht den schmerzvoll überzogenen Dispositionskredit des Finanzierungsnehmers oder die großzügige Spende der Schwiegereltern, die dem jungen Paar noch mal aus der Patsche geholfen haben, weil plötzlich im angeblich schlüsselfertigen und »alles aus einer Hand« geplanten Projekt ungeplante Kosten entstanden. Warum aber »verkalkuliert« sich da mancher so?

Oft beschreibt der Durchschnitt der Herstellungskosten nur das, was die Kunden im Durchschnitt an die Hausbaufirma gezahlt haben, aber nicht unbedingt die durchschnittlichen Gesamtkosten des reellen Projekts. Manches haben die durchschnittlichen Bauherren gar nicht an die Baufirma gezahlt, sondern selbst vergeben. Das kann sehr klug sein, weil andere Anbieter für manche Leistungen günstiger sind.

Oder die Bauherren haben manche notwendige Leistung erst später als zusätzliche Kosten erkannt, weil sie im Vertrag als »bauseits« beschrieben und damit eben nicht Teil der Leistungen der Baufirma wurde. Und sie haben diese deshalb zähneknirschend noch finanziert, aber das wurde nicht mehr im Gesamtprojekt ihres Hauses, das eigentlich alle Kosten hätte aufnehmen sollen, statistisch erfasst.

Womöglich umfassen die ermittelten Durchschnittskosten nur das, wofür die angehenden Bauherren bei den Baufirmen unterschreiben, aber nicht die Folgekosten, die an dieser Stelle nicht kalkuliert wurden und die sie später anders »gewuppt« haben.

Das ist aus Sicht der Baufirma und sogar auf Basis des entstehenden Vertrages vollkommen legitim, juristisch noch mehr als moralisch. Manches ist eben nicht Thema der Baufirma. Es ist aber Thema der Bauherren und sollte von ihnen kalkuliert werden.

Durchschnittliche Kosten, die das Statistische Bundesamt oder irgendwelche Baufinanzierer erheben und die jede erste Suchmaschinensuche von verschiedenen Anbietern ausspuckt, beschreiben des Weiteren natürlich durch ihre Methodik immer die Vergangenheit. Aber damit können angehende Bauherren in Zeiten schwankender Inflation, Kostensteigerungen im Bauwesen und wechselnder Kreditzinsen auch schnell mit falschen Erwartungen in das eigene Projekt geschickt werden und programmieren so Enttäuschungen förmlich vor.

Nicht enthalten sind in allen Kalkulationen dieser Art Fehler, die die Bauherren gemacht haben, und Konzessionen, die sie machen mussten. Und auch nicht der eine oder andere Wischiwaschi-Paragraf einer eventuell etwas verklausulierten Angabe im Angebot, den die Bauherren später so auf keinen Fall haben wollen und extra zahlen.

Speziell die Zahlen der Hausanbieter stehen letztlich unter Verdacht, die Kunden erst mal mit niedrigen Gesamtkosten emotional involvieren zu wollen, um dann die wahren Kosten lieber in der Salamitaktik verdaulich zu präsentieren.

Es ist ohnehin schwierig, auf Zahlen anderer zu schauen, deren Traum Sie nicht verfolgen oder deren Motivation Sie nicht einschätzen können.

Daraus lässt sich aber auch ein sehr gutes Ziel für angehende Bauherren ableiten, um eigene Übersicht und Kontrolle zu erreichen. Sie sollten die notwendigen Aufgaben für die Realisierung des eigenen Traumes möglichst detailliert erfassen. Dann sollten diese transparent in einzelne notwendige Meilensteine zerlegt werden und dafür die Kosten erfragt werden. Diese machen das ganze Projekt dann auch vergleichbarer und helfen, das beste Preis-Leistungs-Verhältnis zu finden. Und dann sollten diese Kosten in einer möglichst vollumfänglichen Baukostenübersicht zur Basis der eigenen Kalkulation und Planung gemacht werden. Das ist das beste Gegengift gegenüber späteren Überraschungen.

Mit eigenen Zahlen rechnen

Bevor Sie sich mit durchschnittlichen Kosten für den Traum vom eigenen Haus beschäftigen, gilt es, sich zu fragen: Wie durchschnittlich ist eigentlich Ihr Traum? Der eigene Traum muss dann möglichst früh und präzise mit eigenen Zahlen hinterlegt werden.

Die Kostenabschätzungen, die sich bei einer ersten Recherche erheben lassen, sind wohl eher eine Richtung als eine wirklich tragfähige Kalkulation. Soll am Beginn der Planungen eine ungefähre Idee stehen, welcher realistische Kostenrahmen angenommen werden könnte, um keine größeren Überraschungen zu erleben, so empfehle ich, tatsächlich von rund 3.000 Euro pro Quadratmeter auszugehen und Reserven zu haben. Und das gilt auch nur für den Zeitraum meiner Erhebung.[21]

> Nach über 8.000 Projekten, bei denen ich mit meinem Team beratend tätig werden konnte, kann ich sagen, dass (zum Zeitpunkt der Erhebung dieser Zahl) rund 3.000 Euro eine gute Größenordnung sind, um den Traum vom eigenen Haus pro Quadratmeter ungefähr einschätzen zu können. Wird so geplant und eine Reserve mitgedacht, entsteht eine erste Richtung, die es mit besseren Prognosen und der Kenntnis des eigenen Finanzrahmens unbedingt zu festigen gilt. Und Achtung: Das Grundstück und einige Baunebenkosten (kalkulieren Sie erst einmal 10 – 15 Prozent der Gesamtkosten zusätzlich) sind da auch noch nicht drin!

Nichtsdestotrotz ist es eines der übergeordneten Ziele dieses Buches, dass Sie am Ende auch die Kostenschätzung Ihres Traumhauses möglichst präzise berechnen können. Und zwar nach Ihren Standards!

Je genauer Sie das Projekt am Beginn kalkulieren können, desto weniger Überraschungen können eintreten und desto einfacher lässt sich die Finanzierung sichern. Je besser Ihr eigener Plan ist, desto resistenter sind Sie gegenüber Abweichungen von allem, was Sie sich vorgestellt haben. Die Tatsache, dass sich mit diesem eigenen Plan, wie gesehen, schnell einige Zehntausend oder gar Hunderttausend Euro einsparen lassen, wenn Sie nicht zum Beifahrer im eigenen Projekt werden, führt die Beschreibung der möglichen Herausforderungen auch zurück auf das Feld des begründeten Optimismus.

Investition und Rendite

Optimismus ist beim eigenen Haus sowieso trotz allem ein guter Ratgeber. Wer das Ziel kennt, wird den Weg schon erkennen. Schauen wir also zunächst auf die großartigen Vorteile des Eigenheims.

Es ist ein wirklich großes Ziel, das eigene Haus irgendwann zu bauen. Was dürfen sich die Bauherren davon versprechen?

Der Traum vom eigenen Haus hat meistens eine emotionale und eine finanzielle Seite und eine jeweils entsprechende »Rendite«, die sich die Bauherren erhoffen. Das eigene Zuhause, Sicherheit und Gestaltungsfreiheit sind Elemente der emotionalen Rendite, eine gute Altersvorsorge und ein Investment in Betongold ganz grob die finanzielle Seite. Damit sind diese beiden Themenblöcke die Motivation eines starken Traums. Eine gute Rendite kommt jedoch selten ohne vorheriges Investment aus.

Es ist einigermaßen klar, dass Normalverdiener mit durchschnittlichem Vermögen bei einer Investition in das eigene Haus auf Jahre und Jahrzehnte gebunden sind. Wenn das gut durchgerechnet ist und die Zielsumme auch gut antizipiert werden kann, ist das sehr oft trotz der beeindruckenden Gesamtsumme der Investition für das Haus auf lange Sicht ein lukratives »Geschäft« und verspricht eine vorzügliche Rendite.

Zwar binden Sie sich finanziell lange an das eigene Haus, aber das tut jeder bisherige Mieter bei der Miete ja auch – und die wird sogar in der Regel immer mal an die Inflation oder das gewachsene Gewinnstreben des Vermieters angepasst. Zur Not mittels einer kleinen »Luxussanierung« des eigentlich ganz schnuckeligen Bades. Wohnen kostet immer Geld.

Und im Grunde stimmt ja auch der alte Satz: Bei der Miete ist das Geld weg, bei der Finanzierung für das eigene Haus hat der Bauherr etwas für den eigenen Vermögensaufbau getan.

Auf die finanzielle Rendite eines Hauses schauen wir dennoch später. Diese kommt vielen Bauherren zwar beim Begriff der Rendite zuerst in den Sinn, ich finde aber die andere Rendite in dieser Phase der Zielsetzung noch interessanter.

Denn »trotz« der Höhe und Verbindlichkeit der finanziellen Herausforderung suchen viele Menschen auch aus emotionalen Beweggründen einen Weg, die Investitionen in das eigene Zuhause irgendwann im Leben erbringen zu können. Das erklärt sich nicht allein aus den finanziellen Aspekten wie gesparter Miete oder gar dem »Wertzuwachs einer Immobilie« in der Zukunft – kaum jemand will doch bei ehrlicher Betrachtung das eigene Haus später wieder verkaufen!

Richtig rund wird der Traum vom eigenen Haus erst, wenn auch die »emotionale Rendite« stimmt. Und auch da müssen Bauherren bereit sein zu investieren, den bestmöglichen »Return on Investment« suchen und zwischen dem, was sie an Emotionen, Energie und Enthusiasmus hineinstecken, und dem, was sie später als emotionale Rendite erwarten können, ein möglichst gutes Verhältnis erreichen. Es geht nicht nur um ein Investitionsobjekt, es geht um einen Ort zum Leben.

Die emotionale Rendite

Wer darüber nachdenkt, sich mit einem klaren und sehr verbindlichen Finanzplan auf Jahre an ein einziges Projekt zu binden, einen guten Teil seiner finanziellen Ressourcen einmal oder monatlich wieder und wieder dort hineinzustecken, den Traum nicht nur zu träumen, sondern auch zu planen, sich reinzuknien, vorab vor sich selbst und vor einem Finanzierer »die Hosen herunterzulassen«, sich eine Hausbaufirma aus drei bis fünf Angeboten herauszusuchen und auch einmal auf Herausforderungen und Enttäuschungen gefasst zu sein, vielleicht auch einmal finanzielle Engpässe durchzustehen, sollte sich selbst prüfen:

Wurde beim Lesen der bisherigen Seiten, immer wenn der Begriff des »Traums vom Eigenheim« so selbstverständlich fiel, innerlich mit den Augen gerollt und fanden Sie diesen Begriff eigentlich nicht wirklich anschlussfähig?

Wer so auf das Haus schaut, sollte womöglich aus Investmentsicht alternativ über einen Aktiensparplan anstatt eine Hausfinanzierung nachdenken. Aktien versprechen schließlich auch Renditen und »Investoren« in diese Anlageklasse können sich – anders als bei einer Immobilieninvestition – schon morgen völlig emotionslos davon trennen. Verkauft mit einem Klick. Und jeder Aktionär kann sogar mit 50 Euro im Monat einen Sparplan bedienen.

Das ist beim Haus buchstäblich eine andere Hausnummer, da ist mit 50 Euro monatlich sicher kein Blumentopf zu gewinnen.

Gerade hier schlägt doch die Stunde der emotionalen Rendite. Es ist etwas anderes, sich beim Online-Banking anzumelden, immer mal die Entwicklung des Investmentfonds zu betrachten und sich vielleicht (!) an einem Zuwachs des eigenen Vermögens zu erfreuen – oder stattdessen im eigenen Garten zu sitzen und den Kindern beim Spielen zuzuschauen, die eigene Freiheit dort zu genießen und sich ganz tief drinnen endlich richtig »zu Hause« zu fühlen.

Deshalb für alle emotionalen Investoren: Der Traum vom Haus hat ganz wunderbare Renditeeffekte in Form von Sicherheit, Gestaltungsfreiraum und einem Gefühl der Freiheit!

Aber es gehört auch zur Wahrheit über das eigene Haus, dass an der einen oder anderen Stelle mal etwas schiefgehen wird. Das ist Teil des emotionalen Investments.

Es sollte nur nicht zu sehr an den eigenen Ressourcen ziehen. Denn das kann dann sogar den eigenen emotionalen Kredit, den man der Sache selbst geben möchte, sträflich überziehen. Es wird Kraft, Enthusiasmus und Zuversicht investiert, jedoch bitte möglichst wenig Sorge, Enttäuschung und Ärger.

Auch beim emotionalen Investment soll der Zinseszins stimmen.

Der emotionale Zins

Um herauszufinden, welche emotionale »Verzinsung« all jene erwarten dürfen, die sich auf die Reise machen, den Traum vom Eigenheim umzusetzen, habe ich möglichst viele zukünftige Bauherren gefragt und dazu rund 150.000 Follower in meinen Social-Media-Kanälen um eine Darlegung ihrer ganz individuellen Vorstellung der emotionalen Vorteile des eigenen Hauses gebeten.[22] Die beschriebene »Rendite« kumulierte dabei in einigen immer wiederkehrenden Elementen. Was ist eigentlich der viel beschriebene »Traum vom Haus«?

Das ist zunächst die Suche nach Sicherheit.

Sicherheit

So äußerte sich im Rahmen dieser Befragung kaum ein zukünftiger Hausherr, der in der Argumentation für das eigene Haus, vor sich selbst und anderen, nicht immer wieder auf den Nutzen als Altersvorsorge verwiesen hat.

Das ist im Kern eigentlich wieder ein Argument des finanziellen Investments, weil es um nicht zu leistende Mietzahlungen im Alter und auch um Vermögenssicherung in »Betongold« geht. Es ist aber durch die Absicherung des Alters natürlich auch wieder ein emotionales Argument.

Es lässt sich einfach gut schlafen, wenn für die eigene Zukunft vorgesorgt werden kann. Es ist großartig, sich selbst das Haus abzubezahlen und nicht jeden Monat weiter dem Vermieter dessen nächstes Investment zu ermöglichen oder ihm statt sich selbst die Bude fürs Alter abzubezahlen.

Im Investment für das eigene Haus ist das eigene Geld wohl besser aufgehoben, baut es doch damit eigenes Vermögen effektiv auf.

Jetzt, auf dem Höhepunkt der eigenen Leistungsfähigkeit und beruflich voll eingebunden, bei entsprechenden Einkünften, kann in eine betonsolide und inflationsgeschützte, sichere Altersvorsorge investiert werden. Damit wird in Erwartung einer später gegenüber dem jetzigen Einkommen niedrigeren Rente die Ausgabenseite mit einem abbezahlten und mietfreien Häuschen fürs Alter schon einmal entlastet. Es gibt bestimmt gute Gründe, sich jetzt schon zu fragen, wie es mit der Rente in Zukunft so aussehen mag, ganz persönlich und wohl auch für die Gesellschaft.

Spare in der Zeit, dann hast du in der Not …

Das abbezahlte Häuschen ist eine solide Grundlage dieser Perspektive, finden meine Follower.

Durch den Kauf eines Hauses und/oder die Finanzierung eines solchen Projekts über einen Kredit wird mit jeder einzelnen Zahlung ein Stück weit eigenes Vermögen aufgebaut.

Neben der Sicherheit gibt das Eigenheim aber auch Freiheit.

Freiheit

Es gibt ein gutes Gefühl, wenn klar ist, dass der Eigenheimbesitzer fortan selbst Herr oder Frau des eigenen Hauses ist, niemand Eigenbedarf anmelden kann oder andere Entscheidungen über den Kopf der Mieter hinweg trifft.

Es ist befreiend, sein eigenes Heim zu errichten und darüber auch weitreichend verfügen zu können.

Das eigene Haus auf dem Land gehört dabei häufig zentral zur Erzählung der Bauherren, weil dort mehr Ruhe herrscht und die Kinder in einer behüteten Umgebung sicher groß werden können. Auch das ist Freiheit.

Bei der gemieteten Wohnung mit Garten dürfen Mieter zwar unter dem großen Baum Laub harken – das müssen sie sogar –, aber sie dürfen diesen nicht absägen und durch etwas anderes ersetzen, egal, wie viel Schatten er spendet.

Im eigenen Haus dürfen sie laut Musik hören und müssen auf niemanden Rücksicht nehmen, die Kinder haben mehr Freiheiten und haben ihre ganz eigene Freiheitsrendite daraus. In der Mietwohnung kann das anders sein.

Auch gegen den Wanddurchbruch oder das Verrücken einer Trockenbauwand kann der Vermieter gute Gründe und starkes Recht einbringen, egal wie sehr die veränderten Raumbedürfnisse des Mieters diesen Wunsch nun folgerichtig erscheinen lassen. Die neue Heizung gibt es erst mal nicht, weil die alte noch funktioniert und die Mieter ja für die schlechte Effizienz bezahlen.

Beim eigenen Heim können Sie auch später noch Anpassungen vornehmen, wenn Ihr Leben plötzlich oder erwartbar andere Fragen in den Fokus rückt – und Sie können das eigene Haus natürlich auch vor dem Bau schon sehr anpassungsfähig planen!

In der gemieteten Wohnung darf der Mieter die Wände in jeder beliebigen Farbe streichen, Hauptsache weiß – und die Wohnung sieht ohnehin genau so aus, wie sich der Vermieter das einmal ausgedacht hat –, oder wie irgendjemand vor 40 Jahren das für modern hielt. Inklusive der hässlichen Fliesen im Bad und der vollkommen verbastelten Miniküche im unpraktischen »Schlauch-Grundriss« womöglich …

Mit nur einem Kinderzimmer vielleicht. Das bleibt aber bitte alles so.

Mieter ziehen trotzdem in eine Wohnung ein, die nicht all ihren Vorstellungen entspricht, weil es so schwer ist, überhaupt Wohnraum zu bekommen, oder weil dafür wenigstens der Balkon so schön ist. Mieter gehen bei Mietwohnungen eigentlich immer Kompromisse ein, weil es dafür wenigstens nah zur Arbeit und zu der guten Schule für die Kinder ist. Mieter machen Konzessionen und es ist vielen eine echte Motivation, das beim Eigenheim eines Tages anders handhaben zu dürfen und Freiheit zu erreichen.

Die Privatsphäre im Eigenheim wird laut meiner Umfrage als besser gesichert angesehen und die eigene Gestaltungsfreiheit in vielen Bereichen des eigenen Lebens höher vermutet. Diese Freiheit (und die Sicherheit) ist eng mit dem »Nestbautrieb« verbunden, den sich auch deshalb wohl auffällig viele der angehenden Hausbesitzer in meiner Umfrage zuschreiben.

Das Haus der eigenen Träume an einem Ort, der fortan »zu Hause« ist, schafft auch eine besondere Form der Verbundenheit. Es ist schließlich eine klare Entscheidung, anders als beispielsweise eine Mietwohnung. Bei dieser kann der Mieter immer mit drei Monaten Kündigungsfrist wieder ausziehen – und der Vermieter kann an dieser Stelle auch auf Ideen zum

Eigenbedarf kommen. Beim eigenen Haus gibt der Eigentümer auch ein Statement ab: Hier will ich Wurzeln schlagen! Erst mal für immer!

Und es ist auch für mich in diesem Zusammenhang immer wieder inspirierend, angehende Hausbesitzer in diesem Prozess zu begleiten, in dem gerade in dieser Entscheidung – wo wollen wir Wurzeln schlagen und wie wollen wir unserer Zukunft einen Ort geben? – die emotionale Verbundenheit, aber auch die großartige Vorfreude auf die emotionale Rendite zum Ausdruck kommt. Es ist wichtig, dass keine allzu großen Schatten in Form von Sorge, Schwierigkeiten und Hindernissen auf diesen Traum fallen.

Und ganz spannend finde ich auch die immer wieder geäußerte Idee, dass das eigene Haus ein positiver Antrieb ist, gerade weil es so herausfordernd umzusetzen und zu erreichen ist. Es liefert ein (weiteres) extrem motivierendes Lebensziel, das viele positiv hervorheben. Irgendwann das eigene Haus gebaut zu haben macht auch stolz. Vollkommen zu Recht.

Das Zuhause soll bei fast allen Befragten am liebsten ohne Begriffe wie »Kompromiss« und »Fremdbestimmung« umgesetzt werden. Das ist auch eine Form der emotionalen Freiheit, die als sehr hohes Gut bestmöglich umgesetzt werden soll und die lukrative Rendite in Aussicht stellt, ein für alle Male sein Ding zu machen.

Schon bevor es später im Rahmen des genauen Plans für die Finanzierung des Hauses also auch um Fragen wie die finanzielle Rendite des eigenen Hauses geht, lohnt schon bei der emotionalen Rendite ein Blick auf einen der berühmtesten Investoren unserer Zeit: Warren Buffett.

Der sagte einmal in seiner unvergleichlichen Art mit Blick auf die bestmögliche Rendite und die Herausforderung, komplexe Entscheidungen in Investmentfragen auch dann zu treffen, wenn man kein ausgewiesener Experte in dieser Sache ist:

»An idiot with a plan can beat a genius with no plan.«[23]

Ein entschiedener Plan, wie Sie als angehende Bauherren die emotionale Rendite des eigenen Hauses optimieren können und dabei möglichst »stressfrei« bauen, schlägt jede schnöde Finanzplanung. Und dieser eigene Plan macht es sehr wahrscheinlich, Freiheit, Selbstbestimmung und Sicherheit als ultimative Rendite des eigenen Traums vom Haus auch mit geringem Investment an Nerven, Sorgen und Stress zu erreichen. Dieser Plan wird hier erstellt und verfolgt. Dafür tritt dieses Buch ein.

Um Geld muss es aber auch weiter gehen …

2.

Die größte Einmalinvestition im Leben

»Schaffe, schaffe, Häusle baue …«

Der oft zitierte schwäbische Zweisprung beschreibt, worum es beim eigenen Haus (auch) geht: zu arbeiten, Zeit, Geld und Liebe zu investieren, um dann den Traum vom eigenen Haus als wertvollste (materielle) Errungenschaft eines ganzen Lebens Realität werden zu lassen.

Beim Haus sind es auch finanzielle Gründe, dieses nur ein einziges Mal in der eigenen Lebensspanne anzustreben. Für viele Menschen – Otto Normalverbraucher – ist das eigene Haus nicht weniger als die größte Einmalinvestition des Lebens.

Was es für 1 Euro an jeder Supermarktkasse gibt, ist nun einmal selten für große Träume gut – die Träume von kleinen Passagieren im Einkaufswagen dabei ausdrücklich ausgenommen.

Wir müssen (auch) über Geld sprechen

Ich habe die emotionale Rendite des eigenen Hauses auch deswegen eben vorangestellt, weil die finanzielle Rendite eines selbst bewohnten Eigenheims auch ein paar kleine Einschränkungen in Bezug auf ein vorbehaltlos »kluges Investment« in sich trägt.

Gemeinhin wird die große Investition ins Eigenheim in folgender Weise erst einmal sehr positiv gesehen:

Als Mieter werden monatlich Mietzahlungen an den Vermieter geleistet. Dafür darf der Mieter die Mietwohnung nutzen, hockt da warm und trocken. Das Geld nutzt der Vermieter, um damit die Rendite seiner eigenen Investitionen zu erwirtschaften, die Investition abzubezahlen, instand zu halten und idealerweise eine Überrendite zu erreichen. Der Vermieter investiert einmalig – und bekommt ab dann Geld vom Mieter, er wird in dieser Vorstellung reicher.

Viele Mieter sehen hierin schnell ein ungünstiges Verhältnis, denn sie bezahlen irgendwie für das Eigentum und den Vermögensaufbau eines anderen.

Für den Mieter ist das Geld monatlich ein Minus auf dem eigenen Konto und »weg«. Er wird dadurch nicht reicher und spart auch nichts an. Achtung, harte Wahrheit: So ist es auch!

Beim eigenen Haus investieren die Neueigentümer genau aus solchen Überlegungen endlich selbst eine große Summe, haben dafür aber dann ein eigenes Haus, das selbst ein solider, dauerhafter Besitz wird. Das Geld, das dafür bezahlt wird, ist dieses Mal nicht weg, sondern wird in die eigene Immobilie »umgeschichtet«. Kann die Summe nicht aus Eigenmitteln erbracht werden, dann wird eben ein Kredit dafür abgeschlossen. In einer einfachen Vorstellung wird mit der monatlichen Kreditzahlung an die Bank dann eine Tilgung erbracht, also Monat für Monat nicht Stroh zu Gold, aber doch Geld zu Beton. Das Häuschen wird Schritt für Schritt Eigentum und Vermögen.

Ganz so einfach ist das natürlich nicht zu rechnen. Mindestens zu Beginn der Finanzierungszeiträume macht nämlich häufig die Zinslast gegenüber der Tilgung einen beträchtlichen Anteil der monatlichen Zahlung aus – und dieses Geld ist auch »weg«. Zwar geht es statt an den Vermieter an die Bank, die diese Summe anteilig als Gebühr für die Ausgabe des Kapitals aufruft, aber: Weg ist weg! Man sagt auch: Zinsen sind Miete für das Geld.

Immerhin steigt meistens mit der Zeit der Tilgungsanteil gegenüber den Zinsen an die Bank, und es wird wenigstens ein wachsender Teil des Geldes in den eigenen Besitz umgeschichtet, damit immer effektiver eigenes Vermögen aufgebaut und immer weniger eigenes Geld weggegeben.

Doch das ist zunächst trotzdem weniger ideal als die utopische Vorstellung, eigenes Vermögen einfach durch die Ratenzahlung ab Schlüsselübergabe elegant umzuschichten – es sei denn, Sie sind in der elitären Lage, alles für das Haus sofort aus Eigenkapital bestreiten zu können.

Doch hier ist Transparenz wichtig, um nicht durch Schönfärberei in Bezug auf die Finanzierung des eigenen Hauses in Fallen zu laufen, die zu allem Übel noch selbst aufgestellt werden. Eigene Klarheit über diese Zusammenhänge ist auch das beste Mittel gegen jeglichen Mechanismus, der dann von Dritten ausgenutzt werden könnte, um finanzielle Traumschlösser zu bauen.

Milde lächelnd schauen die Bauherren dann auf die erprobte Aussage des Mitarbeiters der Hausbaufirma: »Schauen Sie mal, was Sie da sparen!« – und wissen: »Ja, wir sparen die Tilgung, nicht die Zinsen!«

Aber immerhin! Wenn es beim eigenen Haus auch um die finanzielle Rendite gehen soll, um eine umfassende Betrachtung der Herausforderungen und Chancen dieses Projekts erfassen zu können, dann muss es trotzdem auch gelten, beispielsweise gegenwärtige Mietzahlungen nicht einfach eins zu eins gegen die Zahlungen an die Bank zu rechnen. Mancher Kreditberater, Fertighausverkäufer oder Handelsvertreter könnte ja verleitet sein, diese zu einfache Rechnung mal für Sie aufzumachen. Dann wissen Sie, dass Sie später eine eigene Gegenrechnung aufstellen.

Es sollte präziser geschaut werden, welchen Tilgungsanteil und welchen Zinsanteil der Kreditnehmer dabei aufbringt, sofern ein Kredit aufgenommen werden muss. Das bringt eine objektivere Einschätzung der finanziellen Renditen und schützt davor, sich diese finanzielle Investition zu leicht »schönzurechnen«.

Allerdings ist immer, wenn ein Baudarlehen aufgenommen werden muss, auch mit einem Zinsanteil zu rechnen und das ist auch fair, schließlich sollen auch die Banken für diese Leistung entlohnt werden. Immerhin ermöglichen sie es oft erst, die notwendigen Mittel zur Umsetzung aufzubringen.

Und manchmal kann auch, beispielsweise durch staatliche Förderung, ein sehr günstiger Kredit eingeplant werden, beispielsweise bei KfW-Krediten für besonderes energieoptimiertes Bauen. Dort werden für bestimmte Summen gegenwärtig, beim *Schreiben* dieser Zeilen, Zinsen von 0,1 Prozent angeboten. Fragen Sie mal nach, was es beim *Lesen* dieser Zeilen gerade so an Angeboten gibt.

Die Investition hat aber auch aus finanzieller Sicht noch mehr positive Renditeaussichten und begünstigende Faktoren zu bieten: So diszipliniert die dauerhafte Zahlung an die Bank in sehr positiver Weise dazu, mit der regelmäßigen Tilgung eigenes Vermögen in Beton sehr zuverlässig aufzubauen. Schon bei der Miete wird ja nicht gesagt, dass »leider diesen Monat die Zahlung an den sicherlich verständnisvollen Vermieter einmal ausgesetzt wird«, weil der Urlaub der Mieter dieses Jahr etwas größer ausfallen soll.

Auf die Idee käme kaum jemand.

Bei der Kreditfinanzierung geht das gleichermaßen nicht. In beiden Fällen wird in aller Regel sehr diszipliniert gezahlt – oder es gibt böse Post. Diese Verbindlichkeit schlägt etliche andere Anlageformen aus ihren eigenen Regeln heraus.

Bei anderen Bemühungen, Vermögen aufzubauen, wie beispielsweise einen Sparplan auf das Tagesgeldkonto einzurichten oder immer mal etwas beiseitezulegen, wenn am Ende des Monats noch was übrig bleibt, sitzt der Finger im Vergleich meist etwas lockerer am Abzug und die Disziplin wird vielleicht öfter mal »ausgesetzt«. Diesen Monat nicht …

So kommt es, dass manche Finanzexperten durchaus beschreiben, dass ein Immobilieninvestment langfristig sogar einen leichteren und deutlich zuverlässigeren Vermögensaufbau ermöglicht als Sparbücher und andere, weniger bindende Investitionsformen.

Die finanzielle Rendite ist lukrativ

Der Tilgungsanteil kann sich gut auf Augenhöhe oder in der Nähe der bisherigen Mietzahlungen wiederfinden – und im Verbund mit der emotionalen Rendite ist der Blick auf das Investment ins Eigenheim plötzlich sofort rosig und vernünftig.

Wenn das Haus einmal abgezahlt ist, dann kann es wesentlich gegen eine nicht mehr anfallende Miete gerechnet werden und mindert die Kostenseite des eigenen Haushalts. Vielleicht kann später die gesparte Miete dann lieber in nette Fernreisen gesteckt und das Alter genossen werden, anstatt sich noch im höheren Alter großen finanziellen Herausforderungen zu stellen. Wer will schon fürchten, Teil einer reißerischen Schlagzeile zu werden: »Nach 40 Jahren: Omi kann sich Miete für ihre Wohnung nach Luxussanierung durch Wohnungsgesellschaft nicht mehr leiten und sitzt auf der Straße«.

So können Elemente der finanziellen Rendite auch auf die ganz persönliche Erfahrung der emotionalen Rendite einzahlen. Es gibt schlicht Sicherheit, die eigene finanzielle Herausforderung der nächsten 10 oder 20 Jahre präzise zu kennen, weil Raten mit einer Bank langfristig verabredet wurden, während die nächste Mieterhöhung für manchen jederzeit überraschend kommen könnte. Es gibt auch wieder Sicherheit, die eigene Altersvorsorge so aufzubauen.

Altersarmut wird viel zu häufig auch dadurch geschürt, dass nach 40 Jahren Beitragszahlerei die eigene Rente weniger hergibt als das Profitstreben der emotionslos renditegesteuerten Immobilieninvestmentgesellschaft, die die Wohnung der alten Leutchen kürzlich gekauft hat.

Emotionale und finanzielle Rendite sind eng miteinander verwoben und das eigene Haus ist kaum zu erklären, wenn Interessierte nicht in beiden einen möglichen Gewinn suchen. Im Hinblick auf die emotionale Rendite schlägt aber wohl kaum ein Investment das eigene, selbst bewohnte Zuhause desjenigen, der davon träumt und es sich nun leistet.

Eigentum verpflichtet

Damit diese große Einmalinvestition geleistet werden kann, sparen zukünftige Hausbesitzer also eine Weile auf ein Eigenkapital, um dann seriös zu finanzieren, und schließen irgendwann einen Kredit ab, der unmissverständlich klarmacht, wofür sie die nächsten Jahrzehnte finanziell und emotional einstehen werden. Das eigene Zuhause ist wahrlich auch ein großes Versprechen und eine Verpflichtung.

Andere Ziele sind zu ihrer Zeit auch eine finanzielle Herausforderung. Das erste eigene Auto ist irgendwann ein Ziel und auch eine größere Einzelinvestition, aber keine für immer.

Das erste Auto wird irgendwann zu klein oder der Gehaltsscheck und der eigene Anspruch zu groß und etwas Neues darf bald her – eine neuerliche Investition nach ein paar Jahren wird bei solchen Träumen eigentlich immer schon mitgedacht. Normalerweise ist das auch kein größeres Problem, das erste Auto ist nicht so teuer.

Das eigene Haus hingegen soll ausdrücklich einmalig sein. Es ist wesentlicher Teil der finanziellen Lebensleistung und soll oft noch die eigenen Nachfahren begleiten oder ihnen Werte vererben.

Deshalb gibt es auch keine zweite Chance, aus eventuellen Lernfortschritten eine Umwegrendite zu schlagen und es »noch mal richtig« anzugehen.

Haus(s)hopping

»Habt ihr euch schon wieder ein neues Haus gekauft?« – »Ja, wir sind neulich samstags einfach mal spontan in den Musterhauspark gefahren. Die hatten ein tolles Angebot und wir konnten unser altes Haus da in Zahlung geben. Das war ja auch schon zehn Jahre alt und wir hatten damals einen komplett falschen Grundriss gewählt … Da haben wir nicht lange gefackelt und unterschrieben.«

Nein. Das ist schon dreimal nicht der Plan.

Mit den Begriffen der »emotionalen Rendite« und der »finanziellen Rendite« lassen sich die hoch relevanten und einmaligen Wünsche, die an den Traum vom eigenen Haus geknüpft werden, gut zusammenfassen. Sie sind das Ziel.

Die Verantwortung, dass diese erreicht werden, liegt dabei letztlich immer bei den angehenden Bauherren, denn niemand anderes wird sie für Sie erreichen.

Dennoch werden sowohl die emotionale Rendite als auch die finanzielle Leistbarkeit allzu oft als gesetzt gesehen oder gar von den Partnern am Bau als gesetzt suggeriert.

Schillernde Prospekte, eloquente Fachberater, scheinbar aussagekräftige Angebote, erprobte Abläufe und seitenlange Baubeschreibungen, bereits fertige und schon oft genutzte Verträge und nicht zuletzt auch oft die eigene Lust der Interessenten auf das Projekt tragen die Bauherren in den Prozess und durch diesen hindurch, manchmal zu schnell und auf mindestens einem Auge blind.

Der Prozess, das eigene Haus zu bauen, wird häufig bei einem möglichen Partner mit einem ersten Interesse begonnen und dann werden die Bauherren in den Prozess der Umsetzung hineingezogen und gehen ihn mit scheinbar traumwandlerischer Sicherheit bis zum Ende.

Für eine neue Hose gehen die Bauherren in acht Geschäfte und sind sich am Ende doch nicht sicher. Aber für ein Haus wird oft ein Partner angesteuert und dort später unterschrieben. Und das, obwohl die Größen der jeweiligen finanziellen und emotionalen Investments umgekehrte Verhältnisse nahelegen würden.

Die eigene Unerfahrenheit macht es extrem schwer, alle Angebote und die dadurch ausgelösten Entscheidungen in allen Konsequenzen zu bedenken. Der mangelnde Überblick lässt nicht skeptisch werden und die Hoffnung auf einen gelingenden Prozess verhindert oft, rechts und links nach besseren Alternativen zu schauen.

Dabei wird seitens der Bauherren oft sogar sehr schnell entschieden.

Ein besonders eindrückliches Beispiel ist etwa der Umstand, dass Baufirmen häufig angehende Bauherren davon überzeugen können, sich nach langen Überlegungen und »allen Fragen, die Sie stellen wollen« für ein Haus zu entscheiden und zu unterschreiben, bevor beispielsweise eine feste Finanzierungszusage besteht.

Naiv! – sagen Sie? Erstaunlich oft angeboten und geschehen!, sage ich.

Dabei ist es natürlich nicht so, dass diese eine große Entscheidung auf dem Weg zum eigenen Haus dann so plakativ daherkäme, wie hier gerade geschildert. Sie entwickelt sich, wird irgendwann folgerichtig und scheint hoch vernünftig, wird routiniert mit Argumenten seitens der Hausbaufirma untermauert und wirkt unter Umständen im Prozess gar nicht naiv.

Interessenten für ein Haus bringen womöglich sogar den Einwand vor, dass sie für das Haus noch keine Bank angefragt haben, ob diese die Finanzierung tragen würde. Die Hausbaufirma aber kennt natürlich ihre Pappenheimer und kann dann vielleicht auf einen Hausfinanzierer verweisen, der seit Jahren sehr gut mit der Firma zusammenarbeitet. Aus der Erfahrung des Mitarbeiters heraus sind die Bauherren auf jeden Fall finanzierungswürdig und das wird sich realisieren lassen. Dafür würde er fast Brief und Siegel geben.

Und tatsächlich lässt sich für fast jede Finanzierungsanfrage ein Finanzierer finden, der auch Bauherren bei sich aufnimmt, die eigentlich nicht ganz so einfach kreditwürdig für das jeweilige Projekt wären. In einem bestimmten Rahmen ist es dann manchmal eben der Zins, der das Risiko für den Finanzierer puffert, und den Bauherren müssen nur vertraglich die entsprechenden Daumenschrauben angelegt werden. Doch das lässt sich ja mit dem Finanzierer alles nach Vertragsunterschrift für das Haus besprechen. Derweil könnte ja schon einmal der Kugelschreiber angespitzt werden, hehe …?!

Und es ist auch nicht so, dass die Unterschrift ohne bestehende und durchkalkulierte Finanzzusage der einzige Punkt wäre, an dem die beste Reihenfolge Ihrer Baupartner unter gewissen Umständen dann doch nicht die beste Reihenfolge für Ihre Ziele ist.

In der Komplexität und Größe des Projekts leidet Ihre Übersicht über die Konsequenzen mitunter. Folgen Sie nicht nur den Plänen, die Ihnen vorgeschlagen werden, prüfen Sie diese. Sie brauchen einen Plan!

3. Sie brauchen einen eigenen Plan!

Der Plan ist doch vor allem, das eigene Haus ein einziges Mal richtig zu bauen. Zum einen, weil der eigene Traum nicht irgendwie larifari umgesetzt werden soll. Es ist eben ein großer Traum, der mit Freiheit, Selbstbestimmung und Sicherheit untrennbar verknüpft ist und diesen Wünschen einen Ort geben soll. Und zum anderen eben, weil das eigene Haus eine einmalig große Investition ist. Und damit einher geht auch eine berechtigte Sorge in Bezug auf Geld und Emotionen, mit der Sie sicher nicht allein sind:

Vieles tut man im Leben zum ersten Mal. Aber es ist durchaus »so eine Sache«, wenn Sie etwas zum ersten Mal tun, bei dem es gleich mal um vielleicht 500.000 Euro geht. Beim Hausbau ist auch nicht die Devise: Wir probieren das einfach mal aus.

Das ist beim Fahrradfahrenlernen vielleicht noch etwas anderes. Da entschließen sich Anfänger ja auch irgendwann zum ersten Mal, es mal zu probieren, weil sie ein attraktives Ziel erreichen wollen. Auch da kann einem niemand alle Aufgaben und auch nicht den einen oder anderen lehrreichen Wackler abnehmen – vielleicht gehört es auch dazu, mal auf die Nase zu fallen.

Beim Hausbau ist es schon aus finanzieller Sicht nicht erlaubt, folgenschwer zu scheitern. Bauherren werden kaum mehrfach auf die Nase fallen wollen und immer wieder enthusiastisch von vorne beginnen, »bis es klappt«. Zumal die bewundernswerte kindliche Unbekümmertheit, die uns mit fünf Jahren mit geschundenen Knien immer wieder motiviert aufs Rad trieb, beim teuer versenkten Traum vom Haus sicher schneller auf der

Strecke bliebe. Ich habe schon häufiger Bauherren Hilfe suchen sehen, die auf die Nase gefallen waren.

Bauen Sie Ihr Haus doch so, dass Sie am Ende in einer Runde von Hausbesitzern sagen: »Ich würde es wieder tun, aber ich muss nicht; ich habe meinen Traum beim ersten Mal verwirklicht.« Leicht gesagt?

Das eigene Haus zu planen und zu bauen ist eine wunderbare Sache und vollkommen zu Recht für viele Menschen einer der größten Träume im Leben. Gerne auch ein Ziel.

I have a plan!
Ziele sind übrigens Träume mit Plan.

Dabei gibt es ein Hauptproblem: Angehende Häuslebauer haben wenig Übersicht und müssen dennoch viele Fragen beantworten und Entscheidungen treffen. Gerade weil die Vision so positiv und stark ist, möchten sie keine überstürzten Entscheidungen treffen oder in Fallen laufen. Das »Lehrgeld« sollte kein allzu großer Posten der Budgetplanung werden, die später erstellt wird.

Kennen Sie möglichst immer die Konsequenzen Ihrer Entscheidungen!

Das Projekt Haus ist jedoch auch extrem komplex, irgendwie nichts, bei dem die Rolle als blutiger Anfänger nur nach Abenteuer und Spaß klingt. Aber es ist zum Glück nicht kompliziert.

Sie sollten sich lediglich klarmachen: Wenn Sie keinen Plan entwickeln, bedeutet das nicht, dass es keinen Plan gibt. Sie bekommen dann einen vorgesetzt.

Es ist zunächst klar, dass es bestimmte Entscheidungen gibt, die definitiv extreme Konsequenzen nach sich ziehen. Am einfachsten nachvollziehbar ist das in dem Moment, in dem die Bauherren bei einer Baufirma für den Kauf eines Hauses unterschreiben. In fünf Sekunden unterschrieben, um 500.000 Euro erleichtert. Deshalb tun Sie das, wenn Ihr Plan für den Vertrag vollumfänglich umgesetzt wurde, und nicht vorher.

In diesem Moment wird der eigene Traum in krasser Weise real und ich kenne keinen Bauherrn, der nicht wenigstens einmal tief ein- und ausatmet, bevor er dafür seine Unterschrift setzt. Es ist meistens ein ganz besonders aufgeladener Moment, der sich dort abspielt. Eine Mischung aus Ehrfurcht und manchmal leichter Angst vor der eigenen Courage hebt leicht den Magen. Zuversicht und Vorfreude führen dennoch den Stift.

Manchem geht jetzt auch ganz schön der Stift.

Deshalb sollte es doch zunächst ganz abstrakt darum gehen, genau solche Punkte mit besonderer Aufmerksamkeit zu betrachten. Welche Schritte auf dem Weg zum eigenen Haus ziehen besonders viele und besonders bedeutsame Konsequenzen nach sich? Auf diese wird sich fokussiert. Und weil das bei genauem Hinsehen gar nicht so viele wirklich entscheidende Punkte sind, wird viel Last von Ihren Schultern genommen. Den Rest können Sie dann getrost auf sich zukommen lassen.

Die Herausforderungen der Inspirationsphase

Beginnen wir ganz am Anfang, in der Phase der ersten Ideen. Der Traum vom eigenen Haus ist ja nicht sofort durchgeplant und Bauherren unterschreiben auch nicht in dem Moment, in dem sie auf die Idee kommen, ihr eigenes Haus zu bauen, direkt einen Vertrag. Das eigene Haus ist kein Besuch beim All-you-can-eat-Buffet im Urlaub: Bezahlt ist schon alles, mal schauen, was heute so da ist …

Wer so an die Sache geht, lernt schnell, was alles in seinem Häuschen nicht »all-inclusive« ist.

Der Traum wächst, er muss von Ideen und Eindrücken gespeist werden und Inspiration erfahren. Für viele ist die Vorfreude sogar ein wichtiger Teil der emotionalen Bindung, tolle Ideen zu einem großen Ganzen zu kombinieren und den Traum mit Leben zu füllen.

Wie schon eine bekannte Baumarktkette wusste: »Mach es zu deinem Projekt!« Das gilt nicht nur für Selbstausbauer, die so die Kosten im Zaum halten wollen oder müssen.

Dabei ist die Vielfalt der Möglichkeiten gerade am Beginn auch schnell erdrückend. Schließlich will niemand die eigenen vier Wände planen und bauen – und dabei eine großartige Idee übersehen haben, die vielleicht die schönste Variante für das eigene Haus gewesen wäre.

Dafür gibt es verschiedenste Inspirationsquellen, von Pinterest über Youtube und allgemein Social Media und andere Online-Quellen bis zu tollen Büchern und Zeitschriften. Viele zukünftige Hausbesitzer tauschen sich aus mit anderen, die diesen Traum auch haben oder schon umsetzen konnten. Wer sich für eine Sache besonders interessiert, schaut aufmerksam »links und rechts«.

Die Idee und vielleicht der passende Zeitpunkt, den eigenen Traum vom Haus langsam wahr werden zu lassen, schärfen in diesem Prozess zunächst die Sinne für das Thema.

Die Psychologie nennt es eine »Frequenzillusion«, wenn Menschen, die sich mit einem gewissen Thema auseinandersetzen, diesem plötzlich gefühlt überall und ständig begegnen: Schwangere sehen plötzlich überall Schwangere. Und wer sich ein rotes Auto kaufen möchte, sieht plötzlich gefühlt überall rote Fahrzeuge. In Wirklichkeit waren diese natürlich immer schon in vergleichbarer Zahl unterwegs, aber die Aufmerksamkeit dafür ist nun eine andere.

Und so ist es mit den Ideen zum eigenen Haus, die plötzlich aus viel mehr Quellen inspiriert und gespeist werden, wenn jemand damit »schwanger geht«. Da gilt es, den Überblick zu behalten und ein Gesamtkonzept zu entwickeln. Das macht wiederum die Entscheidungen nicht leichter und den eigenen Plan noch notwendiger.

Dennoch ist der Traum vom eigenen Haus motivierend und es entsteht die Notwendigkeit, all diese Eindrücke und Inspirationen zu sammeln und zu filtern. Spätestens wenn es an die Umsetzung und die Unterschrift geht, sollte ein Plan da sein.

Wir müssen mal wissen, was wir wollen.

Sonst züchtet sich auch mancher eine »Entscheidungsneurose« heran. Die schiere Masse der Optionen und Kombinationen macht die Aufgabe so groß. Dafür muss man nur anfangen zu recherchieren oder sich einmal in eine Ecke eines Raumes stellen, in dem man gerade hockt und liest. Da hat jemand sich irgendwann für einen Fußboden, mit Fußbodenheizung oder ohne, auf Beton und Estrich oder auf Holz entschieden. Dann wurde Parkett oder Laminat, Fliese oder »Fliese in Holzoptik« gewählt. Es wurde entschieden, wo die Fliese geschnitten wird, ob mit ganzen Fliesen an jenem Ende des Raumes oder anderswo begonnen wurde, unterm Regal oder genau an der Tür die geschnittenen Fliesen liegen. Es wurde eine Fußbodenleiste ausgewählt, Plastik oder Holz. Die Farbe des Fußbodens wurde aus 34 möglichen Dekors gewählt und mit der Fußbodenleiste abgestimmt, die aber auch zur Tapete passen soll. Ach ja, Tapete, Weiß oder so ein schickes Grau? Beige? Vielleicht »Greige«, das gibts auch!

Es wird schnell konkreter: Wer A sagt, muss auch B sagen!

Dann soll der Traum irgendwann genauer beschrieben und in die Realität umgesetzt werden und so landen die Interessenten selbstverständlich irgendwann bei Beratungsangeboten jeglicher Couleur. Die eigenen Ideen verdichten sich und irgendwann muss jemand gefragt werden, der sich damit auskennt, ob diese Ideen in dieser Form umsetzbar sind und wie das Ganze dann Gestalt annehmen könnte. Manch einer geht dann zum Architekten, manch einer sucht sich direkt eine Baufirma und viele kommen auch auf die Idee, sich ein Fertighaus zu errichten, und suchen da nach Herstellern.

All das sind legitime Anlaufstellen, bei denen Interessenten die eigenen Ideen vortragen und im Zuge der Beratung auch noch Anpassungen vornehmen können. Sie bekommen mehr Überblick, inwieweit der eigene Traum tatsächlich realisiert werden kann, und auch neue Inspiration. Das entwickelt den eigenen Traum weiter. Der Traum kommt erst aufs Papier und dann in die Realität.

Die eigenen Vorstellungen müssen sich nun auch zunehmend an der Realität messen. Was kann wirklich gebaut werden? Was kann finanziert werden? Was wird überhaupt angeboten? Und damit nimmt der Prozess, den eigenen Traum in die Realität zu überführen, Fahrt auf und soll irgendwann zur ultimativen Entscheidung führen.

»Unterschreiben Sie bitte hier, hier und hier.«

Vor diesem Moment hatte ich jedoch eben ein wenig gewarnt. Warum kann das dann plötzlich so schnell so richtig erscheinen, etwas zu unterschreiben? Nun, vielleicht weil bei einer dieser Anlaufstellen ein Haus gefunden wurde, das gut den eigenen Vorstellungen entspricht. Es handelt sich um ein Komplettangebot, bei dem seitenlang festgehalten wird, was alles Teil des Angebots ist. Vielleicht ist da alles drin und das Haus passt wirklich zu Ihrem Traum! Dann Glückwunsch! Das ging jetzt echt schnell …

Vielleicht fehlt aber auch etwas und wird im Nachhinein doch Ihrer Verantwortung überlassen? Dann Vorsicht … Vielleicht ist Ihr Traum nicht der Standard aus einem Katalog? Obacht!

Die Planung des einen Traums ist ein großer Prozess, der da angestoßen wird. Und solche Prozesse folgen der Definition nach bestimmten Regeln, weshalb es auch nicht zu schnell gehen soll.

Die einfachste Definition eines Prozesses ist dabei: Aus A folgt B.

Wird bei Vertragsabschluss innerhalb von fünf Sekunden eine Unterschrift geleistet und die Widerspruchsfrist ist bald danach abgelaufen, dann ist jeder Vertragspartner an diese Entscheidungen gebunden. Beide Vertragspartner tragen auch die Verantwortung für alles, *gegen* das sie sich entschieden haben. Und teilweise für das, was gar nicht entschieden wurde.

Wenn ein Bauherr sich einmal gegen einen Keller entschieden und eine Bodenplatte gießen lassen hat, dann ist es äußerst schwierig, sich beim Richtfest zu fragen, ob man es nicht doch lieber anders hätte.

»Das war schön gestern. Wo räumen wir denn jetzt die Bierzeltgarnituren vom Richtfest hin?« – »In den Keller wohl nicht, haha!«

Aus A folgt B.

Und der angehende Bauherr ahnt, dass es nicht bei allen Entscheidungen so plakativ einfach bleibt. Manche Prozessketten beim Hausbau sind länger und weniger übersichtlich. Manches ist parallel zu entscheiden und bei manchen Fragen ist eventuell kaum absehbar, welche Konsequenz(en) sie haben. Das beschreibt die Komplexität, die jeder ahnt oder bereits auf sich zukommen sieht.

Das hätte man vorher wissen wollen

»Warum habt ihr denn eine Einfachgarage, ihr hattet doch immer von der Doppelgarage geträumt?!« – »Ach, das kam so: Wir hatten den Vertrag für das Haus unterschrieben und uns danach um ein Bodengutachten für das Grundstück gekümmert. Bei diesem kam dann heraus, dass durch die besondere Schräglage des Hauses die Bodenarbeiten komplizierter und teurer wurden. Das war allerdings im Angebot der Hausbaufirma nicht mit einkalkuliert und wir mussten die zusätzlichen Kosten dafür selbst tragen. Eigentlich hatten wir das Budget für die Doppelgarage eingeplant, haben es aber dann dafür ausgegeben …«

Zur Verdeutlichung, wo solche Prozesse besonders relevant werden, lohnt der Blick auf eine spezielle Art, später den Traum vom eigenen Haus Realität werden zu lassen. Wir stellen uns vor, Sie suchen im Begriff, Entscheidungen zu treffen, einen recht beliebten Anbieter für den Hausbau auf: eine Fertighausfirma. Sie gehen in ein Musterhaus.

Ein großer Vorteil solcher Anlaufstellen, wie Musterhäusern, könnte sein, dass dort wirklich konkret mal ein Haus besichtigt werden kann, an dem dann auch ein »Preisschild« klebt. Die Frage nach den Kosten hatte sich ja im ersten Anlauf nicht als so leicht zu beantworten gezeigt und war jetzt kurz in den Hintergrund getreten.

Auch wenn die folgende Ausgestaltung dieser »Reise« nicht Ihre Vorstellung des eigenen Hauses repräsentiert und wahrscheinlich nicht Ihre Art zu bauen wäre, so ist der dahinterstehende Prozess extrem lehrreich für jede Art, das eigene Haus eines Tages bei einer Firma zu beauftragen.

Samstag, 14:35 Uhr, Musterhauspark

Ein Symptom des Strebens nach Orientierung kann ein Besuch im Musterhauspark sein, wo ganze Häuser als Inspirationsquelle herumstehen, die Interessenten sich in aller Ruhe live und in allen Details anschauen und praktischerweise sogar direkt dort kaufen könnten. Das ist ein spannender Nachmittag und meine Empfehlung. Das Gucken auf jeden Fall, das Kaufen vielleicht.

Überall in der Republik sind diese Parks angelegt, teilweise von einem Hersteller, teilweise aber auch mit vielen verschiedenen Häusern unterschiedlicher Anbieter. Da fährt der motivierte Interessent dann hin, zahlt unter Umständen sogar einen kleinen Eintritt und schlendert durch ein Neubaugebiet, in dem ab 18 Uhr niemand mehr lebt. Exakt andersherum als bei den echten Neubaugebieten.

Über den Tag trifft das interessierte Publikum auf jeden Fall Menschen in diesen Häusern an, nämlich andere Hausinteressenten und Mitarbeiter der einschlägigen Fertighausfirmen oder Bauträger.

In jedem Häuschen »wohnen« Berater – oder sind das vielmehr Verkäufer? –, nur um den potenziellen Kunden, die da ohne zu klingeln durch die Haustür hineintreten, in der Küche schon mal einen Kaffee und eine Beratung anzubieten.

»Hallo! Kommen Sie rein!« – »Sind wir schon!«

Schon ist der Interessent im Gespräch und wird kaum ohne einen Prospekt wieder das Haus verlassen. Visitenkarten gibt's auf jeden Fall dazu und die bei nur einem Kaffee erstellte Musterkalkulation für das vor Ort besichtigte Häuschen vielleicht auch. Warum auch nicht, dafür ist die Kundschaft schließlich hier.

Die Häuser sind selbstverständlich genauso gut auf genau diesen Besuch vorbereitet wie die Hausverkäufer.

Sie sind sehr intelligent eingerichtet. Gut gemachte Musterhäuser sind großzügig und elegant ausgestattet und vermitteln mit vielen Details einen realitätsnahen Eindruck. Dass dabei in manchem Musterhaus Küchen für 30.000 oder 40.000 Euro eingebaut sind, Einzelmöbel im vierstelligen Bereich ausgestellt werden und sehr hochwertige Couchmöbel den riesigen Fernseher und den Luxuskamin in Szene setzen, ist Teil der Inszenierung.

Spätestens im fünften oder sechsten Musterhaus des Nachmittags wird es dann auch schwieriger, die langsam ermattete Begleitung aus den Couchmöbeln hinauszukomplimentieren und zu überzeugen, dass das »Probewohnen« vorläufig wieder beendet werden muss. Doch so weit will der Hausverkäufer Sie gar nicht kommen lassen.

Potenzielle Käufer sollen gerne in diesen Häusern sein und die Idee entwickeln, den Lümmelfaktor der Sofalandschaft auch in Zukunft noch ausgiebiger in ihrem Heim nutzen zu dürfen, »gebaut wie gesehen« von der Hausbaufirma ihres Vertrauens!

Die Kundenberater unterstützen diesen Eindruck natürlich gern und wissen auf alle Fragen routiniert eine Antwort. Bei manchen entsteht der Eindruck: Wenn sie keine Antwort wissen, finden sie dennoch viele Worte.

Aber insgesamt finden die Interessenten dort natürlich häufig sehr kompetente und umfassend geschulte Mitarbeiter. Es verbietet sich, diesen unredliche Motive zu unterstellen oder davon auszugehen, dass alle Verkäuferklischees dieser Welt dort zusammentreffen. Aber verkaufen wollen sie schon. Das ist ihr Plan. Gut, wenn Sie auch einen haben!

Der begehbare Traum

Es ist auch ein großartiger Vorteil, dass jeder Interessent sich diese Musterhäuser dort ganz genau anschauen kann. So und nicht anders. Daraus ziehen Musterhäuser ihre Faszination und Anziehungskraft. Und deshalb sind sie so erfolgreich am Markt.

Denn die Anzahl der Optionen und Details, die jeder für ein Haus auswählen kann, ist grundsätzlich schier unendlich. Eine gewisse Vorauswahl der Optionen, ein Musterhaus, kann bei den notwendigen Entscheidungsprozessen Wunder wirken.

Anhand der grundsätzlich möglichen Optionen, das eigene Haus zu planen, kann sich jeder Interessent ohne ganz genauen Plan ansonsten je nach persönlicher Verfassung die beschriebene Entscheidungsneurose heranzüchten, dafür sorgt schon die Frequenzillusion und die riesige Bandbreite an Optionen und Angeboten. Wer sieht sich schon im Fliesenfachgeschäft zwischen »mausgrau«, »steingrau«, »zementgrau« und »schiefergrau« den Überblick verlieren? Und wer entscheidet sich dann lieber einfach, die Fliese »Die da« bei sich verlegen zu lassen, die im Musterhaus auch drin ist.

Manchem fällt es vielleicht sehr leicht, schnell festzulegen, wie er sich sein eigenes Häuschen vorstellt. Womöglich haben sich über eine Zeit der latenten Beobachtung bestimmte Schwerpunkte herausgestellt: Es soll auf jeden Fall ein Bungalow sein! Und solche Personen wissen auch schon ganz genau, wo die Fenster sind, welche Fliesen hineinkommen und wie der Zuschnitt sein wird. Zwei Kinderzimmer reichen, denn mehr Kinder werden es nicht sein.

Selbst bei den Details sind sie dann unter Umständen später sehr entscheidungsfreudig und möchten nur die Optionen einmal sehen, um dann zu sagen: Genau diese Armatur ist es.

Anderen fällt das schwerer und ihnen ist es eine gern genommene Entscheidungshilfe, wenn Architekten und Innenarchitekten bestimmte Entscheidungen bereits getroffen haben. Mit Glück ergibt sich in einem dieser Musterhäuser bereits ein stimmiges Bild, das den Interessenten zum Kunden macht, der später den Auftrag für die Hausbaufirma buchstäblich dann auch »so unterschreiben würde«.

Der Verkaufsberater unterstreicht auf Nachfrage auch extra, dass bestimmte Dinge später bei der »Architektenplanung« und der »Bemusterung« noch individualisiert werden können. Was immer hinter diesen Begriffen genau stecken mag, der Grundriss gefällt auf jeden Fall schon einmal gut und passt.

Vielleicht finden die Interessenten, dass das Bad im Grunde ganz hervorragend ist, und wenn es statt der Badewanne vielleicht ein Jacuzzi gibt, man dem Traum auch schon einen ganzen Schritt näher sei. Der Traum kann hier erstmalig so richtig »begriffen« werden.

Tritt ein, bring Geld herein

So sind Musterhäuser dadurch im Vorteil, dass die Sachen dort tatsächlich einmal in der Realität angesehen und angefasst werden können. Natürlich ist es etwas anderes, einmal in einem dieser modernen Bäder mit zu allen Seiten offener Dusche zu stehen und zu überlegen, ob dieses hier das Bad der eigenen Vorstellungen ist.

Die Interessenten haben ja sonst, gerade bei Websites, Social-Media-Bildergalerien und Prospekten, irgendwie immer das Gefühl, dass die Dinge unter Mithilfe eines begnadeten Fotografen womöglich immer gut aussehen, und ahnen: Interieur-Fotografen und professionelle Designer könnten wahrscheinlich eine Hundehütte für einen Prospekt so fotografieren, dass der Betrachter das Gefühl hat, im Spiegelsaal von Versailles zu stehen. Selbst bei Pinterest fotografieren die Leute das selbst geplante und gebaute tolle Bad, zeigen aber selten, wie sie dort danach stundenlang putzen, weil es zwar fotogen, aber ansonsten völlig unpraktisch geplant wurde.

Das ist beim Musterhaus anders!

Mal an die Wände zu klopfen und die Türgriffe in der Hand zu haben gibt einen ganz anderen Eindruck und ein Gefühl von der Sache. Tür auf, Tür zu, Fenster auf, Fenster zu, Klopfen, Streicheln, Durchgehen, den Handlauf der Treppe spüren, Riechen … Hausplanung kann sehr sinnlich sein. Sie sollte es sein.

Und auch der eigene Traum vom Haus, den sich die Interessenten so über die Zeit im Kopf oder in der Merkliste im Browser zusammengebastelt haben, zeigte bisher noch Lücken. Mancher weiß schon sehr genau, wie die Bodenfliesen im späteren Haus aussehen sollen. Aber schon deutlich weniger Leute wissen, wie die Fußboden-Abschlussleiste in der Küche gestaltet sein darf. Jetzt wird es klar: »Die da«.

Der tolle Waschtisch aus einer umsäumten Echtholzplatte, so aus einem ganzen Baum gesägt, mit einem hoch eingelassenen handgemachten Keramikbecken – der ist für manchen immer ein ganz wichtiger Teil der

Vorstellung vom eigenen Badezimmer gewesen. Aber ob das Badezimmer 4 mal 3 oder 3 mal 4 Quadratmeter messen sollte, haben sie sich noch nicht so wirklich überlegt; es soll halt passen … Gut, dass es beim Musterhaus schon entschieden ist.

Dann ist es doch besser, dort einmal hinzufahren und die Dinge wortwörtlich zu »begreifen« und vielleicht aus einem Grundmodell eines wirklich schönen und sicher gut durchdachten Hauses mit ein paar klugen Anpassungen seinen eigenen Traum zu entwickeln.

Der Berater, der derweil mit Kaffeekochen fertig ist, sichert zu, dass die Fertighäuser heute auf keinen Fall mehr so gedacht werden müssen, dass sie nur in einer bestimmten Art und Weise gebaut werden könnten. Selbstverständlich könnten die wichtigen Elemente des Traumes der zukünftigen Hausherren im Konzept später diskutiert werden. Da hat er recht.

Die »Idee« der Interessenten nimmt immer mehr Formen an, oft die Form der Musterhäuser. Auch wenn mancher widersprechen würde, werden Musterhäuser manchmal fast wie ein Anzug von der Stange gekauft:

»Guten Tag, ich suche einen Anzug!« – »Haben wir natürlich, was suchen Sie denn?« – »Schwarz.«

Dann schlägt der Verkäufer zwei, drei Modelle vor und womöglich ist etwas dabei. Ob der Anzug zwei oder vier Innentaschen hat, spielt keine besondere Rolle, da wird genommen, was da ist. Der Zweireiher soll es nicht sein, der ist etwas zu old-fashioned. Merino? Ja, gerne, wenn es ins Budget passt.

Wir sind es gewohnt, etwas aus einer begrenzten Auswahl zu kaufen, weil die spezielle Anfertigung oft im Vergleich teurer ist, und genießen den Effekt, uns nicht über jedes kleine Detail Gedanken machen zu müssen.

Und wie auch immer: Irgendwo in der Summe dieser Einflussfaktoren und Eindrücke kommt es dann tatsächlich relativ häufig dazu, dass Menschen sich in Musterhausparks oder einzeln gelegenen Musterhäusern vorstellen können, den weiteren Prozess der Umsetzung des eigenen Traums vom Haus mit den Partnern weiter zu denken, die sich dort genau dafür in Szene setzen.

Im Jahr 2022 wurden rund 17.600 Einfamilienhäuser in Fertighausbauweise errichtet, das ist ein Viertel aller erstellten Häuser.[24] Tendenz steigend …

Fertig. Haus.

Da werden wirklich Häuser verkauft. Und das sogar vor Ort und mit relativ entscheidungsfreudigen Kunden. Da spielt es für die weiteren Betrachtungen genau dieses Umstandes überhaupt keine Rolle, ob Sie sich beim Lesen dieser Zeilen auch für so entscheidungsfreudig halten oder ob Sie sagen, dass Sie so etwas dort nie tun würden.

Spannend ist, *dass* Menschen sich dort für ein Haus entscheiden. Und noch spannender ist darüber hinaus, dass dabei Prozesse ablaufen, die für jeden lehrreich sind, der irgendwann den Entschluss fasst, den eigenen Traum vom Haus anzugehen. Irgendwann muss auf dem Weg zum eigenen Haus unterschrieben und die einzelnen Schritte gegangen werden, und das bei jeder Art von Haus. Egal, ob Fertighaus, Architektenhaus oder was auch immer …

In Musterhausparks findet der geneigte Kunde dabei überdurchschnittlich oft Fertighäuser. Und dieser Bautyp ist sicherlich auch eine sehr gute Wahl.

Schließlich können diese Häuser schnell und sehr routiniert aufgebaut werden und haben ein gewisses Potenzial der Kostenersparnis gegenüber Häusern, die in jedem Schritt individuell geplant werden. Bestimmte Dinge sind dort auch schon genau so gedacht, dass sie später eben einfach, gut und sicher funktionieren. Ein Hersteller von Fertighäusern wird die einzelnen Teile des Hauses, die im Werk vorgefertigt und auf der Baustelle später nur noch zusammengebaut werden, natürlich so planen und erstellen, dass sie Sinn und Zweck des Projekts erfüllen.

Und zwar trotz industrieller Bauweise dennoch mit viel Potenzial, sogar beim Grundriss und der Technik viele Ideen der Bauherren abzubilden. Das Musterhaus an der Autobahn ist nur eine von vielen möglichen Ideen, beispielsweise für den Grundriss, aber auch für die Frage, wo Türen, Fenster und Innenwände einmal stehen. Es ist lediglich durch die Wirkung in 3-D eine sehr suggestive Idee. Es ist deutlich leichter zu sagen, dass ein Musterhaus gefällt oder eben nicht gefällt, als zu sagen: Dieses Haus gefällt uns grundsätzlich gut, wir hätten aber folgende 27 Änderungswünsche. Das benötigt leicht nachvollziehbar viel mehr Beschäftigung mit der Materie, viel mehr Aufmerksamkeit und viel mehr eigene Übersicht. Dann können aber Bauherren, die mit der Routine eines Fertighausherstellers ihre eigenen klaren Ansprüche und Wünsche realisieren lassen, das beste aus zwei Welten gewinnen.

Viele angehende Bauherren können sich jedoch vor Ort für einen gewissen Grundriss oder ein Design eines solchen Fertighauses erwärmen und entschließen sich schlussendlich dafür, ihren eigenen Traum genau so umzusetzen, wie er dort suggestiv steht. Das Musterhaus hat durch seine schiere Präsenz einen großen Einfluss auf die Vorstellungen der Interessenten, deren eigene Pläne vielleicht noch gar nicht im Detail ausformuliert wurden. Die Interessenten sind womöglich in den Musterhauspark gefahren, um sich erst einmal inspirieren zu lassen. Und dann geraten sie in das suggestive Fahrwasser der Fertighäuser.

Welche Farbe hat der Schnee? – Weiß!

Welche Farbe haben die Wolken? – Weiß!

Welche Farbe hat die Wand? – Weiß!

Was trinkt die Kuh? – Milch!

Falsch. Sie haben nur ständig weiße Dinge im Kopf gehabt. Die Macht der Suggestion.

Und wenn Interessenten nur lange genug durch ein Musterhaus laufen, sich dort wohlfühlen und den Prospekt genug wälzen, dann wird das ihr Traumhaus. Und dann wird es eine immer bessere Idee, das Haus genau so zu kaufen. Sie haben zunehmend das Musterhaus im Kopf.

Und das gelingt dem Musterhaus dank seines buchstäblichen Gewichts. Der Umstand, dass ein solches Fertighaus dabei nach vollkommen erprobten und standardisierten Prozessen so routiniert aufgebaut werden kann, wie es dort an der Autobahn steht, suggeriert außerdem eindeutig eine gute Planungssicherheit. Das kann sehr erleichtern.

Auch die Idee, das Haus von der Stange zu wählen, scheint vernünftig. Beim Anzug ist es doch auch die finanziell bessere Wahl, den Anzug zu nehmen, der da ist. Sonst geht man zum Schneider und kauft Maßanfertigung, entsprechend teurer.

Dabei wird übersehen, dass die Fertighäuser so heißen, weil sie in großen Fertigteilen aus einer Fabrikation kommen, die dann fertig auf die Baustelle geliefert und dort schnell gestellt werden können – nicht weil dort 40-mal am Tag die gleiche Wand mit der Tür und den Fenstern an der gleichen Stelle, hergestellt aus dem gleichen Material und mit dem unveränderlich gleichen Wandaufbau, produziert würde.

Aus der Erfahrung, wie andere Dinge von der Stange gekauft werden, wird auch übersehen, dass bei einem Haus ein Quadratmeter etwa 3.000 Euro kostet, ganz gleich, ob er wie beim Musterhaus oder nach Ihren Vorstellungen errichtet wird. Es wird nicht gedacht, dass es womöglich sogar günstiger anstatt teurer wird, wenn man sich das Haus ganz individuell »auf Taille schneidern« lässt. Dazu genügt, sich noch einmal an die bereits erörterten Sparpotenziale zu erinnern, wenn mancher Raum etwas kleiner, aber trotzdem zweckmäßig und mit einem tollen Raumgefühl geplant wird und die Quadratmeter für mindestens 3.000 Euro entsprechend wegfallen.

Fertighäuser greifen ansonsten die planerische Freiheit eines Hauses »nur« auf und haben sie sehr intelligent standardisiert. Eben mehr als jedes ganz individuell vom Architekten geplante und Stein auf Stein gebaute Haus das tut.

Das kann, so ist sicher die vorherrschende Hoffnung der Interessenten, auch eine gute Kostenersparnis bringen. Doch es muss entgegen der Intuition faktisch heutzutage kaum noch auf Kosten der Individualität umgesetzt werden.

Fertighäuser berühren die Individualität Ihres Traums

Es gibt aus technischer Sicht wenige Gründe, mit einer Hausbaufirma, ganz gleich ob Fertighaus oder Massivhaus, nicht Ihren individuellen Traum und Grundriss umzusetzen. Dennoch ist es sicherlich der wesentlich häufigere Fall, dass sich Interessenten bei Baufirmen in einen bestimmten Grundriss oder das spezielle Design eines Hauses verlieben und dann plötzlich versuchen, ihre eigenen Vorstellungen diesem Fertighausmodell anzupassen. Manchmal finden sie, etwas weniger verliebt, auch nur ein Modell, mit dem sie sich gut arrangieren können.

Jedenfalls kann dieser Tag im Musterhaus ein massiver Gamechanger im Prozess zur Umsetzung des eigenen Traums vom Haus sein. Aus einem womöglich nicht besonders konkreten Traum wird plötzlich ein manifestes Modell, das immerhin betreten und besichtigt werden kann: Das Musterhaus Bianca soll es sein!

Es kann ein Gefühl des Behagens entwickelt werden und im Geiste können schon einmal die Möbel eingeräumt werden. Es hat eine erleichternde Funktion, sich manche Fragen nicht mehr stellen zu müssen.

Aber es ist auch eine Herausforderung, sich an genau dieser Stelle nicht zu sehr in den überzeugenden Prozess hineinziehen zu lassen und Dinge unnötig als gegeben hinzunehmen. Übrigens nicht nur bei Fertighäusern, auch bei Musterhäusern der Firmen für Massivhausbau und deren Katalogen.

Häufig erliegen Interessenten der suggestiven Kraft des Modellhauses und verlieren dabei den eigenen Traum sogar etwas aus den Augen. Eine Kurzschlussidee entsteht, dass das eigene Projekt auch einfach so umgesetzt werden könnte, wie es in diesem Musterhaus schon einmal geplant wurde. Weil die Modelle im Musterhauspark und im Prospekt sogar eigene Namen tragen, dort abgebildet sind und ihnen ein bestimmter Grundriss zugeordnet ist, entsteht die Vorstellung, dass es zwar etliche verschiedene Modelle gibt, dass diese aber ziemlich genau ausgestaltet sind – und sein müssen. Es wird vermutet, dass jede schüchterne Frage nach individueller Anpassung zum Kostentreiber würde.

Der neuen Idee folgend wollen sich die Interessenten vermeintlich viel Zeit für die eigene Planung sparen und gehen von einigen kleinen Anpassungen aus. Die Standardisierung und die bereits erprobte und abgeschlossene Planung des Hauses durch die professionelle Hausbaufirma versprechen ihnen aus der Sicht der Laien deutliche Einsparungen und einen klaren Plan. Dabei entscheiden sie sich in sehr vielen Punkten für klare Vorgaben, die gar nicht notwendig wären.

Sie sehen nicht, dass es womöglich sogar einfacher und günstiger wäre, mit eigenen Vorgaben in das Projekt zu gehen und der Hausbaufirma den Auftrag zu erteilen, lieber diese umzusetzen, als eines der scheinbar vorgegebenen Modelle mit vorgegebenem Grundriss zu wählen und dann darum zu bitten, die eigenen Vorstellungen auf dieser ziemlich manifesten Grundlage zu entwickeln.

Ein wenig fangen Bauherren, die so zu planen beginnen, unter Umständen an, eine im Prospekt abgedruckte oder im Musterhauspark ausgestellte Immobilie im Geiste nach ihren Vorstellungen »umzubauen«, die noch gar nicht für sie gebaut wurde. Etwas polemisch gesagt: Sie planen plötzlich wieder im Bestand und geben viele Vorteile des Neubaus leichtfertig auf.

Doch es ist ganz anders: Baufirmen und Fertighausfirmen können sehr gut Ihren Traum als angehende Bauherren umsetzen; dafür sollten Sie sich aber nicht zu früh auf einen Plan einlassen, der irgendwo in einem Fertighauspark steht.

Bauen Sie Standard, aber planen Sie Ihr Ding

Werden die Interessenten erst einmal vom Sog der Standardisierung ergriffen, bilden sich schnell weitere solcher Annahmen zu scheinbar sinnvollen Standards ab. Das ist dann auch noch einmal eine deutlich andere Qualität der Herausforderungen, die das Wesen ihres eigenen Planes wesentlich bestimmen soll.

Auch die Prozesse, die aus vertraglicher Sicht und im Rahmen der Beratungsleistungen dafür notwendig sind, ebenso wie die Prozesse der Finanzierung und Planung des Hauses, folgen bei vielen Herstellern und Baufirmen in gewisser Weise einer erprobten Logik, unabhängig von Bauweise und Hersteller. Das »Drumherum« um den eigentlichen technischen Hausbau folgt dem Vorschlag vieler Baufirmen immer wiederkehrender und scheinbar folgerichtiger Prozesse. Manches macht man beim Hausbau so, »wie man das halt macht«. Davon können die Baufirmen und ihre Vertreter sehr überzeugend berichten.

Darin liegt aber auch die Gefahr, dass Bauherren hier für zwei gänzlich verschiedene Dinge das gleiche Maß anlegen.

Sie erkennen, dass der technische Aufbau eines Hauses natürlich einer klaren Logik von unten nach oben und von außen nach innen zu folgen hat, und übertragen dieses prozesshafte Denken, dass die Baufirma diesen Standard sicher und routiniert umsetzen wird, auch auf die anderen Prozesse des Weges zum Haus. Wenn der Bau in so bewährter Art erfolgt, dann werden Finanzierung, Ablauf von Angebot, Bauplan und Baubeschreibung, Bemusterung und Zwischenzahlungen, Vertrag und Gewährleistung, Fristen und Pflichten ja auch einem fertigen Prozess folgen. Von diesem abzuweichen und den erprobten Standard aufzugeben erhöht womöglich eher die Risiken und macht alles teurer. Nein.

In der Psychologie gibt es einen verwandten Prozess, der als »Halo-Effekt« bezeichnet wird. Die Wissenschaft geht davon aus, dass bestimmte Eigenschaften, die ein Individuum bei einem Gegenüber erkennt, ihm vermeintlich auch Rückschlüsse darauf erlauben, wie diese Person in anderen Fragen tickt.

Findet jemand beispielsweise eine Person sympathisch und hat bei sich selbst festgestellt, dass er generell Personen sympathisch findet, die sehr ehrlich sind, dann unterstellt er fortan dieser zweiten sympathischen Person mit höherer Wahrscheinlichkeit auch eine große Ehrlichkeit. Und das auch, wenn bislang überhaupt keine Informationen darüber erlangt wurden. Heiratsschwindler lieben den Halo-Effekt!

Die positiven Eigenschaften der Person werden einfach erweitert positiv betrachtet und ein Detail als Indiz für das große Ganze angenommen.

Das kann zunächst natürlich dazu führen, dass der freundliche, eloquente und immer erreichbare Hausverkäufer als besonders fair und vertrauenswürdig angesehen wird. Die Bauherren können ihn als angenehme Person erkennen und unterstellen dann, dass das Angebot auch sehr fair ist, ohne das so genau geprüft zu haben. Daher würde ich immer sagen: Prüfen Sie das Angebot der Baufirmen auf den Plan hin, der hier entwickelt wird. Und kaufen Sie lieber ein sehr gutes Haus bei einem mittelmäßigen und etwas knurrigen Verkäufer als ein schlechtes Haus bei einem tollen Typen.

Wenn der Verkäufer überzeugt hat, war es oft nicht das Produkt. Das ist häufig eher eine Mahnung.

Denn das lässt sich noch weiterdenken: Wenn der »sympathische Verkäufer« oder »das gute Gefühl« die stärksten Argumente sind, die für einen Anbieter sprechen, dann haben Sie als Bauherren die Angebote noch nicht genügend durchdrungen. Da darf man als angehender Bauherr hart zu sich und hart in der Sache sein.

Und der Halo-Effekt geht noch weiter: Beim Hausbau wird davon ausgegangen, dass es genauso wie für den Bau des eigenen Hauses auch für alle anderen notwendigen Prozesse, wie die Finanzierung und die Grundstückssuche, die Auswahl der Ausstattungsdetails und die Abnahme der Leistungen, den einen richtigen Ablauf gibt. Doch in dieser Idee kann eine Falle für Bauherren lauern, die wir uns anschauen müssen.

Jedes Haus hat eine Haustür und Fenster, ein Badezimmer und einen Heizungsraum. Erst kommt der Keller und am Ende das Dach. Das ist der Standard der Baufirma. Ja, so ist es richtig.

Erst entscheiden sich Bauherren für einen Grundriss und einen Haustyp, dann unterschreiben sie bei der Firma und suchen sich dann ein Grundstück und eine Finanzierung. Das ist auch der Standard der Baufirma. Auch richtig?

Mal schauen …

Verträge sollten schon dreimal nicht »Standard« sein

Manchmal sind angehende Hausherren auch ein bisschen niedlich. Sie machen eine Sache zum allerersten Mal. Und deshalb machen sie diese Sache dann so, wie »man« die halt immer macht.

Also sitzt »man« beispielsweise im Musterhauspark oder bei einer Baufirma. Womöglich schon zum wiederholten Male, weil natürlich die Prospekte beim ersten Besuch mit nach Hause genommen wurden und die zukünftigen Bauherren sich das alles angeschaut haben und dabei der Entscheidung für diese Firma durch die nette Beratung und das sehr anschauliche Musterobjekt ein gutes Stück nähergekommen sind. Es soll wahrscheinlich ein Haus von dieser Firma werden, wenn die Beratung weiterhin so gut ist und sich das gute Gefühl aufrechterhalten lässt. Wenn sich Interessenten und Baufirma auch über die weiteren Dinge einig werden, natürlich …

Also wird irgendwann die Auswahl für das Musterhaus getroffen, das von den verschiedenen Grundrissen des Herstellers und mit Blick auf dessen Mitbewerber am besten zu passen scheint, und dann ein Vertrag abgeschlossen. Der Vertrag ist der »Standardvertrag«, den der Berater für diese Situation immer nutzt. Klar, Standard, ist ja auch ein Standardhaus!

Es ist laut Aussage des Beraters selbstverständlich auch deshalb ein Standardvertrag, weil er für viele Bauherren vorher schon immer gut passte und gut funktioniert hat und weil die Firma den deshalb immer nimmt.

Das hat sich über die Zeit und viele Erfahrungen so etabliert, so wird aufseiten der Bauherren vermutet.

Verträge sind oft Standard

Im Alltag sind wir alle durchaus daran gewöhnt, Standardverträge einzugehen. Jeder Kauf an der Supermarktkasse ist im Grunde ein ganz kleiner Standardvertrag. Ich lege das aufs Kassenband, was ich gerne mitnehmen möchte, und gebe dem Verkäufer dafür das Geld, das die-

ser vorher als Preis ausgewiesen hat. Wenn etwas mit den Sachen nicht in Ordnung ist, kann ich sie zurückbringen und auf Garantie oder Kulanz von Edeka oder LIDL hoffen.
Beim Autokauf wird der Händler auf jeden Fall einen sehr standardisierten Kaufvertrag vorbereitet haben. Und den unterschreiben sicher die meisten Kunden, ohne jede einzelne Klausel noch einmal zu prüfen und zu hinterfragen. Sie schauen eigentlich nur, dass die Zahlen und Ausstattungsbeschreibungen passen, die dort eingetragen sind, und ob sie mit dem übereinstimmen, was vorher besprochen wurde.
Selbst die Mietwohnung nutzt meistens Mustermietverträge. Dort steht dann manchmal noch die »Tiefgaragennutzung« drin, obwohl das Haus keine Tiefgarage hat, aber ansonsten passt der Vertrag von Haus & Grund schon irgendwie. Verbraucher nutzen fast immer Standardverträge und das hat selten negative Konsequenzen.

Diesen Vertrag, den der Verkäufer dann nach Prüfung des Angebotes zusammen mit einigen anderen Dokumenten vorlegt, lesen die nun schon ziemlich motivierten Interessenten dann noch einmal aufmerksam und versuchen natürlich zu schauen, ob denn alles Wichtige drinsteht. Wer kann und möchte, zeigt ihn noch mal jemandem, der sich ein wenig mit Vertragswesen auskennt. Meistens kennen angehende Hausherren allerdings niemanden, der sich explizit mit solchen Verträgen auskennt.

Die Formulierungen beschreiben dann, dass die weiteren Schritte zum Traumhaus auch ganz selbstverständlich Teil eines erprobten Prozesses sind. Und dieser Prozess sieht bei vielen Firmen im Prinzip wie folgt aus:

1. Vertragsabschluss
2. Grundstücksnachweis
3. Bauantrag
4. Technische Prüfung
5. Bemusterung
6. Finanzierungsbestätigung
7. Hausaufbau
8. Einzug

Das Ganze wird natürlich schön ausführlich in bestem Vertragsdeutsch ausformuliert und erklärt. Alle Fragen dürfen gestellt werden.

Wie der Hausverkäufer Ihr Haus bauen würde

Viele Baufirmen und Verkäufer verfolgen im Prinzip diesen Plan, wie die Bauherren, natürlich mit der Baufirma an ihrer Seite, an die Sache herangehen können. Wenn sich die angehenden Bauherren mit der Baufirma in wesentlichen Punkten gut unterhalten haben, alle Fragen der Kunden geklärt sind und alles logisch und vorteilhaft erscheint, kann der Vertrag unterzeichnet werden (1.). Von diesem Zeitpunkt an werden die Neukunden dann routiniert durch den üblichen Prozess begleitet.

1. Vertragsabschluss
2. Grundstücksnachweis
3. Bauantrag
4. Technische Prüfung
5. Bemusterung
6. Finanzierungsbestätigung
7. Hausaufbau
8. Einzug

Dann kann es für den motivierten Bauherren nach Unterschrift nämlich schon darum gehen, sich das passende Grundstück für das Haus zu suchen und einen Grundstücksnachweis (2.) zu erbringen.

Den Nachweis benötigt der Bauherr, um dann mit den weiteren Planungen den Bauantrag zu stellen. Auch das wird alles schlüssig und nachvollziehbar erklärt. Einzelne Fragen lassen sich recherchieren oder erfragen:

Ein solcher Grundstücksnachweis »enthält Informationen zu den im Liegenschaftskataster gespeicherten Bestandsdaten für jeweils ein unter einer laufenden Nummer im Grundbuchblatt geführtes Grundstück. [T.B.: Die Abgabe des Grundstücksnachweises erfolgt …] ausschließlich an Flurstückseigentümer, soweit die Daten ihr Flurstück betreffen.«[25]

Wie bitte?

Ganz einfach: Es muss »einfach« ein Grundstück gekauft und ein offizieller Nachweis darüber erbracht werden. Die Reihenfolge erscheint hier sehr logisch. Wenn der Bauantrag nur gestellt werden kann, wenn der »Grundstücksnachweis« eingereicht wird, dieser aber nur an den »Flurstückseigentümer« ausgehändigt wird, dann ist die Reihenfolge hier total richtig gewählt. »3.« folgt auf »2.«.

Der Bauantrag (3.) mit Grundstücksnachweis ist notwendig, damit das Bauamt seinen Senf dazugibt, was da nun gebaut werden soll. Das sollte kein größeres Problem sein, schließlich ist es Standard und man war extra nicht zu sehr von diesem abgewichen. Das Bauamt schaut, ob alles, was im Antrag steht, an dieser Stelle auch gebaut werden darf.

1. Vertragsabschluss
2. Grundstücksnachweis
3. Bauantrag
4. Technische Prüfung
5. Bemusterung
6. Finanzierungsbestätigung
7. Hausaufbau
8. Einzug

Der Vertragsabschluss allerdings kam jetzt für manchen Geschmack etwas zu früh in diesem Ablauf, aber wenn der Rest so schön passt und alles so schlüssig ist, kann das schon mal untergehen. Daher erklärt der Berater der Baufirma vielleicht schon längst Punkt 4.:

Die technische Prüfung (4.) ist der nächste Schritt, damit geprüft werden kann, ob das nun geplante Haus mit dem positiv beschiedenen Bauantrag auch gebaut werden kann. Die Baufirma bekommt also alle Unterlagen zurück und prüft noch einmal, ob jetzt wirklich alles so gebaut werden kann. Teil dieser Aufgabe kann noch einmal der genaue Blick eines Statikers sein, der auch manche Auflage des Bauamtes noch berücksichtigen könnte oder mal sieht, ob die Entwurfsplanung des Architekten, die die Bauherren bereits akzeptiert haben, so überhaupt stehen bleiben würde.

1. Vertragsabschluss
2. Grundstücksnachweis
3. Bauantrag
4. Technische Prüfung
5. Bemusterung
6. Finanzierungsbestätigung
7. Hausaufbau
8. Einzug

Wenn das alles durchgewunken ist, dann ist das Bauvorhaben schon ziemlich weit auf einem guten Weg und es kann sich langsam, aber sicher darum gekümmert werden, das Häuschen auch innen weiter zu gestalten.

Es folgt nämlich die Bemusterung (5), bei der beispielsweise die Fliesen ausgesucht werden und die Türen gewählt werden können. Und vieles mehr kann gewählt werden, stets im Rahmen des Standards des gewünschten Hausmodells.

1. Vertragsabschluss
2. Grundstücksnachweis
3. Bauantrag
4. Technische Prüfung
5. Bemusterung
6. Finanzierungsbestätigung
7. Hausaufbau
8. Einzug

Der Traum vom eigenen Haus manifestiert sich weiter in logischen Schritten und aus A folgt immer B, dann C und so weiter … In diesem Fall mit acht großen Schritten. So, wie »man« das immer macht. Hey, die Baufirma baut 300 Häuser im Jahr, die werden das wohl wissen.

1. Vertragsabschluss
2. Grundstücksnachweis
3. Bauantrag
4. Technische Prüfung
5. Bemusterung
6. Finanzierungsbestätigung
7. Hausaufbau
8. Einzug

Wenn auch die Details am und im Haus ausgewählt wurden, folgt laut Plan die Finanzierungsbestätigung (6.), sofern der Bauherr eine Bank und einen Kredit hinzuziehen muss.

Wenn das Geld dann von der Bank zur Verfügung gestellt wurde und sicherlich auch eine Anzahlung an die Baufirma erfolgt ist, dann beginnt der Hausbau (7.), und wenn schließlich alles errichtet und bezahlt wurde, kann das Umzugsunternehmen beauftragt werden (8.). Da ist das große

Ziel in Sicht. Die Finanzierungsbestätigung kann auch aus logischen Gründen erst dann erfolgen, weil jetzt ja alles entschieden und wunderbar in Einklang gebracht wurde.

So erzählen das viele Baufirmen. Und so glauben das viele Bauherren.

Wie Sie Ihr Haus bauen sollten

Dieser Plan ist nicht unlogisch. Es scheint intuitiv richtig, sich zunächst einmal mit der Hausbaufirma zu einigen, die den eigenen Traum nach bester Prüfung und Beratung offensichtlich routiniert und nach einem erprobten Plan wird umsetzen können. Dann folgt im Idealfall der Entschluss, diese Firma zu beauftragen, und es folgt die Unterschrift unter die Umsetzung des eigenen Traums. Endlich!

Dann wird es als selbstverständliche Dienstleistung der Baufirma angesehen, dass sie den Bauherrn natürlich zielgerichtet und routiniert durch alle weiteren notwendigen Schritte des Bauprozesses begleitet. Dafür gibt es diese Firmen ja. Damit dieser Prozess also in genau dieser erprobten und schon häufig standardmäßig durchgeführten Reihenfolge beginnen kann, unterschreibt der Käufer zunächst einmal den Vertrag beim Verkäufer.

Und das ist überhaupt nicht mit einem Risiko belastet, weil ohnehin eine Kündigungsfrist vorgesehen ist. Steht im Vertrag. Standardmäßig.

Die einzelnen Schritte, wie sie beschrieben wurden, sind im Vertrag dann natürlich deutlich ausführlicher ausgeführt und auch deswegen fällt nicht immer sofort auf, dass sie ein paar Dinge ziemlich selbstverständlich abhandeln oder kleinere Lücken lassen. Ein Hausbauvertrag ist selbstverständlich ziemlich komplex und seitenlang, davon gehen die zukünftigen Bauherren sowieso aus. Er wird zudem von etlichen anderen Dokumenten begleitet, wie einem Angebot in der Baubeschreibung und einer Entwurfsplanung, Prospekten und Mails, Gesprächsnotizen der Bauherren und manchem mehr. Haben wir eigentlich noch leere Ordner irgendwo …?

Vielleicht überblicken sie auch deswegen nicht immer in vollem Umfang, dass der Vertrag ihnen je nach Ausgestaltung nicht an allen Stellen den besten Dienst erweisen muss. Deshalb ist es ratsam, schon diesen eben vorgestellten Ablauf genau zu prüfen. Und das vor allem auch an den Punkten, die viele Konsequenzen für den weiteren Ablauf und für die Bauherren haben werden. Und die ihre Ziele beschreiben.

Etwa die Finanzierung. Die wird in vielen Abläufen bei Baufirmen ja eher spät betrachtet.

Auch dort kann das Haus eine sehr suggestive Kraft entfalten. So findet sich das Musterhaus im Prospekt des Herstellers wieder und hat dort einen Preis, auf den Cent genau. Das Haus steht auch wirklich da, kann besichtigt und angefasst werden. Es ist intuitiv zu vermuten, dass dieses Angebot vollumfänglich beschrieben und durchkalkuliert sei. Es steht ja dort!

Aber waren Sie in einem Musterhaus schon mal im Keller? Die haben meistens keinen. Hätten Sie gerne einen?

Und das ist nur das plakativste Beispiel, wo auch der detaillierte Vertrag des Musterhauses Lücken haben kann.

Für all die Interessenten, die schon diese Lücken aus mangelnder Erfahrung nicht sehen konnten, ist es gleichzeitig auch intuitiv, mit einer vermeintlich sehr genauen Zahl dann zur eigenen Bank zu gehen und dort die Finanzierung anzufragen. Daher entscheiden sich Bauherren erst einmal sehr weitgehend für ein Haus, bevor sie zur Bank wollen, wie im Plan der Baufirmen auch vorgesehen. Auch das ist folgerichtig, denn ohne Zahl, was es denn kosten mag, muss auch niemand die Finanzierungsanfrage starten. Hier hat man Konsens, zumindest über die grobe Reihenfolge.

In der Regel haben Bauherren auch ein recht sicheres Gefühl dafür, was denn finanziell so geht und was nicht, manchmal sind sie auch zu zuversichtlich. Der Logik, erst zu entscheiden und dann zu finanzieren, tut das oft keinen Abbruch. Der Schritt dahin, erst zu unterschreiben und dann zu finanzieren, scheint dann oft auch nicht mehr weit weg.

Lassen Sie sich nicht zu früh »vom Markt holen«

So wie sich angehende Bauherren zu Recht vorstellen, dass ein Haus eben vom Keller bis zum Dach gebaut wird, so wird häufig davon ausgegangen, dass auch zunächst der Vertrag unterschrieben werden muss, bevor die Baufirma dann bei den weiteren notwendigen Schritten wirklich effektiv hilfreich zur Seite steht. Ist auch irgendwie fairer.

Doch das ist eben nicht die einzig mögliche Reihenfolge, und sie hat Nachteile.

Es ist vollkommen legitim, dass ein Verkäufer etwas verkaufen möchte. Und es ist des Weiteren vollkommen in Ordnung, dass er ein eigenes Interesse daran hat, dass potenzielle Interessenten eben nicht weiter durch den Musterhauspark schlendern und sich noch für andere Häuser begeistern lassen. Oder dass zukünftige Bauherren noch irgendwo sonst ein Angebot einholen, zu anderen Architekten oder anderen Baufirmen gehen. Um Gottes willen!

Und auch die Bauherren haben selbstverständlich ein eigenes Interesse, irgendwann mal in die Umsetzung zu kommen.

Das Bemühen, die Kunden so zu binden, geht jedoch bis hin zu einigen schwarzen Schafen, die dabei ein wenig unfair spielen und aus der Unwissenheit und der Intuition der Interessenten einen eigenen Vorteil zu schlagen versuchen. Sie tun einiges dafür, den Vertragsabschluss schnellstmöglich zu erreichen.

Warum? Selbstverständlich nimmt ein solcher Vertragsabschluss den Kunden vom Markt. Dieser entscheidet etwas und wird sich nicht mehr beim Wettbewerber umschauen. Bei einem solchen Projekt wie dem eigenen Haus ist auch die emotionale Verbundenheit der Kunden so groß, dass kaum jemand danach noch anfängt, »Spielchen zu spielen« und sich im Rahmen der Kündigungsfrist des Vertrages noch anderweitig inspirieren zu lassen, oder eventuelle Vertragsauflösungen vielleicht gleich bei mehreren Hausbaufirmen opportunistisch plant. Heute im Musterhauspark in Langenhagen für fünf Häuser unterschrieben, in 13 Tagen werden dann vier davon – oder alle – gekündigt. So denken wohl die wenigsten.

Der Vertragsabschluss ist für die Baufirma und ihren Mitarbeiter ein ganz elementarer Meilenstein. Je nach Grundlage seiner Arbeit ist er auch eine Provision wert.

Und es geht noch viel weiter: Der Moment der Unterschrift unter den Vertrag unterscheidet für die Bauherren die Phase, innerhalb derer sie frei verhandeln und jederzeit einen »Pokertisch« verlassen können, an dem ihnen die anderen Spieler, die Bank oder das eigene Blatt nicht gefallen, und der Phase, in der sie »all-in« sind und alle Chips auf eine Farbe gesetzt haben. Rot oder schwarz … Deswegen geben sie ihr gutes Blatt auch nicht zu früh her.

Stichwort »Poker«:

Wer »all-in« geht, muss sich sicher sein

Mit diesem Vergleich erscheint bereits viel fraglicher, ob wirklich der Schritt, Fakten für so viele anhängige Konsequenzen zu schaffen und die Entscheidungsgewalt in diesem Prozess sehr weitreichend aus der Hand zu geben, überhaupt der wirklich erste Schritt im Prozess zum eigenen einmaligen Traum sein darf?!

Noch einmal: In der Realität lassen sich erstaunlich viele angehende Bauherren darauf ein, zunächst den Vertrag zu unterschreiben und sich dann damit auf den gesamten Prozess einzulassen und alle Konsequenzen zu tragen. Oft wird dabei darauf verwiesen, dass es ein Rücktrittsrecht gibt.

Einige wenige schwarze (oder nur grau melierte) Schafe der Branche, die – sagen wir mal – den Verkauf vor die Beratung setzen, könnten dabei auf die Idee kommen, die Unwissenheit und den Enthusiasmus des Kunden dafür zu nutzen, diesem gewisse Lücken der vorgestellten Strategie zum eigenen Haus erst einmal nicht sichtbar werden zu lassen, damit er schneller unterschreibt. Sie wissen besser als die Kunden:

Aus A folgt B
Eine frühe Entscheidung zum Vertragsabschluss hat auf jeden Fall Konsequenzen und die liegen dann nicht mehr alle in der Entscheidungsgewalt das Hauskäufers.

Wer, wie im Ablaufplan mancher Baufirmen beschrieben, zunächst einen Vertrag mit einer Firma eingeht und sich dann erst beispielsweise um sein Grundstück, den Bauantrag und die technische Prüfung, die Bemusterung und die Finanzierungsbestätigung kümmern will, der wird sehr schnell Konsequenzen erfahren. Etwa weil sämtliche Fristen einer möglichen Auflösung dieses Vertrages ablaufen, weil doch alles länger dauern mag als gedacht.

Die befürchtete Verzögerung, die die Zeit der eingeräumten Rücktrittsmöglichkeit ablaufen lässt und die Unterschrift nun vertraglich total bindend macht, »schafft« dabei womöglich schon das Bauamt oder die finanzierende Bank ganz allein – mit manchmal länger andauernden Entscheidungsprozessen etwa. Bauherren werden dann wohl kaum vom Vertrag zurücktreten, weil das Bauamt länger braucht, als die Rücktrittsfrist vom Kaufvertrag andauert. Die Hausbaufirma kann dafür nun wirklich nicht verantwortlich gemacht werden, das ist fast höhere Gewalt.

Spiel auf Zeit

Das klassische Angebot, das viele Baufirmen den Interessenten machen, um sie »vom Markt zu holen«, sind Festpreisgarantien. Wenn die Interessenten sich dazu entschließen, bei der Firma zu unterschreiben, dann können sie noch für eine Weile einen Festpreis beanspruchen, wenn ihr Haus in einem bestimmten Zeitraum erstellt werden kann. Oder sie können noch den »alten Preis« bekommen, wenn sie noch im gleichen Monat unterschreiben.

Befristete Festpreisgarantien sind ein schönes Angebot, aber in der Regel an einen idealtypischen Projektablauf gebunden. Wenn alles rundläuft, kann im Rahmen der Festpreisgarantie gebaut werden. Doch damit gibt der Kunde auch Einfluss ab und wird zum Spielball der Elemente. Bei bestimmten äußeren Faktoren und höherer Gewalt kann sich die Baufirma schnell auf eben diese Unwägbarkeiten berufen. Eine eintretende Frostperiode, eine mangelnde Verfügbarkeit von Drittfirmen oder ein verzögerter Bauantrag liegen weder im Einfluss noch in der Verantwortung von Bauherr oder Baufirma und verzögern das Projekt über alle Festpreisgarantien hinaus.

Auch die nach dem häufig sehr schnell eintretenden Fristablauf entstehende, noch stärkere juristische Bindungskraft des Kaufvertrags ist per se noch kein Problem, wenn dann im weiteren Prozess wenigstens keine neuen Fragen oder Lücken im Angebot auftauchen.

Der versprochene »Standard« hat meist eine äußerst kurze Halbwertszeit

Womöglich lassen sich einige Hindernisse schnell ausräumen und es kann Zeit gespart werden. Vielleicht gibt es ja bereits ein Grundstück, weil in der Familie noch ein unbebautes, erschlossenes Grundstück zur Verfügung gestellt wird, und die Suche danach wird schon einmal kein Angriff auf das eigene Zeitkontingent. Vielleicht geht bei einer ersten Anfrage bei der Gemeinde, die das Baugebiet ausweist, alles scheinbar gut und schnell, die technische Prüfung ist ein Selbstläufer und die Finanzierung eh schon gesichert. Etliche notwendige Schritte können später voraussichtlich ziemlich schnell abgehakt werden.

Doch dann kommt, als eine von vielen möglichen Hürden, heraus, dass das geplante Haus, wie es im Musterhauspark steht, auf dem eigenen Grundstück in dieser Form gar nicht erstellt werden darf, weil das dann doch bei genauerer Prüfung dem Bauamt nicht passt, oder nicht erstellt werden kann, weil der Baugrund oder sonstige Einflussfaktoren das nicht oder nicht so einfach zulassen. Plötzlich ruckelt es im Standardprozess.

Oder es kommt heraus, dass die Bauherren selbst das Haus gar nicht so dort bauen wollen, wie beim Hersteller gesehen, obwohl im Musterhaus bei der Besichtigung bis zur Unterschrift alles passte. Das geschieht sogar häufig, beispielsweise weil die Sichtachsen zu den Nachbarn, der Lauf der Sonne oder die nächste Straße dann in der Umsetzung an Ort und Stelle des neuen Zuhauses plötzlich eine bessere Idee für das perfekte Projekt nahelegen. Die Terrasse soll in einem bestimmten Winkel zur Sonne ausgerichtet sein und irgendwie fühlt es sich nicht gut an, morgens im Bademantel beim ersten Kaffee schon dem Nachbarn freundlich winken zu können. Und zu müssen.

»Tag, Herr Nachbar, neues Tattoo? Hab' ich heute Morgen gesehen! Tut das nicht weh an der Stelle?«

Oder es kommt heraus, dass die Gemeinde zwar das Baugebiet ausgewiesen hat, dass die abschließende Entscheidung darüber, was dort gebaut werden darf, jedoch beim zuständigen Landratsamt liegt. Und das Landratsamt hat womöglich eine ganz andere Idee davon, welche Dachneigung, welcher Kniestock und welche Bautypen dort durchgewunken werden – oder was es aus deren Sicht zu verhindern gilt.

Dann hat der Käufer einen Vertrag unterschrieben, dessen Kündigungsfristen gerade ablaufen, und hat sich einen Finanzrahmen gesteckt, der ja auch Teil des Vertrages ist, kann diesen aber nun aufgrund externer Faktoren nicht mehr einhalten. Oder er will gar aus eigener Initiative doch noch etwas ändern. Wenn schon einmal der eigene Traum umgesetzt wird, bei dem keine Konzessionen gemacht werden sollen …

Kein Problem für die Baufirma.

Genau dann wird die Baufirma eventuell leicht darauf verweisen können, dass für jeden dieser Fälle ein entsprechender Passus im Standardvertrag steht: »Die Gesamtkosten für das Haus gelten vorbehaltlich der Prüfung durch die Baubehörde und der baulichen Umsetzbarkeit am Ort. Grundriss und Baubeschreibung werden wie in Anhang II akzeptiert … Eventuelle Zusatzkosten durch individuelle Anpassungen fallen zulasten der Bauherren …« Oder so ähnlich …

Anpassungen sind in einem solchen Fall selbstverständlich auch danach noch möglich. Aber sie kosten Geld. Und weil der Finanzrahmen für den Traum vom Haus festgelegt ist, erfordert das dann eben Konzessionen an anderen Stellen. Das Haus kann schon noch neu geplant und an die örtliche Bausatzung angepasst werden; leider wird es dann aber nicht mehr die schöne, teure Küche, wie sie im Musterhaus stand. Kinder, wir fahren zum Möbel-Schnäppchenmarkt …

Die Verträge, die die Baufirmen mit den angehenden Bauherren schließen, sind erprobt und haben einen bewährten Standard. Und dieser gewährleistet vor allem für die Baufirmen, dass sie alle Eventualitäten zu bedenken versuchen, die bei einer Abweichung vom idealtypischen Standard den erbosten Anruf eines verunsicherten Bauherren abfedern können.

Das macht man halt so

Aber: Das macht doch keiner, sich so früh in den Vertrag quatschen zu lassen? Doch, sehr viele, und es ist sogar unüblich, anders zu verfahren.

Hausbaufirmen haben in aller Regel natürlich aus ihrer Erfahrung und aus ihren firmeneigenen Prozessen heraus eine klare Idee, wie das Projekt des nächsten Kunden optimal aussieht. Sie haben einen eigenen Ablaufplan. Und sie haben Argumente. Für den Fall, dass etwas nicht idealtypisch abläuft, haben sie in der Regel dann noch jeweils eine Klausel in ihren Verträgen, die darauf reagiert.

Ein früher Vertragsabschluss kommt häufig zustande, weil damit bestimmte Konditionen gesichert werden können. Das kann in der Akzentuierung des Verkäufers begründet sein, der genau darauf hinweist: »Wenn Sie jetzt unterschreiben, können Sie sich noch den aktuell niedrigeren Preis sichern!« Dieser kann selbstverständlich auch an ganz reelle Faktoren gebunden sein, wie beispielsweise steigende Materialkosten in der Baubranche.

Und weil die Gesamtsumme der Investitionen für Haus und Grund so hoch ist, kann eine kleine Preisänderung schnell einen großen und entscheidungsfördernden Unterschied machen. Wer jetzt noch unterschreiben kann und sich damit 3 Prozent Preisvorteil sichert, der spart sich eben schnell Tausende von Euros. 3 Prozent von 500.000 Euro sind 15.000 Euro. Da lockt sie wieder, die schöne Küche.

An einem bestimmten Punkt der Beratung und Projektplanung kann es auch vollkommen logisch und folgerichtig sein, den Vertrag genau jetzt zu unterschreiben. Der Plan, der von der Hausfirma verfolgt wird, erscheint vollkommen nachvollziehbar, alle Fragen scheinen gestellt und die Interessenten vertrauen dem Gegenüber, dass sich eventuelle spätere Fragen dann noch im Laufe des Prozesses einvernehmlich klären lassen. Gemeinsam mit der Hausbaufirma wurde ein gutes Konzept dafür erarbeitet, wie der eigene Traum dereinst Gestalt annehmen könnte. Und das Hausprojekt mit der Baufirma hat auch Vertrauen verdient:

Es kann sehr gut sein, dass es genau so kommt, wie alle Beteiligten es sich wünschen. Aber wer so entscheidet und nur dem Plan der Hausbaufirma folgt, der argumentiert dann bei späteren Herausforderungen, Streitigkeiten oder Ungenauigkeiten der Absprache nicht (mehr) zwingend aus einer Position der Stärke.

Längst nicht immer ist die Baufirma die treibende Kraft hinter einem hohen Tempo. Ein schneller Vertragsabschluss kann auch nur deshalb zustande kommen, weil die Bauherren selbst nun endlich ins »Tun« kommen möchten. Es ist ein gutes Gefühl, den Traum vom eigenen Haus nun endlich in die Umsetzung zu bringen. Endlich mal etwas entscheiden und anfangen!

Ins Tun zu kommen ist eine wunderbare Sache und ein großartiger Ansatz. Allerdings sollte dabei gut überlegt werden, in welcher Reihenfolge entschieden wird. Das ganze Projekt wird dadurch nicht langsamer und sogar eher erfolgreich, wenn die besten Trümpfe noch eine Weile auf Ihrer Hand bleiben.

4. Die richtige Reihenfolge der wichtigen Entscheidungen

Aus den verschiedensten Gründen neigen unerfahrene Bauherren dazu, beim Prozess zum eigenen Haus Dinge in der falschen Reihenfolge zu tun. Und wirklich exemplarisch falsch ist es, den Vertragsabschluss an die erste Stelle des Prozesses zu setzen.

Das ist eine potenzielle Quelle für viele Fehler, die später ein finanzielles Fiasko bedeuten können. Dieser eine Moment der Unterschrift hebelt und multipliziert die Gefahrenquellen für angehende Bauherren wie kein anderer Punkt des Prozesses, und zwar vom Anfang bis zum Ende.

Der Vertragsabschluss ist ein klarer Point of no Return, wie es einige weitere auch später noch gibt. Spätestens mit dem Ablauf der Kündigungsfrist haben Bauherren für ganz viele weitere Prozesse zugestimmt und tragen die Konsequenzen für Fragen, die sie zu diesem Zeitpunkt womöglich noch gar nicht gestellt haben.

Bei der bisher dargestellten Reihenfolge, wie sie den Hausbaufirmen durchaus genehm ist, haben die Bauherren etliche Dinge noch nicht geklärt, aber für die Konsequenzen dann als Erstes schon unterschrieben.

Es muss beispielsweise eigentlich eine Selbstverständlichkeit sein, sich zunächst einmal um das passende Grundstück zu kümmern, bevor bei irgendeiner Hausbaufirma dieser Welt ein Vertrag unterschrieben wird.

Erst das Grundstück, dann das Haus

Das liegt nicht zuletzt auch in den darauffolgenden wichtigen Schritten begründet. Eine Firma, mit der Sie dann Ihr eigenes Haus errichten wollen, wird Ihnen selbstverständlich dabei helfen, den Bauantrag vorzubereiten, und einiges dafür Notwendige in die Wege leiten. Im Vertrag ist meist vorgesehen, dass danach wie gesehen eine sogenannte »technische Prüfung« erfolgt. Die Baufirma prüft, ob beim Bauamt und dem Bauantrag alles durchgegangen ist oder ob Anpassungen notwendig werden.

Im sogenannten »Baufenster« einer bestimmten Region kann es jedoch beispielsweise ausgeschlossen sein, sein Haus mit einem Erker auszustatten.

Das Musterhaus hat aber einen.

Von diesem Zielkonflikt erfährt nur, wer schon weiß, wo das Grundstück liegt und wie groß das sogenannte Baufenster dort ist. Das wiederum beschreibt, wie groß das Haus bezüglich seiner Grundfläche maximal gebaut werden darf. Vielleicht beschreibt es eine Linie ab 5 Metern von der Straße entfernt bis 15 Meter dahinter und gewisse Abstände zu den Nachbarn. Darin dürfen Bauherren das Haus frei platzieren, aber nicht über die Linie kommen. Mancher kennt ja noch nicht das Grundstück, weil er der Baufirma folgt und erst unterschreibt.

Zack, falsche Reihenfolge.

Es kann im Baugebiet der Wahl gar vorgeschrieben sein, bestimmte Winkel des Daches einzuhalten und nicht von diesen Vorgaben abzuweichen. Wenn der Neigungswinkel falsch ist, wird der Bauantrag abgewiesen. 45 Grad ist erlaubt, 46 Grad nicht.

Haben sich Bauherren zu diesem Zeitpunkt allerdings bereits durch den Vertragsabschluss für ein bestimmtes Haus mit bestimmten technischen Vorgaben entschieden, dann müssen diese eventuell später angepasst werden. Stand nicht im Vertrag, zahlt also der Bauherr.

Allein die Änderung des Erkers sorgt wiederum für eine bestimmte Kette von neuen Erfordernissen. Der Plan des Hauses muss geändert werden und beispielsweise die Statik des Hauses noch einmal durch einen Architekten neu berechnet werden. Beim Standardhaus im Musterhauspark war all das erledigt und im Angebot eingepreist.

Die nun notwendige Änderung erfordert neuerlichen Aufwand und damit neuerliche Kosten. Aus diesem Grund kann die technische Prüfung schnell zu höheren Kosten im vierstelligen Bereich für das Haus sorgen, die dann unter Umständen nachfinanziert werden müssen. Vermeidbar wären diese Überraschungen, wenn das Grundstück klar ist, bevor für das

Haus unterschrieben wird. Im Plan der Baufirmen ist es andersherum, damit die Unterschrift möglichst früh kommt.

Wohl kaum ein unerfahrener Bauherr geht davon aus, dass es ein ernst zu nehmendes Risiko darstellt, dass ein Dachüberstand, wie er beim Musterhaus standardmäßig vorgesehen ist, in dem Baugebiet, wo später das Haus aufgestellt werden soll, gar nicht in dem Umfang erlaubt ist und geändert werden muss, inklusive neuer Statik und neuer Bauskizze. Bauantrag abgelehnt wegen 10 Zentimetern?

Es ist definitiv angezeigt, vorher zu wissen, was auf dem späteren Grundstück und im späteren Baugebiet alles nicht erlaubt sein könnte. Und dazu ist es auch nötig, zu wissen was dort vorgeschrieben ist.

In manchen Neubaugebieten beispielsweise ist heute eine Dachbegrünung vorzusehen. Das wüssten all jene, die sich dort um einen Bauplatz bewerben, gerne vorher, bevor sie sich für das Musterhaus »Sevilla« mit Doppelgarage und mediterranem Rundziegeldach entscheiden.

Die fehlende Erfahrung verstellt an der einen oder anderen Stelle den Blick auf mögliche Risiken und Herausforderungen im doch nicht so standardisierten Ablauf. Bei vielen Prozessen im Projekt Eigenheim sagen die Kunden »A«, müssen aber danach womöglich das gesamte Alphabet an Konsequenzen aufsagen.

Und der eigene Enthusiasmus stützt derweil womöglich trotzdem die Hoffnung, dass einen solche Szenarien nicht treffen, dass sie durch die Erfahrung der Hausbaufirma oder die üblichen Standards abgedeckt sein könnten. Vielleicht sind sie das.

Doch es spricht ja nichts dagegen, diese Dinge einfach vorher zu prüfen und die Reihenfolge der Schritte zum eigenen Haus zu seinen Gunsten zu verändern.

First things first: Auch vermeintliche Details sind besser früher als später zu klären

Ein weiteres schönes Beispiel für solche Fragen, die dann später auftauchen, ist beispielsweise die Bemusterung. Das ist der Punkt, an dem sich Kunden für Details ihres späteren Hauses entscheiden. Standardmäßig sind in den Verträgen der Hausbaufirmen eben bestimmte Standards vorgesehen. Gern wird eine Baubeschreibung vorgelegt, da sind dann bestimmte Waschbecken, Duschen und Türen mit Foto beschrieben, es kann aber auch in einem bestimmten Rahmen (beispielsweise 40 Euro pro Quadratmeter Boden) gerne etwas anderes gewählt werden.

Sie entscheiden sich für Fenster des »gehobenen Standards«, Fliesen der bestimmten Qualitätsstufe bis 40 Euro pro Quadratmeter oder Heizkörper in Standardausführung.

Dann können Sie hinterher, wenn der Vertrag unterschrieben und die technische Prüfung erfolgreich durchgeführt ist, beispielsweise zu Partnern der Hausbaufirma oder ins »Bemusterungszentrum« gehen und sich dort aus einer gewissen Bandbreite von Fußbodenbelägen, Wandfliesen und Fußbodenleisten, Fenstern und Türen, Armaturen und Türbeschlägen bestimmte Details aussuchen.

Aber würden Sie so ein Auto kaufen? Würden Sie für ein Fahrzeug unterschreiben, ohne zu wissen, welche Klimaanlage, welche Sitze und welche weiteren technischen Details dort verbaut werden? Unterschreiben Sie den Kaufvertrag für das Auto und lassen sich darauf ein, erst später ein bestimmtes Muster der Sitze auswählen zu können? Unterschreiben Sie, ohne zu wissen, was das Schiebedach dann später noch zusätzlich kosten wird, wenn Sie ein solches zusätzlich haben möchten?

Aus sehr guten Gründen möchten Kunden beim Autokauf eine auf den letzten Cent genaue Summe im Kaufvertrag sehen und eine komplette und vollständige Ausstattungsliste des bestellten Fahrzeugs ausgehändigt bekommen, bevor sie unterschreiben und zahlen.

Nur beim eigenen Haus machen manche Käufer alles ganz anders, unterschreiben für die »Rohkarosse« und lassen sich darauf ein, später entweder aus einer gewissen Bandbreite Details zu wählen oder für besondere Wünsche dann noch einmal in zum jetzigen Zeitpunkt unbekannter Höhe nachzuzahlen.

Wenn man das so liest, klingt es vermutlich etwas seltsam. Aber es ist Standard.

In der Baubranche hat es sich irgendwie eingebürgert, dass in den Kaufverträgen häufig Grundausstattungen verkauft werden, die dann später erst im Detail ausgewählt oder durch ausdrücklich exklusiv bepreiste Zusatzausstattungen ergänzt werden können.

Erst soll doch bitte der Vertrag unterschrieben und für die Summe eingestanden werden, dann werden die Kunden zur Bemusterung gelassen und können sich entweder damit arrangieren, dass sie die Grundausstattung genau so gewählt haben, oder für andere Ideen mehr ausgeben.

Hinterfragen Sie immer wieder den Plan

Allein anhand dieser beiden exemplarischen Schritte, wie sie Baufirmen wahrscheinlich jederzeit gerne in ihren Ablauf eines Bauprojekts aufnehmen wollen, lässt sich schon eines zeigen:

Es ist nicht immer zielführend, stumpf den Abläufen zu folgen, wie und in welcher Reihenfolge gewisse Dinge in der Baubranche üblicherweise umgesetzt werden.

So lässt sich etwa die Bemusterung aus diesem Prozess grundsätzlich herauslösen und vorziehen. Das ist wie gesagt nicht üblich und es benötigt auch ein gewisses Entgegenkommen der Baufirma. Manchmal muss diese Frage auch bis zum Geschäftsführer vorgetragen werden, ob nicht für das eigene Projekt eine Ausnahme gemacht werden kann. Wer gut verhandelt, kann jedoch aus eigener Überzeugungskraft dem Gegenüber klarmachen, dass das auch in dessen Interesse ist.

Es gibt kein einziges schlagendes Argument dafür, dass die Bemusterung unbedingt nach Vertragsabschluss geschehen muss. Natürlich möchte die Firma am liebsten erst einmal Fakten schaffen, bevor sie Ihnen einen ganz konkreten Eindruck davon verschafft, was denn beispielsweise so Standard ist und in welcher Bandbreite Sie später für Ihr Geld Details für das Haus wählen können.

Nur der völlig legitime Wunsch der Firma, mit Ihnen möglichst schnell handelseinig zu werden, steht dem eindeutig entgegen. Vor der Unterschrift unter den Vertrag sitzen die Interessenten allerdings noch eher am längeren Hebel als danach. Das ist ein sehr guter Grund, das nicht als Allererstes in der Liste abzuhaken.

Grotesk: Erst kaufen, dann Finanzierung prüfen

Am ehesten ein unwohles Gefühl entsteht wohl noch dadurch, dass die Finanzierungsbestätigung in der hier vorgestellten Liste, wie sie viele Baufirmen sicher angenehm finden, erst an Punkt 6 erscheint. Trotzdem lassen sich erstaunlich viele Hauskäufer auf genau diese Reihenfolge ein.

Und trotzdem ist es vollkommen falsch, etwas zu kaufen, bei dem die Finanzierung nicht gesichert ist. Und nicht gesichert ist sie am Beginn des Projekts wohl in den allermeisten Fällen und bei fast jedem. Vor allem deshalb, weil es sich beim eigenen Haus wie beschrieben um die größte Einmalinvestition eines ganzen Lebens handelt.

Wer kann schon einfach aus dem fließenden Wasser mal eben das eigene Haus vollfinanzieren. Die allermeisten Bauherren benötigen eine finanzielle Unterstützung durch eine Bank. Und die ist unter Umständen gar nicht so sicher.

Schon für das eigene gute Gefühl ist es daher wichtig, die Finanzierungsbestätigung für einen möglichst präzisen Budgetrahmen in der Tasche zu haben, bevor der Kugelschreiber gezückt wird. Das wird dennoch viel zu häufig explizit anders gehandhabt.

Eine ausfallende Finanzierung der Bank ist übrigens meistens kein legitimer Grund, von einem Kaufvertrag zurückzutreten, und führt zu einer Schadensersatzpflicht seitens der Käufer. Laut BGB bekommt die Baufirma dann 5 bis 10 Prozent der Auftragssumme und muss gar nichts dafür bauen, wenn die Bauherren hier Mist bauen.

Zack, falsche Reihenfolge.

Die Finanzierungszusage kann dabei im Großen und Ganzen ein Faktor sein. Es kann sein, dass die Entscheidung für ein Haus getroffen wurde, das mit 400.000 Baukosten durch die Baufirma kalkuliert wird. Vermutlich wird sie sogar ganz präzise mit einer anderen Summe kalkuliert, die sehr konkret erscheint: 413.212,46 Euro für das im Vertrag beschriebene Haus. Die 46 Cent können Sie sofort haben, haha!

Darin sind alle im Vertrag festgehaltenen Leistungen abgegolten, sofern diese genau so auch später umgesetzt werden. Damit ist wahrscheinlich die Bank schon zufrieden, sofern die finanzielle Leistungsfähigkeit der Kunden das hergibt.

Wenn nicht, gehen die Bauherren irgendwann zur Bank und dort bekommen sie die Nachricht, dass die eigenen finanziellen Möglichkeiten und die Einschätzung der Bank nur eine Finanzierungssumme von 350.000 Euro zulassen.

Wer jetzt bereits einen Vertrag abgeschlossen hat und unter Umständen auch während der Grundstückssuche, der technischen Prüfung und der Bemusterung die Rücktrittsfristen des Vertrages hat ablaufen lassen, der schluckt vermutlich, wenn der Bankberater die traurige Nachricht überbringen muss.

Die Bank wird das Haus so nicht finanzieren und sie wird nicht einmal die vorgeschlagenen 350.000 Euro finanzieren, wenn weiter euphorisch der eingeschlagene Weg verfolgt wird und der unbeirrte Hausherr sagt: Die 63.212,46 Euro werden wir schon noch irgendwo auftreiben …

Dann kann in letzter Konsequenz ein Rücktritt vom Vertrag notwendig werden, gewissermaßen der schlimmste Fall innerhalb der hier vorgestellten Logik. Auch das geht bei den Hausbaufirmen, die sogar nach Ablauf der Rücktrittsfristen dazu bereit sind.

Es nützt ihnen ja schließlich auch nichts, wenn sie dann beginnen, ein Haus für einen Kunden zu errichten, für das der mittlerweile nicht mehr ganz so fröhlich gestimmte Bauherr gar keine Finanzierungszusage seiner Bank bekommen hat und bei dem er leider früher oder später aufhören muss, Zwischenzahlungen zu leisten.

Also bieten die Hausbaufirmen einen Rücktritt an, der vielleicht im standardmäßigen Vertrag mit einer Abstandssumme von 5 oder 10 Prozent der Vertragssumme belegt ist. Das klingt ziemlich hart, ist aber häufig Fakt.

In diesem Falle ist ein Kunde gegenüber der Hausbaufirma nämlich plötzlich schadensersatzpflichtig geworden. Und dafür rufen die meisten Firmen in Deutschland eben relativ standardisierte Summen auf.

Noch mehr von schwarzen Schafen

Ich weiß sogar von Firmen, die einen regelmäßigen Anteil ihrer jährlichen Umsätze planvoll (!) aus dem Umstand generieren, dass Bauherren in die Situation geraten, vom Projekt zurücktreten zu müssen, und dann gegenüber der Baufirma schadensersatzpflichtig werden. Es ist keinesfalls die Regel und seriöse Baufirmen werden alles tun, um genau das zu vermeiden. Aber es ist möglich und es geschieht häufiger, als vielleicht gedacht.

Die Finanzierungssumme kann aber auch in Details später eine Rolle spielen. So kann es beispielsweise geschehen, dass bei der Bank eine Finanzierungssumme von 450.000 Euro für das Haus angefragt und eine Zusage für das Haus gemacht wird, das von der Baufirma mit 413.212,46 Euro Baukosten kalkuliert wurde. Das ist objektiv ein sehr kluger Ansatz, denn es wird gleich einmal damit gerechnet, dass bestimmte Unwägbarkeiten auf dem Weg zum eigenen Haus immer eintreten können, was sich eh empfiehlt.

Und wenn alles gut geht, dann haben die Bauherren eben bei der späteren Bemusterung ein bisschen mehr Spielraum oder haben einen »Freischuss« beim Bodengutachten, das plötzlich auf Tonnen von Granit oder einen Sumpf trifft … Alles nicht verkehrt.

Nun ist es nicht unbedingt intuitiv, bei einer kalkulierten Bausumme von etwas über 400.000 Euro gleich mal zur Bank zu spazieren und großspurig nach 450.000 Euro zu fragen. Die meisten kalkulieren wahrscheinlich ziemlich eng in dem Rahmen, den die Baufirma vorgibt.

Schwierig wird das nur, wenn die Baufirma dabei beispielsweise im Bestreben, den Interessenten schnell vom Markt zu bekommen, die eine oder andere Lücke in der Beschreibung gelassen hat. Vielleicht wurde einiges gar nicht kalkuliert, was eher im Bereich der Baunebenkosten liegt oder ohnehin nicht im Kern Sache der Hausbaufirma ist.

Das kann ganz profan das notwendige Grundstück oder ein Bodengutachten für das Grundstück sein. Oder die Anpassung der Statik an die Erfordernisse des Bauamtes im dann erst später bekannten Baufenster. Es kann die Baustelleneinrichtung oder der Kanalanschluss sein. Mit diesen Eventualitäten hat die Baufirma sich und den Bauherren aber vorher nicht belastet, zur Schonung seiner Nerven, seiner Entscheidungsfreude und der eigenen Umsatzchance. Im Standardvertrag steht davon auch nichts.

Wie spitz auch immer geplant wird, so können doch immer verschiedene Herausforderungen und Planänderungen später dafür sorgen, dass der angestrebte Finanzrahmen ganz schnell nicht mehr ausreicht und dass dann nachfinanziert werden muss. Auch das rechtfertigt den deutlichen Appell, zunächst die Kosten des eigenen Hauses möglichst genau kalkulieren zu können und für diese Summe eine Finanzierungsbestätigung inklusive Reserve einzuholen, bevor blauäugig irgendwelche Verträge geschlossen werden.

Angehende Bauherren mit Plan entwickeln eine möglichst genaue eigene Liste möglicher Posten für eine eigene Kalkulation. Sie machen fest, welche Details geklärt und berechnet werden müssen, ob diese Teil der Leistung der Baufirma sind oder nicht und welche Partner sie gegebenenfalls alternativ zu welchen Kosten übernehmen. Mit diesen Vorstellungen gehen Sie dann zu verschiedenen Partnern und zur Baufirma und lassen die Details der einzelnen Posten mit Zahlen hinterlegen.

Dann wird auch schnell klar, ob im Angebot der Firma wirklich alle relevanten Faktoren auftauchen, ob noch welche hinzukommen müssen und ob es Möglichkeiten gibt, einzelne dieser Kosten womöglich durch die Bauherren selbst vergeben zu lassen und damit Sparpotenziale aufzuspüren.

Eigene Formulierungen im Vertrag

Wenn angehende Bauherren von einzelnen Standards im Vertrag abweichen wollen, kann das manchmal hilfreich und in einigen Fällen sogar sehr nachdrücklich angeraten sein. Die Finanzierungszusage ist dafür ein wirklich gutes Beispiel.

Die Baufirmen sehen es gerne, wenn die Bauherren schnell unterschreiben und sich zu diesem Zweck vielleicht sogar auf die Aussage verlassen, dass »jeder finanzierbar« ist. Fast immer ist das ja sogar so. Manchmal ist nur die Frage, zu welchem Zins und zu welchen weiteren Bedingungen…

Manche Baufirmen sehen es auch gerne, wenn sie mit dem Standardvertrag eigene Modalitäten durchsetzen, die nicht zwingend auch den Bauherren nützen werden. Das kann dann sein, wenn etwa die zugesagten Festpreise zwar im Vertrag stehen, aber an einen baldigen Start gebunden sind, den die Bauherren dann nicht einhalten können, beispielsweise weil sie so schnell keine passende Finanzierung finden. Auch das »lösen« manche Baufirmen ja mit der Feststellung der »ganz wahrscheinlichen« Finanzierungszusage durch den eigenen Finanzierungspartner.

Doch die Bauherren können ja danach fragen, diese Formulierungen anders zu gestalten, und vielleicht wird das sogar einfach so gewährleistet. Dann tritt allerdings auch eine neue Aufgabe hinzu, nämlich hierfür dann eine Ersatzformulierung zu finden, die auch juristisch wasserfest ist und trotzdem beide Seiten zufriedenstellt. Das ist nicht ganz banal. Womöglich weiß die Baufirma, wie sie dieses umsetzen kann, und die Bauherren prüfen dann den neuen Teil des Vertrags oder können selbst eine gute Formulierung vorlegen.

Vielleicht möchte die Baufirma aber auch ihren Passus gar nicht gerne geändert haben, scheut Mehraufwand und neue Verhältnisse mit dem neuen Kunden. Da kommt es dann auf die Positionen an.

Dann können Interessenten im schlimmsten Falle die Klauseln des bestehenden Vertrages doch akzeptieren, weil sie abwägen, dass alles andere so gut und positiv für sie ist, dass sie die Kröte schlucken. Da muss aber bei einer so großen Hürde echt viel passen.

Alternativ könnten sie sich überlegen, einer anderen Firma eine Chance zu geben, diesen Teil des Vertrages mit mehr Kundenfokus zu formulieren, und lieber dort unterschreiben.

Oder sie beginnen zu verhandeln. Das Ziel der Baufirma ist dabei klar ein schneller Vertragsabschluss, auch um den Kunden damit vom Markt zu nehmen. Das dient auch den Zielen der Bauherren, die damit beispielsweise eine Festpreisgarantie für einen bestimmten Zeitraum bekommen können oder sich andere Vorteile sichern. Es ist durchaus vorteilhaft, sich einmal klarzumachen, dass bis hierhin beide Parteien das gleiche Ziel verfolgen, wenn der Vertrag auch sonst keine Seite großartig benachteiligt und das fundiert überprüft wurde.

Die Bauherren haben jedoch als weiteres Ziel im Blick, nach Vertragsabschluss auch eine Finanzierungszusage zu bekommen, die in ihre Vorstellung des Gesamtprojektes passt und ihnen keine neuen Probleme schafft. Wo sonst eine Drucksituation entsteht oder die Zeit schnell gegen die Bauherren spielen kann, soll genau dieser unangenehme Teil nun ausgeklammert werden.

Also formulieren die Bauherren als neue Bedingung für die Unterschrift, dass ein kostenloser Rücktritt vom Vertrag in bestimmten Fällen und für einen gewissen Zeitraum noch möglich ist. Dabei sollten weder die 5–15 Prozent Vertragsstrafe bei Rücktritt anfallen, noch sollten andere Vorteile darunter leiden, die den Bauherren im Vertrag eingeräumt werden. Eine Festpreisgarantie oder bestimmte Zusagen für einen gewissen Zeitraum sollten immer noch möglich sein, auch wenn sich die Suche beispielsweise nach einem geeigneten Finanzierer noch ein wenig hinzieht und die Bauherren unter Umständen sogar vom Projekt zurücktreten würden.

Das dient immer noch dem Ziel der Baufirma, die einen schnellen Vertragsabschluss erzielen möchte. Und die Bauherren gewinnen nun die Sicherheit, trotz noch nicht zugesagter Finanzierung auch dem Wunsch der Baufirma hier entgegenzukommen, wenn alles andere schon besprochen wurde und passt. Für die Baufirma beschleunigt sich der Prozess und die Sicherheit, für die Bauherren ebenfalls.

Dabei sollten die Bauherren noch ein paar Details auf dem Schirm haben: Sie sollten sich nicht darauf verlassen, dass die Finanzierungszusage dann automatisch durch einen Partner der Baufirma vermittelt wird, und zudem darauf achten, dass nicht irgendein Zinssatz, der aufgrund der plötzlich doch schwierigen Finanzierbarkeit des Projekts im Zweifelsfall völlig marktfern überzogen ist, trotzdem automatisch den Paragrafen der gelungenen Finanzierung erfüllt.

Vielmehr sollten sie eine Formulierung finden und sie in Angebot und Vertrag des Hauses auch genauso festhalten lassen, die den Bauherren die Suche nach einer geeigneten Finanzierung und die abschließende Entscheidung, ob sie diese dann eingehen wollen, überlässt. Baufirmen können sich dann sicherlich drauf verlassen, dass Bauherren, die es ernst mit ihrem Traum meinen, nicht vorher lange Vertragsverhandlungen und Neuformulierungen über sich ergehen lassen, um dann eilfertig festzustellen: »Wenn's kein Minuszins ist, bauen wir gar nix!« So schätze ich Sie nicht ein!

Natürlich ist das erst einmal ein einseitiger Wunsch, den die Bauherren damit an die Baufirma herantragen. Aber mit der wachsenden Chance auf eine Unterschrift bringen Sie natürlich auch starke Argumente in die Verhandlungsmasse ein. Und Sie können der Baufirma auch insofern eine Brücke bauen, indem Sie eine erprobte und vorformulierte mögliche Passage des Vertrags vorlegen, die beiden Seiten einen Dienst erweist. In den Ressourcen zum Buch am Ende finden Sie einen Hinweis darauf, wo Sie eine solche Formulierung bekommen können, die in vielen Projekten erprobt und erfolgreich angewendet wurde.

Ganz pragmatisch erstellen Sie dann entweder einen neuen Passus im Vertrag oder nur eine sogenannte Zusatzvereinbarung zum Verbraucherbauvertrag. Mit diesem etwas sperrigen Begriff, können Sie schon einmal den Ansprechpartner der Baufirma darauf hinweisen, was Sie noch als Frage offenhaben.

Vorwärts immer, rückwärts nimmer

Die Unterschrift unter den Vertrag ist ein eindeutiger Point of no Return und es sollte jetzt klargeworden sein, dass dieser nicht ohne gute Übersicht über die daraus folgenden Konsequenzen erfolgen sollte. Zentrales Element der hier vorgestellten Point-of-no-Return-Strategie ist es, genau solche Entscheidungen so weit wie nötig nach hinten zu verschieben, und zwar exakt bis zu dem Punkt, an dem die dafür notwendigen Informationen auf dem Tisch liegen.

Die Points of no Return können das Verständnis vom Wesen eines guten Plans lukrativ inspirieren. Fragen Sie sich immer, welche Konsequenzen Sie gerade verbindlich eingehen.

Von diesen Punkten gibt es noch einige mehr. Auch der eigentliche Hausaufbau, der dann irgendwann im Plan ansteht, gipfelt beispielsweise in einem solchen Punkt, nämlich der »Rohbauabnahme«.

Die Baufirma hat den Rohbau errichtet und fordert mal wieder eine Unterschrift. Der Bauherr soll bestätigen, dass alles nach Plan umgesetzt wurde. Das ist vermutlich für einen Laien ohnehin schon schwierig, wird aber noch extrem komplexer durch die weiteren baulichen Maßnahmen, die nun folgen sollen und – es war zu befürchten –, für die dann die Konsequenzen zu tragen sind.

Ein einfacher Fliesenspiegel etwa, der an einer irgendwann in der Rohbauphase einmal etwas schief errichteten Wand angebracht werden soll, kann später Probleme machen und zum Zankapfel werden.

Beim Rohbau ist dem Bauherren die etwas schiefe Wand vermutlich nicht aufgefallen, weil er nicht über die notwendige Erfahrung verfügte oder sich keine Hilfe in dieser Phase gesucht hat. Vielleicht hat er auch einfach nur gedacht, dass die Handwerker, die täglich Mauern ziehen und errichten, wohl kaum eine schiefe Wand ins Haus einbauen werden. Der Bauherr dachte, der Maurer lachte.

War im Plan schon schief und 2 Zentimeter ist immer noch nach DIN … Das guckt sich weg.

Im Rohbau ist eine schiefe Wand auch gar nicht so einfach zu erkennen und auch gar nicht so ein großes Problem. Ein Fliesenspiegel ist später aber ein bestechender Indikator für schiefe Wände, den jeder Bau-Laie sofort erkennt, weil durch die vielen parallelen Fugen auch kleinere Abweichungen schnell sehr auffällig werden. Die Bauherren stehen vielleicht beim Termin der Rohbauabnahme zum ersten Mal so richtig im Haus und sollen jetzt entscheiden, ob alles passt. Daraus lassen sich zwei bessere Ideen entwickeln:

Erstens lassen sich die Bauherren gleich in den Vertrag schreiben, dass sie einen Baustellenschlüssel wünschen und dort immer mal nach dem Rechten schauen dürfen. Wenn die Baufirma das nicht gerne sieht und vielleicht auf die Sicherheit abhebt, weisen Sie darauf hin, dass Sie davon ausgehen, dass eine ordentliche Baustellenabsicherung Teil des Angebotes ist. Und Sie besuchen die Baustelle zu einigen wichtigen Zeitpunkten, beispielsweise in Vorbereitung der Rohbauabnahme, mit einem ausgewiesenen Experten und holen sich Rat. Der Experte sieht nämlich viele Dinge viel leichter und routinierter, die die Bauherren dann mit bester Vorbereitung bei der Rohbauabnahme ansprechen und entsprechend protokollieren lassen. Daran sollten Sie aber idealerweise schon beim Vertrag denken und schauen, ob das standardmäßig dort drinsteht.

Je nachdem, wie viel persönlichen »Monk« man so in sich trägt, kann ein so schiefer Fliesenspiegel mit dieser einen, besonders schief aussehenden, immer enger zulaufenden Fuge sonst auch zum fortwährenden Ärgernis werden. Da guckt man später immer drauf, wetten?

Und wenn Sie bei der Rohbauabnahme zum allerersten Mal im eigenen Haus stehen und nun unter Druck alle möglichen Fehler finden sollen, dann kann das schnell eine mehr als tagesfüllende und ziemlich überfordernde Aufgabe werden.

Schon finden sich die Bauherren in Herausforderungen und Diskussionen, die sie nie gesucht haben. Sie sprechen den Fliesenleger an, der mit den Schultern zuckt und sagt, dass er die geraden Fliesen mit der geraden Fuge eben nur genau so auf der schiefen Wand anbringen konnte.

Sie sprechen mit dem Bauleiter, der darauf verweist, dass bei der Rohbauabnahme doch noch alles in Ordnung war und dass der Bauherr das auch selbst unterschrieben hat.

Und sie sprechen dann eventuell mit der Hausbaufirma und versuchen, sich mit ihr auf eine Lösung zu einigen. Ein Rückbau dieser Wand bis in die Rohbauphase kommt aus vielen Gründen nicht infrage, aber vielleicht ist ja in einer Mischung aus Kulanz und Einsicht der Baufirma wenigstens eine Ausgleichszahlung möglich. Wand und Fliesenspiegel bleiben aber schief.

Aus A folgt B.

Und an vielen Punkten beim Projekt Hausbau ist B eben nicht mehr reversibel, wenn erst einmal A in die Realität gebracht wurde.

Beweislastumkehr

Die Rohbauabnahme und auch die spätere Hausabnahme, wenn alles so weit fertig ist, sind auch deswegen spannende Points of no Return, weil sich in diesem Moment die Beweislast umkehrt. Mit der Unterschrift des Bauherrn steht dieser dafür ein, dass beim Rohbau und beim ganzen Haus alles richtig gemacht wurde. Fällt ihm später auf, dass er etwas zu bemängeln hat, muss er beweisen, dass das bei Unterschrift bereits ein Problem war und nicht beispielsweise durch ein späteres Verschulden des Hausbesitzers entstanden ist. Klassisches Beispiel sind Lüftungsfehler, die dann Silikonfugen reißen lassen oder Schimmel Vorschub leisten. Beweisen Sie mal vor Gericht, dass Sie nicht falsch gelüftet haben … Heute schon »Lüftungsprotokoll geführt«? Klingt nicht nach der neuen Freiheit.

Die Point-of-no-Return-Strategie

Ich nenne die Idee, die besonders wichtigen und folgenschweren Entscheidungen im großen und komplexen Prozess zu fokussieren, dort besonders wachsam zu sein, sich Unterstützung zu suchen und gerade dadurch ansonsten die ziemlich reibungslose Verwirklichung des eigenen Traums zu genießen, die **Point-of-no-Return-Strategie**.

Zentrale Frage

Die zentrale Frage ist immer: An welchen wichtigen Punkten schaffe ich mit welchen Entscheidungen Fakten, die für den weiteren Weg zum Traumhaus unumkehrbar sind? Welche Informationen benötige ich an diesem Punkt, welche Sicherheiten kann ich an diesem Punkt erreichen und was muss bis dahin feststehen? Und dann muss es gelten, diese entscheidenden Punkte so spät wie möglich (im Prozess, nicht zeitlich!) zu setzen. Zudem ist stets zu fragen: Wo entsteht eine Beweislastumkehr? Und wo entsteht eine Schadensersatzpflicht, wenn etwas doch noch nicht finanziert werden kann, für das längst unterschrieben wurde? Sie entscheiden erst, wenn Sie sicher sind.

Mit der Point-of-no-Return-Strategie bleiben die Hausherren immer Prozesseigner und behalten das Heft des Handelns in ihren Händen. Sie wissen, welche Informationen sie zu welchem Zeitpunkt haben müssen, damit sie eine Entscheidung möglichst in Kenntnis aller Konsequenzen treffen können. Weil sie sich auf die wichtigen Details, nämlich die großen Points of no Return, konzentrieren können, bleibt ihre Strategie dabei insgesamt trotzdem übersichtlich.

Unabhängige Profis tun das nicht zum ersten Mal
Einige wenige dieser Punkte können auch die Zuhilfenahme eines unabhängigen Experten notwendig oder ratsam machen. Der Vertragsabschluss und die Rohbauabnahme haben sich bereits als solche Punkte empfohlen, an denen Bauherren einmal einen Experten suchen können. Ein paar mehr werden sich noch herausstellen.

Der beste Weg, eben nicht einen Plan zu verfolgen, der eine Hausbaufirma gegenüber den Bauherren einseitig bevorteilt, liegt darin, dass die Bauherren einen eigenen Plan mit in die Verhandlungen einbringen. Dieser Plan lässt sich genauso aufstellen wie der bisher betrachtete Plan, der vor allem den Hausbaufirmen genehm sein dürfte. Der neue Plan, Ihr Plan, sieht aber natürlich anders aus:

1. Finanzierungsrahmen
2. Grundstück suchen
3. Hausplanung und Bodengutachten
4. Kostenplanung unterhalb der Grasnarbe
5. Baufirmen anfragen
6. Angebote vergleichen
7. Keller/Bodenplatte vergleichen
8. Verträge prüfen
9. Verträge verhandeln
10. Vertragsunterschrift
11. finale Finanzierung
12. Bauphase
13. Umzug

Der Finanzierungsrahmen

Die einzelnen Schritte werden im Folgenden einzeln angeschaut und wichtige Fragen gleich vorgestellt.

Wirklich am Beginn des ganzen Prozesses muss der Überblick über die eigenen Finanzen stehen (1.). Es gilt, die eigenen Zahlen einmal richtig zu erfassen und zu kennen. Der sogenannte »Finanzierungsrahmen« wird geklärt. Die handlungsleitenden Fragen für alle nachfolgenden Punkte müssen sein:

1. Wie viele finanzielle Ressourcen und Verpflichtungen kann und möchte ich in das Projekt investieren?
2. Wo geht meine Bank mit?

Speziell die zweite Frage sorgt dafür, dass wieder wunderbar das Pferd von hinten aufgezäumt werden kann. Denn wenn der eigene Budgetrahmen bekannt ist, dann kann anhand dessen relativ gut und immer noch mit vielen Optionen der Traum vom eigenen Haus geplant werden. Schwieriger, und im Zweifelsfall enttäuschender, ist es doch, sich irgendwo alle Inspirationen zu sammeln und einen eigenen Traum sehr weit zu entwickeln (und im schlimmsten Fall dafür zu unterschreiben), bei dem ein Mitarbeiter der eigenen Hausbank oder eines anderen Instituts später mit den Schultern zuckt und sagt:

»Schöne Idee, kriegen wir so gar nicht hin.«

Mit dem Finanzrahmen zu beginnen gewährleistet, dass später nicht neue Geldquellen gesucht werden und eventuell teuer nachfinanziert werden oder der eigene Traum gar deutlich eingeschränkt werden muss. First things first …

Eine genaue Kenntnis des eigenen Budgetrahmens macht auch die Gespräche mit möglichen Partnern viel transparenter und zielorientiert. Die Bauherren können klar benennen, in welchem Rahmen sich ihr Traum bewegen muss und beispielsweise die Hausbaufirma ermutigen, diesen Plan mit einem attraktiven Angebot zu füllen.

So laufen die Bauherren auch nicht in die Falle, sich angesichts besonders attraktiver Angebote oder besonders suggestiver Traumschlösser selbst auf den falschen Pfad zu führen.

Das vorgestellte Musterhaus übersteigt zwar den Budgetrahmen, aber dafür kann ja die Festpreisgarantie jetzt noch genutzt werden? Nein! Der Budgetrahmen ist umgekehrt die »Festpreisgarantie des Kunden«, dieser wird nicht überschritten. Den Satz können angehende Bauherren auch zweimal lesen.

Und die Firma kann diesen jetzt noch mit einem tollen Angebot füllen und so den Kunden für sich gewinnen!

Allerdings wird selbstverständlich an diesem frühen Punkt des neuen Ablaufplans der Finanzierungsrahmen noch nicht final beschlossen und bei der Bank oder dem Finanzierer unterschrieben werden können. Das ist auch faktisch gar nicht möglich, wenn man dem Kreditberater nicht erklären kann, welches Haus mit dem Geld gebaut wird, zu welchen Kosten und auf welchem Grundstück.

Da sind wir einfach noch nicht, daher geht es hier vor allem um eine sehr tiefgehende Prüfung der überhaupt möglichen Finanzierung und eine grundlegende Einschätzung der Bank. Später erst werden Nägel mit Köpfen gemacht.

Der Plan der Baufirma hatte das anders vorgesehen. Hier wurde erst der Vertrag unterschrieben und dann deutlich später die Finanzierung angefragt und eingetütet. Das ist viel unsicherer, als es der dort vorgestellte Plan suggeriert.

Sie beginnen mit dem Finanzierungsrahmen.

1. Finanzierungsrahmen
2. Grundstück suchen
3. Hausplanung und Bodengutachten
4. Kostenplanung unterhalb der Grasnarbe
5. Baufirmen anfragen
6. Angebote vergleichen
7. Keller/Bodenplatte vergleichen
8. Verträge prüfen
9. Verträge verhandeln
10. Vertragsunterschrift
11. finale Finanzierung
12. Bauphase
13. Umzug

Reden Sie nicht so viel über Geld

Der nächste wichtige Tipp, um beim Hausbau nicht nur Stress, sondern möglichst auch Geld zu sparen, ist: Auch wenn Sie sich früh und eigentlich immer auch Gedanken über die notwendigen Finanzmittel machen und diese genau im Auge behalten – sprechen Sie nicht so viel darüber!

Der Blick auf die Gesamtkosten eines Hauses, die bei einer Baufirma beauftragt werden, verleitet zu der Annahme, dass hier auch die Margen durchaus sehr ordentlich sein dürften. Doch tatsächlich ist es so, dass seriös agierende Hausbaufirmen in aller Regel keine allzu großen Margen bei den Projekten einplanen können. Das hat mehrere Konsequenzen für den gesamten Prozess und für Ihre Verhandlungsmethoden.

Aus diesem Grund ist es in der Regel auch bei guten Firmen nicht zielführend, mit dem eigenen Budgetrahmen auch Projekte zu betrachten, die deutlich teurer sind, und davon auszugehen, dass man sowieso noch einiges herunterhandeln wird.

Erstens sollten Bauherren, denen im Rahmen der Verhandlungen plötzlich 5 oder 10 Prozent Nachlass angeboten werden, extrem skeptisch werden, weil das branchenunüblich wäre und ein fast sicheres Indiz dafür, dass das gesamte Projekt zuvor eher zu teuer gerechnet wurde. Hier hat das Schaf schon graue Flecken …

Zweitens ist immer zu beachten, dass Baufirmen durch die Konkurrenz am Markt sicher recht knapp kalkulieren. Es ist aber durchaus üblich, dass sie eine gewisse Motivation haben, die Leistungen von Drittfirmen ganz allgemein mit einer gewissen Provision zu belegen und so ihre eigene Marge im Nachgang zu verbessern. Alle Prozesse, die nicht Kern des Hausbaus sind und sinnvoll selbst vergeben werden können, sollten genau auf diese Frage hin durch die Bauherren betrachtet werden.

Drittens, und für die Betrachtungen hier sicherlich am wichtigsten, bedeutet es aber auch, dass es vermutlich im Rahmen der Verhandlungen mit einer Baufirma leichter ist, über gewisse Leistungen ganz generell zu sprechen als über höhere Prozentsätze an Nachlässen und Kostenersparnis.

Sprechen Sie lieber über Leistungen und Konditionen als über deren Preise. Dort steckt meistens mehr Verhandlungsspielraum!

Das macht es Ihnen als Bauherren in doppelter Weise leichter. Zum einen machen Sie relativ früh während der Verhandlungen über den möglichen Verbraucherbauvertrag klar, dass Sie bestimmte Leistungen selbst vergeben wollen, und nehmen sie damit idealerweise direkt vom Verhandlungstisch. Damit reduzieren Sie die Komplexität der Verhandlungen und nähern sich dem eigenen Plan an, mit der Baufirma möglichst nur die Kernelemente der dort zu erbringenden Leistungen zu besprechen und verhandeln zu müssen.

Sie machen die einzelnen Baufirmen, die eventuell zu diesem Zeitpunkt noch als mögliche Baupartner zur Verfügung stehen, damit auch viel leichter vergleichbar und schaffen die Transparenz, die Ihnen als Anfänger in diesem Geschäft hilft.

Zum anderen reduzieren Sie damit insgesamt die Zahl der zu verhandelnden Punkte im Vertrag. Wenn Sie jeden zweiten Punkt zwischen der Baufirma und Ihren Vorstellungen verhandeln müssen, dann macht es eben rein arithmetisch einen Unterschied, ob Sie 5 von 10 oder 20 von 40 Punkten mit der Baufirma diskutieren und verhandeln müssen.

Das hat auch einen psychologischen Effekt, denn ein Kunde, der 20 einzelne Punkte nach und nach diskutiert, wird schnell zu einem toxischen Kunden für die Firma und die Verhandlungsbereitschaft lässt sicherlich irgendwann deutlich zu wünschen übrig.

Sie entwickeln sich, wenn Sie alles diskutieren müssen, selbst zu einem »B-Kunden«, den die Baufirma gar nicht mehr so gerne glücklich machen möchte. Bei manchen Kunden ist es besser, wenn sie gehen.

Ein Kunde, der nur einige wenige Punkte mit der Baufirma besprechen muss, in diesen aber wenigstens klare Vorstellungen einbringt, an denen man sich dann abarbeitet, ist da schon deutlich angenehmer, auch für die Baufirma. Und das stärkt letztlich Ihre Position als Interessent.

Damit die Baufirma sich darauf einlässt, mit Ihnen genau diese Verhandlungen in Ihrem Sinne zu führen, sollten Sie etwas anbieten. Wenn alle Punkte, die Ihnen als Bauherren wichtig sind, besprochen wurden und angemessen im Vertrag berücksichtigt sind, dann nehmen Sie sich sehr gerne selbst vom Markt. Aber jetzt noch nicht …

Das Grundstück

Im nächsten Schritt folgt der eigene Plan sehr genau der Logik, nach der auch ein Haus errichtet wird: von unten nach oben. Sie kümmern sich zunächst um das Grundstück (2.), bekommen dadurch auch einen ersten Eindruck des bereits hierfür notwendigen Kostenrahmens und können sich jetzt schon viel konkreter um bestimmte weitere Fragen kümmern. Grundstück ist eben nicht gleich Grundstück, auch wenn vielleicht im Musterhauspark samstags immer von »dem Grundstück« gesprochen wurde, das »man« sich dann noch suchen würde.

1. Finanzierungsrahmen
2. Grundstück suchen
3. Hausplanung und Bodengutachten
4. Kostenplanung unterhalb der Grasnarbe
5. Baufirmen anfragen
6. Angebote vergleichen
7. Keller/Bodenplatte vergleichen
8. Verträge prüfen
9. Verträge verhandeln
10. Vertragsunterschrift
11. finale Finanzierung
12. Bauphase
13. Umzug

Nun ist die Suche nach einem geeigneten Grundstück ein Aspekt, bei dem viele zukünftige Bauherren zu Recht anmerken, dass sie sicherlich in einem Verkaufsgespräch nicht so naiv oder blauäugig wären, den wegwischenden Hinweis des Hausverkäufers, dass die baldigen Kunden sich dann »einfach nur noch ein Grundstück suchen müssten«, für bare Münze zu nehmen und ohne eine Idee zu unterschreiben, woher später das Grundstück kommt.

Das tut keiner. Es hat sich selbstverständlich herumgesprochen, dass sich heute nicht überall für kleines Geld leicht ein Grundstück findet, wo Sie dann auch Ihr Zuhause errichten möchten.

Deswegen sagt der Verkäufer das auch nicht so. Vielmehr bieten viele Hausbaufirmen beispielsweise als klaren Bestandteil des Vertrages einen »Grundstücksservice« mit an. Sie sichern vertraglich zu, dass sie die zukünftigen Bauherren nach Vertragsunterzeichnung professionell und mit viel Erfahrung dabei unterstützen werden, das Grundstück in bester Traumlage zu finden.

Für viele Kunden ist das dann ein echtes Argument, ihre Skepsis ein Stück weit über Bord zu werfen, der Erfahrung der Baufirma, die all das eben schon oft gemacht hat, Vertrauen zu schenken und der eigenen Unterschrift wieder ein Stück näher zu rücken. Sie fühlen sich sicherer mit dem zweiten Punkt der Liste und dessen Erfolgsaussichten, die Reihenfolge erscheint eher plausibel.

Allerdings sei gesagt, dass es in den allermeisten Fällen eben auch Standard ist, dass die zukünftigen Hausbesitzer über den Grundstücksservice der Firmen standardmäßig kein Grundstück finden.

Und das ist sicherlich wieder ein Argument, die Reihenfolge genau so umzusetzen, wie sie auf den Bauherren zugeschnitten ist: erst sicher das Grundstück haben, später die Unterschrift leisten. Der Grundstücksservice bedeutet natürlich auch keine Zusage eines Grundstücks, so mutig werden die Baufirmen aus guten Gründen kaum argumentieren.

Der eigene Claim!

Sie finden also selbst ein Grundstück, wissend, dass diese Leistung eher nicht durch die Baufirma erbracht werden kann. In Anerkennung des eigenen Blicks als Laie lohnt es sich danach auf jeden Fall, ein Bodengutachten (3.) für das ausgewählte Grundstück zu beauftragen. Dieser Punkt ist neu.

Aber bereits auf den bisherigen Seiten ist immer mal wieder angeklungen, dass genau hier, im Verborgenen, doch einige Überraschungen lauern können, die in den späteren Schritten bekannt sein müssen. Nur der Bauherr, der zu einem frühen Zeitpunkt im Prozess weiß, was auf seinem Grundstück los ist, kann später buchstäblich auf bekanntem Grund planen und bauen und vor allem einen klassischen Hebelfaktor für hohe Mehrkosten frühzeitig erkennen oder ausschließen.

Und es ist auf jeden Fall wahrscheinlicher, dass hier einige Herausforderungen auftauchen, als dass sich das Bodengutachten als eine tolle Überraschung entpuppt.

Im besten Falle kommt heraus, dass das Grundstück keine größeren Schwierigkeiten machen wird und dass dort genauso gebaut werden kann wie geplant. Es ist zumindest in Deutschland aber sehr unwahrscheinlich, dass Sie beim Bodengutachten auf eine Goldader oder eine Ölquelle stoßen, die dann noch mal ein ganz anderes Bild auf den Budgetrahmen wirft.

Vielmehr ist es möglich, dass hier Ergebnisse zutage treten, die das ganze Projekt ein bisschen teurer und schwieriger machen. Deswegen ist es gut, so früh wie möglich hierüber Klarheit zu bekommen. Die gute Nachricht ist: In den meisten Fällen zeigt das Gutachten, dass das Haus ganz gut dort gebaut werden kann.

Viele Baufirmen wissen natürlich, dass ein Grundstück auch besondere Aufgaben für das Projekt mitbringen kann, kalkulieren aber den Standard für ein durchschnittliches Projekt mit durchschnittlichen Gegebenheiten; alles, was von der Norm abweicht, ist dann häufig auch nicht Bestandteil des Angebots.

Noch schöner wäre es auch deshalb natürlich, wenn Interessenten das Bodengutachten vor Kauf des Grundstücks in Händen hielten. Denn dann wüssten sie ja auch besser, ob sie sich hier etwas kaufen, was dann auf jeden Fall später höhere oder zum Glück nur »normale« Folgekosten mit sich bringt.

Einiges kann auch der Anfänger, der einen etwas dafür interessierten Blick hat, bereits erahnen. Grundstücke in Hanglage oder in Gebieten, in denen sehr hoch stehendes Grundwasser zu beobachten ist, sind immer ein bisschen verdächtiger für höhere Folgekosten. Entsteht bei der ersten Begehung des Grundstücks der Eindruck, dass später der Bagger beim Ausheben der Baugrube vom Grundstück rollen könnte, oder wird beobachtet, dass der Verkäufer des Grundstücks dieses auch im Sommer nur in Gummistiefeln betritt, dann sollten Interessenten beginnen, sich erste Fragen zu stellen.

Echte Experten, die dann später das Bodengutachten durchführen, erkennen häufig schon beim ersten Blick auf das Grundstück noch viel mehr und sehen auch bestimmte, weniger offensichtliche Indikatoren. Manche Pflanzen wachsen zum Beispiel sehr gerne dort, wo später ein nasser Keller droht. Aber die Bodengutachter werden natürlich trotzdem auf dem Grundstück eine Bohrung durchführen, idealerweise natürlich in der Ecke des Baulandes, wo der Grundstückseigner jetzt schon weiß, dass er dort sein Haus hinbauen möchte, kann und darf.

Wenn Sie noch einen suchen, fragen Sie die große Suchmaschine doch mal nach »Geologe Bodengutachten« oder etwas Vergleichbarem.

Auch hier gilt es, sich früh Rat zu suchen und wenigstens eine grobe Einschätzung zu erreichen. Und vielleicht liegt ja zufällig schon ein älteres

Bodengutachten für genau dieses Grundstück vor, das der Verkäufer im Rahmen des Verkaufsprozesses sogar gerne zur Verfügung stellt.

Meistens kaufen Bauherren trotzdem erst das Grundstück und bekommen dann ein wirklich umfangreiches und sicheres Bodengutachten – wenn sie überhaupt eines in Auftrag geben.

Mit diesem können sie dann aber auch schon wieder besser einschätzen, wie große Sprünge sie finanziell danach noch machen können und was sie unbedingt bei der Planung des Hauses mit der Baufirma anzusprechen haben. Der eigene Finanzierungsrahmen ist jetzt schon viel besser bekannt und erste Kosten können auch zunehmend klar überblickt werden. Ganz so als Anfänger stehen die Bauherren jetzt schon nicht mehr da.

Hausplanung und Bodengutachten

Umfassendes Wissen über den Zustand des eigenen Grundstücks wiederum hilft extrem dabei, den nächsten Schritt zum eigenen Haus zu gehen. Nun wird überlegt, ob mit oder ohne Keller geplant wird, dafür ist das Gutachten eine wertvolle Informationsquelle. Damit beginnt aber auch schon die konkrete Hausplanung.

1. Finanzierungsrahmen
2. Grundstück suchen
3. Hausplanung und Bodengutachten
4. Baufirmen anfragen
5. Angebote vergleichen
6. Keller/Bodenplatte vergleichen
7. Verträge prüfen
8. Verträge verhandeln
9. Vertragsunterschrift
10. finale Finanzierung
11. Bauphase
12. Umzug

Aber Moment: Keller und Bodenplatte sind doch in der hier vorgestellten Liste Punkt 6. und folgen nicht direkt auf die Grundstückssuche …

Parallel zum Bodengutachten wird nun auch erstmals konkreter auf die Hausplanung geschaut. Auch im neuen Ablaufplan zum eigenen Haus kann nicht immer alles sequenziell aufeinander folgen, manchmal werden Ideen parallel verfolgt. Keller und Haus hängen buchstäblich zusammen und bauen aufeinander auf!

Selbstverständlich können zu diesem Zeitpunkt schon viele gute Ideen entstanden sein und viele Bauherren können diese Ideen auch schon ziemlich gut umreißen, meistens eher zum Haus als zum Keller. Aber nun geht es langsam, aber sicher konkret um den Schritt, sich an eine Hausbaufirma oder einen Architekten zu wenden, um wirklich mal einen professionellen Plan vom Haus aufs Papier zu bringen. Jetzt erst …

Auch über verschiedene Bautypen haben sich die Bauherren zu diesem Zeitpunkt häufig schon Gedanken gemacht, ein Keller ist aber irgendwie selbstverständlich, oder selbstverständlich nicht, dabei. Der Keller wird nicht groß geplant.

Keller sind meistens etwas weniger sexy als der obere Teil des Hauses und für den Laien ist ein Keller halt ein Keller.

Um die Angebote möglichst gut vergleichbar zu machen und Ihren Traum durch das gesamte Projekt zu wahren, gehen Sie aber wie immer mit möglichst konkreten Vorstellungen in die weiteren Schritte.

Den Keller bereits zu denken, bevor das Haus konkrete Formen annimmt, ist ein Beispiel dieser Strategie. Auch wenn der Keller scheinbar dann später noch hinzugeplant werden könnte, so hat er doch große Auswirkungen auf das gesamte Projekt und die Art und Weise, wie und worüber Sie mit den Baufirmen sprechen müssen. So wie über das Grundstück nachgedacht wird, bevor ganz konkrete Anforderungen an die Hausplanung überhaupt betrachtet werden können, so muss auch über den Keller nachgedacht werden, bevor ein Haus darüber errichtet wird – sei es nur im Plan oder sei es irgendwann ganz konkret auf dem Grundstück.

Weil die Möglichkeit eines Kellers mit der Baufirma besprochen werden muss, weil er womöglich Einfluss auf die Statik und Bauweise des Hauses nehmen wird und weil Sie beispielsweise durch mehr Stauraum im Keller das Haus kleiner planen können, müssen Sie das einmal ganz grundlegend entscheiden.

Deshalb rate ich dazu, Keller und Haus von Anfang an zusammen zu denken und hier im Ablaufplan früh Entscheidungen zu treffen.

Bei einem Keller muss leider auch mehr bedacht werden, als es scheinen mag.

Viele Grundstücke etwa zeichnen sich dadurch aus, dass sie sogenanntes »drückendes Wasser« haben. Das Wasser ist im Bodengrund und wenn ein Hausherr nun dort ein Loch ausheben und einen Keller einbauen lässt, dann weiß das Wasser plötzlich sehr genau, wo es zukünftig hinwill: in diesen Keller.

Dann muss bei der Planung des Hauses vielleicht eine sogenannte »Weiße Wanne« geplant werden, die genau dieser Herausforderung begegnet. Das muss aber auch die Hausbaufirma wissen und entsprechend kalkulieren, damit hinterher niemand sagen muss: Damit war gar nicht zu rechnen!

Und je nachdem, wie die Hausbaufirma den Keller oder die Bodenplatte kalkuliert, kann es auch ein Plan sein, den Keller selbst extern zu vergeben und dadurch ein besseres Angebot zu realisieren. Gerade Fertighausfirmen denken ohnehin meistens erst einmal »oberhalb der Grasnarbe«.

Ein solcher Keller mit Weißer Wanne kostet dann beispielsweise nicht 70.000 Euro, sondern ist schnell 5.000 bis 10.000 Euro teurer. Wohl dem, der das vorher weiß, bevor er beispielsweise bei der Bank dazu vorgesprochen hat. Trotzdem ist es fast immer klug, einen Keller ernsthaft zu erwägen.

In den allermeisten Fällen würde ich planen, mit Keller zu bauen. Und zwar, weil ein Haus auf diesem Wege relativ günstig Platz für Träume bekommt. 1 Quadratmeter eines zu erstellenden Hauses kostet meiner Erfahrung nach rund 3.000 Euro, wenn die Bauherren keine besonders teuren Ideen dazu entwickeln. 1 Quadratmeter eines Kellers kostet demgegenüber nur rund 1.000 Euro. Dafür akzeptieren die Bauherren für ihr Projekt allerdings mehr Aushub als bei der sonst üblichen Bodenplatte. Um hier genauere Zahlen zu erhalten, gibt es im Netz richtig gute Tools. Dort können Sie Ihren Aushub kostenlos berechnen lassen, um sich beim Tiefbauer Angebote einzuholen.[26]

Wer also ohnehin im Begriff ist, ein eigenes Haus zu bauen, und dabei natürlich auch Raum für seinen Traum schaffen muss, der kann durchaus überlegen, einen Teil des anderen Zeugs, das sich außerdem so in einem Leben ansammelt, günstig im Keller zu lassen.

So oder so stellt der hier aufgezeigte Plan der Bauherren die Frage nach dem Keller relativ früh. Entscheiden sich die Bauherren für einen Keller, dann entstehen daraus auch wieder weitere Fragen, die wir jedoch später bei einem sehr konkreten »Baukostenplan« im Einzelnen anschauen.

Für die Ansprache der Baufirmen und die Betrachtung, ob deren Angebote auch die eigenen Anforderungen aufnehmen können, ist jedoch grundsätzlich wichtig, einmal zu überlegen, ob mit oder ohne Keller gebaut werden soll.

Der Keller hat später noch mehr Auswirkungen, etwa auf den Raumbedarf des Hauses, die Statik und die Baunebenkosten, die Frage, welche Leistungen aus dem Gesamtangebot herausgenommen werden können oder sollten, und manches mehr.

An dieser Stelle soll der Hinweis genügen, dass die möglichst frühe Überlegung bezüglich des eigenen Kellers die Bauherren später erleichtert.

Planen Sie Ihr (!) Haus

Die Auswahl des Bautyps und die Festlegung eines bestimmten Grundrisses ist dann einer der spannendsten Punkte, um zu zeigen, wie ein eigener Plan vom Haus den späteren Hausherren deutliche Vorteile für alle späteren Verhandlungen verschaffen kann. Hier lässt sich ein Point of no Return wunderbar aus seinen Angeln heben und in einen echten Vorteil wandeln, wenn er nur anders gesetzt wird.

Noch einmal zurück zur Logik des Musterhausparks: Dort ist das Verfahren bezüglich des Bautyps und des Grundrisses weitgehend vorgegeben: Die Interessenten eines Hauses laufen genau mit der Absicht durch den Park, sich von verschiedenen Bautypen und Grundrissen, der Innenausstattung und schlicht der Art und Weise, wie ein Haus gebaut werden kann, inspirieren zu lassen. So weit, so gut.

Dann ist es teilweise unbewusst auch naheliegend, bei Sympathie für ein bestimmtes Haus und für einen bestimmten Hersteller dort einen Prospekt anzuschauen und mit dem Mitarbeiter zu sprechen. Es ergibt sich dann, dass Sie sehr aufmerksam durch das dort ausgestellte Musterhaus spazieren und irgendwann sagen, dass Sie sich das eigene Haus auch genau so vorstellen könnten. Die Machart gefällt und der Grundriss scheint ziemlich passend. Das ist doch schon mal ein Ergebnis!

Es ist bereits zu diesem Zeitpunkt sogar eine gewisse Hürde, auch nur daran zu denken, dass von diesem Grundriss wieder total abgewichen werden könne.

Das hat eine positive Seite: Wer offen für diese Vorschläge ist, grenzt die unendliche Vielzahl von Optionen für sich ein. Dann wird zwar später ziemlich genau der Grundriss gebaut, so wie er vielleicht im entsprechenden Modell der Firma vorgesehen war – dafür werden aber wenigstens schon einmal Dinge entschieden. Das ist nicht per se schlecht.

Und womöglich passt der gewählte Grundriss ja auch ziemlich gut zu den Bauherren und ihrem Traum.

Ganz ähnlich kann es sich mit den Details der Bauweise, der Dachform und der Bemusterung, wie bei Erkern, Balkonen, Fliesen, Türen und anderen Dingen, verhalten.

Es wird schon einmal etwas entschieden. Dort »einfach« ein Modell einer Firma zu favorisieren muss daher kein Nachteil sein.

Die Baufirma anfragen

Dabei geschieht jedoch etwas Unerwartetes. In dem Moment, in dem sich Interessenten die Häuser in einem Musterhauspark anschauen und einen Grundriss favorisieren, werden diese Häuser gegenüber allen anderen Angeboten auf dem Markt, im Musterhauspark und darüber hinaus, für die Bauherren ziemlich unvergleichbar!

Und das ist selbstverständlich gegenintuitiv, weil Interessenten ja gerade in den Musterhauspark fahren, um erst einmal vergleichen zu können.

Das kommt so: Das individuelle Ziel beim Vergleich von verschiedenen Anbietern und Haustypen ist doch, für den eigenen Traum den besten Anbieter mit dem besten Preis-Leistungs-Verhältnis und der gewünschten Qualität zu finden. Teil dieser sehr individuell zu bestimmenden Wohnqualität ist selbstverständlich der Grundriss des Hauses, die Zimmerzahl und -größe und so etwas.

Interessenten begeben sich in verschiedene Häuser und fühlen sich in den Häusern unterschiedlich wohl. Das kann sich am Grundriss festmachen, an der Innenausstattung und den gewählten Materialien, vielleicht auch an der Kunst des Innenarchitekten, der dieses Musterhaus verschönert hat. Wahrscheinlich ist es irgendwo in der Schnittmenge dieser verschiedenen Faktoren begründet, dass die Interessenten ein Haus plötzlich als gute Option erkennen, um den eigenen Traum umzusetzen.

Manchmal gehen Interessenten durch ein Musterhaus und finden es furchtbar altbacken, weil das Dekor der Teppiche, die Vasen und das Teeservice so schrecklich sind. Das ist aber eigentlich vollkommen wurscht, weil die, wie manches andere, eh nicht Teil des Angebotes sind.

Manchmal gehen Interessenten durch ein Musterhaus und finden es wunderbar modern, weil es so schön hell und großzügig geschnitten ist.

Der Grundriss, der Schnitt und manche Ausstattungsdetails haben selbstverständlich einen großen Einfluss auf das Gefühl, im richtigen Haus zu stehen, und sie haben großes Potenzial, andere Faktoren in der Einschätzung der Interessenten deutlich zu überlagern.

In der Konsequenz suchen sich viele Interessenten in einem Musterhauspark häufig eher einen Grundriss und einen Stil aus, als dass sie Augenmerk auf die ganzen anderen wichtigen Faktoren legen würden.

Wiederum ist es die mangelnde Erfahrung derer, die hier zum ersten Mal ihren eigenen Traum umsetzen, die ihnen ein Beinchen stellen kann. Es ist eben überaus komplex, die Bauqualität, die spätere Beratungsleistung durch die Baufirma, die angebotenen Details der Innenausstattung und technische Details von Heizung, Dämmung oder Badausstattung als Laie wirklich sicher gegeneinander abzuwägen.

Eigentlich ist das aber ein sinnvoller Schritt, schon um unterschiedliche Preise und Qualitäten ins Verhältnis setzen zu können.

Da ist es einfacher, sich auf das gute alte Bauchgefühl zu verlassen und ein gutes Raumgefühl und einen guten Grundriss zu den wichtigsten Kriterien für das eigene Haus zu erheben. Davon verstehen die Bauherren wenigstens etwas, von dem, was sie »vorstellbar«, »angenehm« oder »schön« finden.

Der Witz ist nur: Auch bei Fertighäusern könnten wahrscheinlich die allermeisten Hersteller so ziemlich jeden Grundriss für die Bauherren umsetzen. Manchmal setzen sie spezielle Details nicht so gerne und nur gegen Aufpreis um und lassen die Bauherren dann dafür bezahlen. Sie bauen vielleicht lieber ein Haus genau 12 Meter oder 13 Meter lang, aber nicht so gerne 14,50 Meter lang, weil das in der industriellen Vorfertigung mehr Aufwand bedeuten würde.

Aber grundsätzlich funktionieren fast alle Grundrisse bei fast allen Herstellern.

Völlig unnötigerweise jedoch erheben die Interessenten ein Kriterium zum entscheidenden Faktor ihrer Auswahl, das überhaupt nicht wichtig für den Bau ist: den Grundriss.

Alle Angebote am eigenen Plan abgleichen

Der bessere Weg: Entwickeln Sie auch an dieser Stelle einen eigenen Plan. Jeder Interessent kann gut und gerne in den Musterhauspark fahren und ein Gefühl für ein Haus bekommen. Grundsätzlich lässt sich dort auch ein Bauchgefühl für bestimmte Grundrisse entwickeln und überprüfen.

Aber warum fahren Sie nicht beim zweiten Besuch für das Gespräch mit einem Verkäufer mit einem eigenen Grundriss dorthin, den Sie sich gut überlegen und den Sie nun den verschiedenen Firmen vorlegen? Warum bringen Sie nicht eine eigene Liste an Anforderungen daran mit, was Sie gerne umgesetzt hätten, anstatt sich inspirieren und mitreißen zu lassen?

Fragen Sie nach der Umsetzung Ihrer Idee, verbunden mit dem Wunsch, sich einmal darstellen zu lassen, wie die Firmen Ihren Traum umsetzen würden. Zumindest vor dem Schritt, sich mit einer Hausbaufirma vertraglich zu einigen, sollten angehende Bauherren einen eigenen Grundriss und eine Liste Ihrer »Must-haves« setzen.

Und die Idee, welcher Grundriss oder Hausplan und welche Ausstattungen denn vielleicht dem eigenen Wunsch und einem guten Raumgefühl am nächsten kommen, können Sie ganz unverbindlich trotzdem in einem Musterhaus bekommen.

Wir gucken nur.

Der eigene Plan vom Haus unter dem Arm schafft dann auch gleich Kapazitäten für andere Blickwinkel und Fragen. Das Preis-Leistungs-Verhältnis ist plötzlich viel besser zu greifen. Denn in einem durch die Entwurfsabteilung der Baufirma aus völlig frei zusammengestellten Elementen gewählten Musterhaus ist das Preis-Leistungs-Verhältnis ja für den Laien kaum zu überblicken, schon weil die Musterhäuser alle unterschiedlich aussehen und alle unterschiedliche Größen und Grundrisse haben, unterschiedliche Baustandards aufweisen und anders ausgestattet sind.

Kann jedoch das Angebot verschiedener Firmen auf den eigenen Plan vom Haus, mit dem eigenen Grundriss und auf möglichst präzise Wünsche hin betrachtet werden und wird vergleichbar, wie viel Euro denn 1 Quadratmeter des eigenen Grundrisses bei dieser oder jeder Firma so kosten würde, dann wird das Angebot sofort viel durchschaubarer.

Wenn die Bauherren nicht in den Musterhauspark gehen und beim ersten Gespräch auf die Frage, was ihnen wichtig sei, antworten: »Ach, das wissen wir noch gar nicht so genau, was gibt es denn so?« – sondern vielleicht einen ersten eigenen Anforderungskatalog bezüglich dessen mitbringen, was in ihrem Haus unbedingt umgesetzt werden muss, damit ihr Traum vom Haus am See entsteht, dann nimmt das Gespräch gleich eine viel strukturiertere und zielorientierte Wendung.

Solange das nicht vorausgesetzt werden kann, bekommen Interessenten von fünf konkurrierenden Hausbaufirmen zehn Angebote für verschiedene Häuser und können rein gar nichts objektiv vergleichen.

Entstehen dann auf Basis des eigenen Plans Diskrepanzen zwischen den Angeboten – und das wird ganz sicher so sein –, können Sie diese bei den Verkäufern auf Basis einer präzisen eigenen Vorstellung vollkommen transparent ansprechen und sehr gezielt nach den Gründen der preislichen Abweichungen fragen:

Wie rechtfertigt die Hausbaufirma den höheren Preis gegenüber dem Wettbewerb? Wo wird beispielsweise explizit ein anderer Qualitätsstandard umgesetzt und – als klar daraus folgende Frage – wie wichtig ist Ihnen als Bauherren dieser höhere Baustandard überhaupt? Oder ist es doch nur das reine Profitstreben der Firma, das andere Zahlen im Angebot für den Grundriss der Interessenten bestimmt hat …?

Der Realitätsbezug von Musterhäusern

Eine Geschichte öffnet den Kunden, die ich zu ihrem eigenen Weg zum Haus berate, immer wie keine andere die Augen beim Blick auf Musterhäuser und die Angebote von Fertighausfirmen dort. Ich kenne einige Musterhausparks, in denen manchmal ein Hersteller ein Musterhaus gebaut und dann später geräumt hat, weil er es in dieser Form nicht mehr nutzen wollte. Das Musterhaus wurde dann aber nicht abgerissen, sondern von einer anderen Baufirma übernommen, die fortan dort ihre Mitarbeiter im Musterhauspark platzieren konnte. Denn auch dort sind Grundstücke gar nicht so leicht zu bekommen. Die ahnungslosen Interessenten spazierten also in ein Musterhaus einer Firma, die dieses überhaupt nicht gebaut hatte. Das ist der Musterhausfirma vielleicht nicht so angenehm, dass sie es immer geradeheraus kommuniziert, aber im Grunde genommen egal, weil jede Hausbaufirma jeden Grundriss und die allermeisten Spezifikationen sowieso auch bauen kann. Nur der interessierte Kunde denkt, dass das allzu große Unterschiede machen würde …

Niemand baut Standard

Ohnehin werden die Musterhäuser, wie sie im Musterhauspark oder einzeln irgendwo stehen, nur ein einziges Mal exakt so gebaut, wie sie im Prospekt abgebildet sind. Selbst wenn Bauherren sich für eines dieser Musterhäuser genau so erwärmen können, wird es vermutlich bei ihnen später trotzdem anders stehen.

Das liegt zum einen daran, dass Musterhausparks als Gewerbefläche meistens einen vollkommen anderen Bebauungsplan haben als das Neubaugebiet, in das das Haus später gebaut werden soll.

Beim Neubaugebiet spielen der Dachüberstand, der Bautyp und vieles andere eine große Rolle. Im Gewerbegebiet an der Autobahn darf der Musterhaushersteller wahrscheinlich ziemlich frei entscheiden, was er dort hinstellt, und muss höchstens ein Atommüllzwischenlager gesondert beantragen.

Ansonsten stört es die Gewerbehallen drum herum wahrscheinlich herzlich wenig, wenn der bauliche Gesamteindruck des Gewerbegebiets durch das fantasievolle »Haus Mayer« im Bauernhaus-Style, das dort für fünf Jahre aufgestellt wird, mal wieder verändert wird.

Im »Neubaugebiet Apfelstraße« mit neu errichteter Grundschule und kombiniertem Einkaufs- und Ärztezentrum, dort, wo die Bauherren bald wirklich wohnen wollen, ist das ein bisschen anders. Dort hat das Bauamt strikte Vorgaben bis hin zum Material der Dachrinnen erlassen und darüber, wie die Häuser auszusehen haben, und womöglich passt das überhaupt nicht zum Musterhaus. Schon wird nicht mehr gebaut wie im Prospekt gesehen und im Park besichtigt.

Zudem kommt es vielleicht zu einigen Anpassungen aufgrund der präzisen Lage des Hauses. Beim Musterhaus war die Treppe zum Haus leider so geplant, dass auf dem späteren Grundstück auch bei bestem Willen keine Zufahrt bis zur Treppe gepflastert werden kann. Vielleicht wäre es klüger, das Haus einfach um 180 Grad zu drehen, aber das möchten die Bauherren aufgrund des Sonnenstandes unbedingt vermeiden, weil dann die Sonnenterrasse im Norden liegen würde. Um 90 Grad drehen lässt sich das Haus auf dem Grundstück auch nicht, weil in diesem Baugebiet alle Häuser in Nord-Süd-Ausrichtung aufgestellt werden müssen.

Also wird die Treppe an die Gegebenheiten angepasst und der Bauplan des Hauses selbst geändert, weil natürlich die Haustür verlegt werden muss.

Der Flur muss auch woanders hin. Die Küche und das Wohnzimmer verändern damit auch ihre Position, der Technikraum mit der modernen Heizung wandert. Das Schlafzimmer soll nicht über dem Technikraum gebaut werden, weil die Heizung brummt, und deshalb wird auch im ersten Stock umgeplant. Und schon wird kein Standard mehr gebaut.

Das kann leicht verhindert werden, wenn Interessenten mit der Kenntnis des eigenen Grundstücks und wohlweislicher Überlegung dessen, was ihnen dort wichtig ist, zu einer Baufirma gehen können und einen an alle Notwendigkeiten angepassten Plan kalkulieren lassen. Es gibt gute Gründe, die Dinge manchmal nicht so zu tun, wie man die halt immer macht …

Spätestens jetzt ist es auch vollkommen grotesk, davon auszugehen, dass Bauherren bei einer Baufirma oder Hausbaufirma guten Gewissens für ein bestimmtes Haus unterschreiben könnten und dabei kein Risiko späterer teurer Anpassungen eingingen, bevor die Finanzierung, das Grundstück mit anhängigen Bauvorschriften und der genaue Bauplan geklärt wären.

Was wäre, wenn

Um mit der richtigen Einstellung später in Musterhäuser zu gehen und sich dort völlig zu Recht weitere Inspirationen und hoffentlich sehr gute Ansprechpartner zu suchen, empfehle ich, das folgende Gedankenspiel einmal durchzugehen: Was wäre, wenn es jedes Fertighaus, das in Musterhausparks steht oder das eine Baufirma irgendwo Stein auf Stein errichtet hat, nur ein einziges Mal gibt? Eigentlich sollte davon auszugehen sein, dass es diese Häuser hundertfach in allen Winkeln des Landes gibt. Aber ich bin fast sicher, dass es immer so viele Einflussfaktoren gibt, die beim Hausbau konkret eine Rolle spielen, dass ohnehin nie jemand das Haus so baut, wie es ihm als Muster so gut gefiel.

1. Finanzierungsrahmen
2. Grundstück suchen
3. Hausplanung und Bodengutachten
4. Baufirmen anfragen
5. Angebote vergleichen
6. Keller/Bodenplatte vergleichen
7. Verträge prüfen
8. Verträge verhandeln
9. Vertragsunterschrift
10. finale Finanzierung
11. Bauphase
12. Umzug

Die Architektenplanung

An diesem Punkt im Plan der Bauherren kann es sehr sinnvoll sein, zunächst einmal zu einem Architekten zu gehen und mit ihm über die grobe Vorstellung des eigenen Hauses zu sprechen. Was der unabhängige Architekt, nicht der von der Baufirma, doch hervorragend anbieten kann, ist beispielsweise eine Übersicht über verschiedene Haustypen.

Er kann mit den angehenden Bauherren einen Grundriss planen und mit viel Erfahrung und unabhängig von der später umsetzenden Firma und deren scheinbar so standardisierten Elementen den besten Grundriss für den eigenen Traum vom Haus erstellen. Die Architektenplanung wird damit vor die beiden Punkte 4. und 5. gesetzt und macht diese für die Bauherren überschaubar. Der Architekt bespricht, plant und zeichnet mit ihnen einen Grundriss des Wunschhauses, den die Bauherren dann mit zu den Baufirmen nehmen können. Er berät sie im Idealfall auch zu vielen weiteren Fragen rund ums Bauen, die erst am konkreten Plan und Projekt aufkommen.

Gegebenenfalls wird diese Leistung des Architekten auch noch durch einen entsprechenden Experten ergänzt, der darauf spezialisiert ist, in dieser frühen Phase mit den Bauherren ihren Anforderungskatalog schon einmal möglichst vollständig und vergleichbar zu erarbeiten.

Wenn die Bauherren dann schon eine gute Idee dazu haben, wo das spätere Grundstück sein wird, und dieses bereits gekauft haben oder im nächsten Schritt zum Notar gehen können, dann kann der Architekt auch sehr genau die dortigen Erfordernisse der Bauvorschriften berücksichtigen und damit eine Basis schaffen, die Baufirmen sehr transparent und nach eigenen Vorgaben vergleichbar zu machen. Viel vergleichbarer, als sie das wären, wenn Bauherren dem Plan der Firmen folgten, der nicht zuletzt auf der starken Suggestionskraft des bereits umgesetzten Musterhauses basiert und die Kunden manchmal vom Markt holen will, bevor diese ihre wichtigen Informationen und Fakten erreicht haben.

Ein unabhängiger Architekt kann eine so bezeichnete »Entwurfsplanung« erstellen. Das kostet natürlich ein wenig Geld, vielleicht 5.000 bis 9.000 Euro. Die sind aber in aller Regel sehr gut investiert, weil sie in der späteren Umsetzung des Plans die Anbieter viel besser vergleichbar machen. Er kann sich mit den angehenden Bauherren Gedanken über Sichtachsen und den Sonnenstand machen, das Grundstück und das Haus ideal zusammenwirken lassen und so den Plan handfest machen.

Die Vergleichbarkeit hilft, Geld zu sparen, wenn später ein Plan von verschiedenen Firmen transparent durchkalkuliert werden muss, statt dass unterschiedlichste Kalkulationen für unterschiedlichste Pläne von unterschiedlichen Firmen miteinander verglichen werden müssen, was fast unmöglich ist. Wenn auf diese Weise bei einem 500.000 Euro teuren Haus nur ein Kostenunterschied von 2 Prozent aufgedeckt werden kann, der sich nicht aus wichtigen qualitativen Unterschieden erklären lässt, dann ist die Entwurfsplanung des Architekten schon mehr als eingefahren.

6.000 Euro Investment bringen vielleicht 10.000 Euro Einsparung – das muss man erst einmal sehen und sich trauen, aber es ist offensichtlich richtig.

Mit einem solchen klaren Entwurfsplan dann zu einer Baufirma zu gehen gibt zudem, wie beschrieben, auch mehr Freiraum, um sich auf andere Details zu konzentrieren und nicht zu sehr auf das eigene Bauchgefühl vertrauen zu müssen.

Architekt gesucht!
Wenn Sie später nach guten Architekten suchen, sind die jeweiligen Architektenkammern und die Website www.a-better-place.de gute Anlaufstellen.

Interessenten können eine Baufirma dann beispielsweise vor der Unterschrift bitten, doch einmal präzise aufzuschlüsseln, wie sie den Entwurf des Architekten umsetzen würde und welche Einzelposten sie dafür kalkuliert.

Das ist der bestmögliche Weg, um maximale Transparenz für dieses Projekt zu erreichen. Sind verschiedene Häuser mit verschiedensten Grundrissen, wie sie im Musterhauspark oder im Prospekt und auf den Websites der Hersteller stehen, in der Regel untereinander kaum zu vergleichen und schon gar nicht in ihrer Kalkulation einzelner Details nebeneinanderzustellen, so ist das automatisch viel leichter, wenn vom eigenen Plan aus den Firmen präzise Aufgaben gestellt werden.

Sonst läuft es doch so:

Im Musterhauspark hat das »Haus A« 14 Fenster, davon sind drei bodenlang. Die Fenster sind aus Kunststoff und mit elektrischen Jalousien versehen. Die Fensterbänke bestehen aus Marmor. Die Fenster haben einen Wärmedurchgangskoeffizienten von 1,3. Das Haus ist in Holzrahmenbauweise errichtet und hat eine klassische Dämmung nach Energiestandard KfW 55.

»Haus B«, das dort steht, ist etwas größer und hat daher 20 Fenster, dabei allerdings keine bodenlangen Fenster. Die Fenster selbst sind von einer anderen Firma und aus Aluminium gefertigt. Fensterbänke werden gar nicht beschrieben, vielleicht gibt es keine? Die Jalousien sind ebenfalls elektrisch, allerdings in die Smart-Home-Funktion des Hauses integriert. Die Fenster haben einen Wärmedurchgangskoeffizienten von 0,8.

Das Haus B ist in Massivbauweise errichtet, aber dennoch ein Fertighaus, was den Bauherren sowieso schon nicht so ganz erklärlich ist. Es ist nicht Stein auf Stein gebaut, wenn es einmal fertig ist, sondern wird in einer Fabrik mit Materialien des Massivbaus vorgefertigt. Das könnte der eigene Architekt vielleicht unabhängig in Bezug auf Vor- und Nachteile erklären.

Die Unterschiede zwischen Haus A und Haus B werden den Interessenten beim eigenen Vergleich der Firmen auf jeden Fall nicht klar, zumal das nur die Spitze des Eisbergs der Unterschiede zwischen beiden ist.

Bei beiden Häusern sind die Fenster und die Bauweise neben Hunderten anderer »Details« selbstverständlich im Festpreis, wie im Musterhauspark gesehen, betrachtet, gefühlt und für angenehm befunden, von

478.000 Euro für Haus A beziehungsweise

530.000 Euro für Haus B

enthalten. Einzelne Kosten werden hingegen oft lückenhaft oder gar nicht beschrieben.

Welches Haus hat nun bessere Fenster? Wo ist das Preis-Leistungs-Verhältnis der Ausstattung und baulichen Standards besser? Und welche Qualität möchten die Bauherren überhaupt haben? Welche Bauweise ist die bessere, effizientere, günstigere, langlebigere, wohnklimatisch bevorzugte, wohngesündere, …?

Die Frage stellt sich vielleicht gar nicht so im Detail, der Vergleich ist ohnehin schwer für den Laien. Dafür plagt der sich noch mit gewissen anderen Unklarheiten herum und denkt in seiner Not, den Überblick kaum gewinnen zu können, gar nicht über die Details nach. Er sieht:

Haus A ist deutlich günstiger und das schien auch alles ganz ordentlich gemacht. Haus B hatte dafür das bessere Raumgefühl und fühlte sich irgendwie eher nach »zu Hause« an.

Die beiden Häuser sind anhand der Vielzahl von unterschiedlichen Details schwer zu unterscheiden und dann nützt auch das beste Raumgefühl beim Durchgehen später nichts.

Besser ist es, mit eigenem Plan und eigenen Anforderungen an die Sache heranzugehen, sich vorher von einem Profi darüber beraten zu lassen, welche Punkte in einen Fragen- und Pflichtenkatalog aufgenommen werden sollten, und dann einen ehrlichen, transparenten Vergleich vorzunehmen.

Der Plan des unabhängigen Architekten kann zu jeder Zeit beauftragt werden, wie beschrieben mit Vorteilen, wenn das Grundstück und die dortigen Gegebenheiten schon bekannt sind. Die eigene Liste dessen, was Ihnen als Bauherren wichtig ist und welche Ausstattung Sie wünschen, kann im Prozess beständig bis zu den Vertragsverhandlungen und zum Abschluss wachsen.

Der unabhängige und jetzt schon früh hinzugezogene Architekt hat zudem den charmanten Vorteil, dass er mit den zukünftigen Bauherren deren »Zuhause« plant und ihren Traum umsetzt. Die Hausbaufirma macht zunächst einmal nur Vorschläge für ein Musterhaus, das vielleicht und hoffentlich den Geschmack der durchschnittlich meisten Interessenten treffen könnte – und kann selbstverständlich später Anpassungen vornehmen. Vielleicht kostenpflichtig.

Dadurch, dass unterschiedliche Wettbewerber selbstverständlich immer abweichende Konzepte vorschlagen, sind sie für den Interessenten viel schwerer zu vergleichen und es ist eindeutig sinnvoll, das Prozedere umzukehren. Es ist aber nicht besonders intuitiv, das zu tun, und schon daher ein echter Geheimtipp.

Wenn Sie mit einer fixen Planung Ihrer Wünsche zu Baufirmen gehen, dann laufen Sie dort damit natürlich nicht immer offene Türen ein. Denn manches können die Firmen innerhalb ihrer eigenen Möglichkeiten und Systeme nicht eins zu eins abbilden. Dann kann es sein, dass sie einzelne Elemente »schlechtreden«. Andere Firmen werden Ihre Wünsche aufgreifen können oder wenigstens sehr nah an die Ideen Ihrer unabhängigen Architektenplanung herankommen – und sind im Zweifel die bessere Wahl.

Smarte Bauherren suchen Architekten, die zum Festpreis planen, statt teuer nach Honorarordnung abzurechnen. Dafür gibt es Plattformen im Netz wie »www.a-better-place.de« oder man fragt, auch wenn das etwas umständlicher ist, bei der zuständigen Architektenkammer an.

Keller und Bodenplatte

Keller und Bodenplatte spielten schon früh in den hier vorgestellten Überlegungen eine Rolle. Wenn es ein Keller sein soll, dann geht es in diesem Punkt nun darum, Angebote für Keller und Bodenplatten zu vergleichen. Wie bei manchen anderen Dienstleistungen auch können Sie diese sehr gut aus dem gesamten Angebot der Baufirma herausnehmen. Vergleichen Sie einfach, was die Baufirma konkret dafür aufruft, und schauen Sie sich selbst einmal auf dem Markt um.

Der Markt selbst kann eher kompetitiv sein, wenn viele Anbieter um wenige Kunden streiten. Und er kann sehr kundenfreundlich sein, wenn die Kellerbaufirmen sich auch mit Rabatten um Sie als Kunden bemühen.

Allzu viele spezialisierte Kellerbaufirmen gibt es in Deutschland in einer Region in der Regel nicht und mit einer einfachen Suchmaschinensuche können sich auch unerfahrene Bauherren relativ schnell einen Überblick verschaffen. Sie sollten nur wissen, welche Anforderungen Sie auch an den Keller haben. Benötigen Sie beispielsweise eine Weiße Wanne, die heute ohnehin immer häufiger empfohlen wird, dann sollten Sie das natürlich zum Bestandteil Ihrer Anfrage an die Kellerfirmen machen.

Googeln Sie doch auch einfach mal nach Vergleichsportalen, die sich genau dieses Thema gesetzt haben. »Fertigkeller Anbieter« eingeben und Sie sind den Antworten auf diese Frage wieder ein gutes Stück näher.

1. Finanzierungsrahmen
2. Grundstück suchen
3. Hausplanung und Bodengutachten
4. Baufirmen anfragen
5. Angebote vergleichen
6. Keller/Bodenplatte vergleichen
7. Verträge prüfen
8. Verträge verhandeln
9. Vertragsunterschrift
10. finale Finanzierung
11. Bauphase
12. Umzug

Auf zur Baufirma

Und erst wenn über all diese Fragen, vom Grundstück bis zum Dach, die hier vorgestellten notwendigen Informationen gesammelt sind, dann wird vielleicht ein Vertrag mit einer Hausbaufirma abgeschlossen (9.). Selbstverständlich kumulieren in diesem Schritt die bis dahin gesammelten Informationen, aber auch der eigene Plan des zukünftigen Bauherrn.

Schließlich hat dieser allen Anlass, seine eigenen Interessen genau in diesem Moment durchzusetzen. Wenn schließlich die Unterschrift unter den Vertrag erfolgt, dann sollten so viele Konsequenzen wie möglich aus diesem einen Schritt bedacht und Fragen beantwortet sein. Es geht um einen einmaligen Traum. Und alles, was Ihnen wichtig ist, sollte im Vertrag explizit beschrieben sein.

Sonst geht die Sache schnell aus wie beim Schwein und dem Huhn, die sich zum Frühstück verabredet hatten. Das Huhn hatte die großartige Idee, dass sich die beiden doch gemeinsam zum Frühstück treffen und dass jeder etwas mitbringen könnte. Fröhlich erklärte es dem Schwein: »Wenn wir morgen frühstücken, bringe ich die Eier mit und du den Speck!«

Beide bringen etwas ein, und doch ist es ein blöder Deal für einen der beiden. Damit das nicht geschieht, wird nicht sofort unterschrieben, sondern verglichen und verhandelt, wer da den Speck und wer die Eier mitbringen soll!

1. Finanzierungsrahmen
2. Grundstück suchen
3. Hausplanung und Bodengutachten
4. Baufirmen anfragen
5. Angebote vergleichen
6. Keller/Bodenplatte vergleichen
7. Verträge prüfen
8. Verträge verhandeln
9. Vertragsunterschrift
10. finale Finanzierung
11. Bauphase
12. Umzug

Mit diesem Ansinnen und der festen Überzeugung, nun mit einem eigenen Plan an Partner heranzutreten, die auch einen eigenen Plan durchsetzen wollen, werden bei einigen Baufirmen also Angebote und Verträge verhandelt und verglichen.

Wie gut sich dabei der eigene Plan umsetzen lässt, ist sicherlich auch vom eigenen Verhandlungsgeschick und auch der Härte der Verhandlungspartner abhängig. In jedem Fall hilft es hoffentlich, die einzelnen Schritte auf dem Weg zum eigenen Haus jetzt von zwei Seiten betrachtet zu haben.

Und auch der Rat eines Experten an der richtigen Stelle kann hilfreich sein, wenn dieser beispielsweise aus viel mehr Erfahrung und Übersicht heraus einschätzen kann, welche eigenen Wünsche der Bauherren sich leichter durchsetzen lassen und wie die Interessenten vielleicht in den Verhandlungen gut zum Ziel kommen. Eine Vertragsberatung kann sehr hilfreich sein, auch um die Verträge der engeren Auswahl noch einmal gegeneinander abzuwägen.

Die Empfehlung ist, sich bei maximal fünf Baufirmen diesen Prozess vorzunehmen und sich Angebote für die Umsetzung der eigenen Entwurfsplanung, wie sie der eigene Architekt erstellt hat, und das eigene Pflichtenheft einzuholen (8.).

Bei dieser Liste hilft die eigene Recherche und der Rat von Experten: Welche technische Ausstattung ist den Bauherren beispielsweise wichtig? Wünschen sie Fußbodenheizung oder ein Passivhaus, soll es ein bestimmter KfW-Standard oder der Bau nach Naturstandards sein? Auch solche eigenen Standards gilt es selbstverständlich zu vergleichen.

Bestimmte Dinge sind den Bauherren mit Sicherheit auch abseits von Preis und Grundriss wichtig. Diese Liste bringen sie idealerweise schon zum ersten Gespräch mit dem Architekten oder einem anderen Experten mit, die in einer frühen Planungsphase als Sparringspartner der guten, sehr guten und weniger guten Ideen dienen können.

Ihre Liste wird an der Stelle auch noch nicht vollständig sein, weil der Architekt oder ein anderer externer Experte und der weitere Prozess die Liste mit Ihnen erweitern können und sollen. Dieses Buch und weitere Erfahrungen werden die Liste verlängern.

Vor allem aber ist diese Liste in Bezug auf viele Fachbegriffe und auf Hintergrundwissen nicht vollständig. Viele Fragen stellen sich angehende Bauherren natürlich nicht, weil sie überhaupt nicht über die nötige Übersicht verfügen.

Manche Wünsche und Ideen der zukünftigen Bauherren wird sich der Architekt oder der externe Experte auch sehr gut anhören und auch seine Empfehlungen dazu geben. Er wird sie aber, beispielsweise wenn eine Fußbodenheizung oder ein bestimmter Energiestandard auf der Wunschliste ganz oben steht, nicht in seine Entwurfsplanung einzeichnen. Diese Liste wird daher sowohl dem Architekten als auch der Baufirma später ergänzend überreicht und zur Basis der Angebote gemacht.

Besonders beharrlich sollten Sie allerdings darin sein, sich von den angefragten Firmen jeweils möglichst das gleiche Haus planen zu lassen und sich nicht mit fünf neuen Plänen doch noch zum Spielball der Verkaufs- und Marketingstrategien der Hersteller machen zu lassen. Mindestens die eigene Übersicht und die Vergleichbarkeit der Angebote würden unter diesen Verhältnissen extrem leiden.

Auch die Angebote der Baufirmen sollten dann durchaus als Prozess und Element der Verhandlung angesehen werden. Es ist nicht zwingend notwendig, das erste Angebot einer Baufirma exakt so anzunehmen oder auch nur als starre Grundlage der eigenen Einschätzung zu werten. Es ist gleichermaßen auch nicht notwendig, eine Firma gleich auszuschließen, die im ersten Aufschlag nicht all die Wünsche der Bauherren aufgenommen hat. Sie sind in einer starken Verhandlungsposition als Interessenten für ein Haus.

Wer eigene Anforderungen und Wünsche mitbringt und dann die Baufirma vor die Aufgabe stellt, mit ihren Mitteln die bestmögliche Umsetzung dafür zu finden, wird selbstverständlich eine Diskrepanz zwischen seinem Plan und dem Musterhaus erzeugen. Aber das ist ausdrücklich eine wertvolle Reibung, die hier entsteht und später die entstehende Nestwärme fördert.

Ein erstes Angebot der Baufirmen kann und wird noch ein gutes Stück weit von dem entfernt sein, was Sie sich selbst vorgestellt haben, und es ist häufig lohnenswert und sicher üblich, solche Punkte dann auch noch einmal mit der Baufirma zu diskutieren. Die Kenntnis der eigenen Bedürfnisse und der eigene Plan bieten ja immer einen hervorragenden Rückzugsort für den Bauherrn, damit er später nicht von der Komplexität der Möglichkeiten doch noch mitgerissen wird und »ganz woanders herauskommt als da, wo er eigentlich hinwollte«.

5.

Endlich, der Vertrag!

Wer sich alle Türen offen hält, verbringt ein Leben auf dem Flur. Indem Sie als Bauherren einen eigenen Plan verfolgen, in welcher Reihenfolge Sie die notwendigen Points of no Return für Ihr Haus umsetzen, und indem Sie die Komplexität der Verhandlungen mit den jeweiligen Verhandlungspartnern, insbesondere mit der Hausbaufirma, reduzieren, schaffen Sie es schnell und zuverlässig, viele Optionen und mögliche Partner vom Tisch zu nehmen. Sie können sich bald für eine Baufirma entscheiden.

Aus vier oder fünf Unternehmen, die später noch »in der Verlosung« sind, machen Sie so schließlich ein oder zwei Unternehmen, mit denen Sie die Ihnen wichtigen Punkte noch intensiver diskutieren. Und indem Sie an diesem Punkt dafür sorgen, dass die aufeinanderprallenden Vorstellungen der Baufirma und Ihres eigenen Traums im Vertragswortlaut deckungsgleich werden, minimieren Sie den Stress in der späteren Umsetzung.

Es ist an dieser Stelle nicht geboten, den Weg des geringsten Widerstandes zu suchen, auch wenn sich das vermeintlich leichter anfühlt. Stets etwas skeptisch zu sein und alles genau zu prüfen, dann auch immer mal kritisch nachzufragen und gefühlt vielleicht gar zu nerven – das muss man auch wollen.

Bayern München kann jeder, Schalke 04 muss man wollen.

Nicht zuletzt deshalb war der Tipp ja auch, ein gutes Bauchgefühl und den Rat von Experten an wenigen Punkten einzusetzen, nur Wichtiges zu hinterfragen. Vieles darf auch seinen Gang gehen.

Gleichwohl ist es nicht jedermanns Sache, als harter Verhandler aufzutreten und seine eigenen Ziele und Vorstellungen so genau durchzusetzen.

Deswegen schauen wir auch darauf, wie diese Punkte denn am besten und mit den geringsten Konfliktpotenzialen umgesetzt werden.

Seien Sie vor allem immer gewiss, dass Sie den wichtigsten aller Points of no Return zur richtigen Zeit setzen und sich nicht zu früh einem falschen Konsens ergeben: Sie sind der Wächter der Unterschrift.

Die Unterschrift unter den Verbraucherbauvertrag ist für die Baufirma der wichtigste Meilenstein innerhalb des Projekts, weil er so viele Konsequenzen nach sich zieht und den Unterschied zwischen einem Auftrag und einem verlorenen Kunden macht. Das betrachten Sie bitte sehr selbstbewusst.

Damit ist dieser Punkt nämlich gleichsam der stärkste Hebel für die eigenen Argumente, die die Interessenten gegenüber der Baufirma einbringen können. Und er ist ein Angebot mit Gewicht, das Sie in die Verhandlungsmasse einbringen.

Sie sagen: Wir sind bereit, uns selbst vom Markt zu nehmen und mit der Baufirma einen starken Partner an unsere Seite zu nehmen, wenn ein paar unserer Anforderungen dabei sicher erfüllt werden.

Allerdings fordern Sie dieses Mal dafür nicht zwingend, noch den »alten Preis« bekommen zu können, wie die Baufirma das vielleicht in die Verhandlungen einbringt, sondern wünschen eben ein Entgegenkommen der Baufirma an anderen Punkten. Wobei das nicht bedeuten soll, dass Sie nicht über einen guten Preis reden könnten …

Suchen Sie sich bei der Betrachtung des Vertrages die Hilfe eines Bausachverständigen mit Expertise im Vertragswesen und besprechen Sie den Vertrag mit ihm. Dabei ist es übrigens oft angeraten, diese Möglichkeit zwar im Sinn zu haben und im Zweifel auch umzusetzen, jedoch sollten Sie damit nicht unbedingt bei den Baufirmen hausieren gehen. Es ist vermeintlich ein guter Punkt, der Firma zu erklären, dass Sie sich von einem ausgewiesenen Experten beim Vertrag und später beispielsweise bei der Baubegleitung unterstützen lassen. Das gibt auch ein Gefühl der Stärke und Sicherheit, die mancher gerne nutzt, um die eigene Verhandlungsposition zu unterstreichen.

Doch wie realistisch ist es anzunehmen, dass dann plötzlich eine Baufirma sagen wird: »Ach herrje, Sie lassen sich beraten. Na, dann suchen wir Ihnen doch gleich den allerbesten Vertrag raus und nicht wie sonst den zweitbesten.«

Sie sollten im Stillen von der Expertise profitieren und die Verhandlungen mit der Baufirma dann an den Ergebnissen orientieren. Die klare Bekundung, dass Sie sich von einem Experten beraten lassen, könnte eher die Baufirma in die Defensive bringen und dafür sorgen, dass diese gleich jegliches Entgegenkommen ihrerseits sehr vorsichtig einbringen wird.

Und natürlich ist der Vertrag für die Baufirma untrennbar mit dem Faktor Geld verbunden. Wenn Sie den Kugelschreiber zücken, sollten Sie zuvor mit einigen möglichen Partnern gesprochen haben und dann den Partner herausdestilliert haben, der Ihre Vorstellungen am besten umsetzen wird. Dann können Sie mit diesem den möglichst präzisen Kostenrahmen einiger klar umrissener Leistungen verhandeln und sich vertraglich vorlegen lassen. Und dann unterschreiben Sie für die größte Einmalinvestition eines ganzen Lebens.

Dabei sprechen Sie, auf Basis Ihres eigenen Ziels, über bestimmte Leistungen, die nicht im Kern das Angebot der Baufirma sind, und verhandeln, ob diese in die gemeinsame Vereinbarung eingehen oder nicht. Mögliche Leistungen, die Sie aus der Komplexität der Gespräche mit der Baufirma ausklammern können und häufig sollten, sind:

- eigene Architekten-Planung,
- Finanzierungsvermittlung und Finanzierung,
- Grundstückssuche – Makler,
- Bodengutachten – Geologen,
- Keller oder Bodenplatte? – Fertigkeller-Firma,
- Grundstückserschließung – Tiefbauer,
- Küche, Möbel und Interieur – Innenarchitekt.

Im Rahmen der Fragen, die Sie auch leichter mit der Baufirma besprechen können als einen großen Preisnachlass, sprechen Sie trotzdem auch über Kostendetails, über bestimmte Vertragsmodalitäten, zu denen Sie sich auch von einem Experten für dieses Thema beraten lassen sollten, oder beispielsweise über bestimmte Rücktrittsrechte und Fristen, die keinesfalls in Stein gemeißelt sein müssen.

Immer mal wieder mit Hilfe

Die großen Points of no Return innerhalb des eigenen Plans zum Haus sind häufig klassische Punkte, um sich sehr pointiert die Hilfe eines Experten zu suchen. Gerade die Ausgestaltung eines Vertrags mit einer Baufirma ist so komplex, dass man sie womöglich beim ersten (und einzigen) Mal nicht allein bewältigen sollte. Und auch im persönlichen Umfeld ist meistens die Zahl derer, die hier über viel Erfahrung und Übersicht verfügen, sehr begrenzt. Wenn Sie einen Experten hinzuziehen wollen, um die Verhandlungen zielführender zu gestalten, dann finden Sie frühzeitig heraus, ob die Firmen denn überhaupt mit sich verhandeln lassen. Es wäre doch arg schade, wenn Sie einen Experten beauftragen und dann feststellen, dass eh nicht verhandelt und in Ihrem Sinne verbessert werden kann. Die Experten wissen natürlich auch aus ihrer beruflichen Praxis, mit welchen Firmen überhaupt verhandelt werden kann, und können gleich zu Beginn Tipps geben, wo die Bauherren eine Abkürzung gehen können.

Des Weiteren ist es für die Baufirma nicht unbedingt der große Wunsch, aber zumindest was die Kosten betrifft gut umzusetzen, wenn Sie über flexible Lösungen für manche Herausforderungen mit ihr diskutieren. Sie können und sollten über bestimmte Parameter der Umsetzung sprechen und diese in größtmöglicher Klarheit festlegen lassen.

Eine dieser Fragen wäre: Wenn nun endlich unterschrieben wird, in welchem Rahmen kann denn die Stellzeit des Hauses zugesichert werden? Der Begriff ist neu …

Baufirmen unterscheiden sich recht häufig dadurch, wann das Haus nach Vertragsabschluss steht.

Wenn die Zeit, bis das Haus nach Vertragsabschluss und Erledigung aller vor dem Baubeginn notwendigen Schritte steht, recht lang ist, dann liegt das vielleicht nur daran, dass die Baufirma besonders gut ist und besonders viele Häuser aufbaut, vielleicht aber auch nur am Fachkräftemangel in der Baubranche.

Bauherren, die diese Frage nicht stellen, erfahren aber eh nicht, dass Firma A das Haus nach einem Jahr fertig haben würde und Firma B es in der gegenwärtigen Situation kaum vor Ablauf von zwei Jahren bewältigen kann. Und da sind besondere Herausforderungen, die beide Firmen treffen können, noch gar nicht eingepreist.

Selbst wenn beide Firmen ansonsten absolut vergleichbare Leistungen zu einem ziemlich identischen Preis anbieten, kann das natürlich einen Unterschied für die Bauherren machen, schon weil sie womöglich länger in der ungeliebten Mietwohnung sitzen, diese bezahlen und zudem den Bereitstellungszins der finanzierenden Bank schultern, die das Geld geben würde, aber noch keine Notwendigkeit sieht, so ohne Haus. Womöglich lässt sich so etwas verhandeln oder zum Anlass nehmen, über die Festpreisbindung zu sprechen. Wenn die Firma eh nicht zusichern mag, das Haus binnen eines Jahres zu stellen, kommt sie womöglich schlecht umhin, die Preisbindung zu verlängern.

Die Stellzeit ist aber klassischerweise nichts, was die Firma ohne besondere Nachfrage irgendwo einmal erklärt. Ohnehin erklären die Firmen in ihren Verträgen und den dazugehörigen Beratungen und Verhandlungen manchmal nicht alles.

Ein anderes interessantes Beispiel für etwas, das sich oft gut verhandeln lässt, sind die Abschlagszahlungen. Gerade die Schlussrate könnte im Sinne der Bauherren etwas größer werden und erst bezahlt werden, wenn wirklich ein bestimmter Bauabschnitt erreicht wurde – etwa die Hausübergabe mit abgearbeitetem Mängelprotokoll.

Dann wird auch im Sinne der Baufirma ein Übergabeprotokoll angefertigt und darin eventuelle noch bestehende Mängel aufgelistet. Bauherren, die frühzeitig darüber verhandeln, dass hier mehr als die üblichen 10.000 oder 20.000 Euro als letzte Rate offenbleiben, haben dann vielleicht eine bessere Verhandlungsbasis.

Tipp

Bausachverständige, die sich mit den Vertragsmodalitäten der verschiedenen bekannten Anbieter auskennen, können gut befragt werden, wo sich in der Regel faire Zahlungspläne gut besprechen lassen.

Eine weniger seriöse Baufirma, die am Ende noch auf immense Mängel hingewiesen werden muss, könnte schnell die Rechnung anstellen, ob sich das gegenüber der ausbleibenden Abschlusszahlung wirklich lohnt. Ist diese entsprechend hoch bemessen, wird sie unter Umständen eher bemüht sein, die Mängel noch abzustellen.

Das kostet in der Summe die Baufirma kein Geld, erhöht aber die Sicherheit der Bauherren bis zum Ende des Projekts deutlich. Damit kann ein solcher Punkt gut zu verhandeln sein und könnte ein Ziel der Besprechungen mit der Baufirma werden.

Dann wird, nach den Vertragsverhandlungen, der Vertrag mit den gewünschten Partnern unterschrieben und der Hausaufbau kann mit deutlich mehr Transparenz beginnen.

Das wäre das vorläufige Ziel.

1. Finanzierungsrahmen
2. Grundstück suchen
3. Hausplanung und Bodengutachten
4. Baufirmen anfragen
5. Angebote vergleichen
6. Keller/Bodenplatte vergleichen
7. Verträge prüfen
8. Verträge verhandeln
9. Vertragsunterschrift
10. finale Finanzierung
11. Bauphase
12. Umzug

Letztlich erfolgt dieser Schritt, sich selbst zum besten Zeitpunkt »vom Markt zu nehmen«, mit eigener Grobplanung des ganzen Projekts nun deutlich später, als es die Baufirmen womöglich angeboten hätten. Die zukünftigen Bauherren haben dann jedoch die Zeit gut genutzt, sich viel Überblick verschafft und Transparenz erreicht.

Dabei haben sie einige Ziele zusammengestellt, die sie nun im Vertrag auch sehen wollen und bei denen ihnen womöglich ein Bauexperte eine wertvolle Hilfe war. Vermutlich ist ihnen nun auch wichtiger, wenigstens die Möglichkeit zu suchen, bei diesen Standardverträgen einiges zu verhandeln.

Der Schritt, sich schließlich für eine Baufirma zu entscheiden und dort den Vertrag zu unterzeichnen, ist dennoch ein großer. Und damit Sie als angehende Bauherren Ihr Bauchgefühl für diesen Prozess noch weiter verfeinern können, möchte ich im Folgenden noch einige wichtige Überzeugungen beschreiben, die das Wesen des richtigen Bauchgefühls für einen erfolgreichen und stressfreien Bauherren aus meiner Sicht gut beschreiben können.

Finale Finanzierung

Um die vorgestellte Liste des eigenen Plans zu vervollständigen, fehlt noch die finale Finanzierung (und die Bauphase und der Umzug, die jedoch nicht Teil dieses Buches sein sollen). Es ließ sich bereits feststellen, dass es längst nicht immer der beste Plan ist, die Finanzierung direkt über die Hausbaufirma laufen zu lassen, sei es vermittelt oder direkt. Die Hausbaufirmen vermitteln zwar, durchaus auch provisionsgetrieben und damit die Interessenten noch schneller unterschreiben, ganz gerne Finanzierungen. Das ist aber längst nicht immer die günstigste Variante. Mindestens sollte es Ihre Abwägung bleiben, ob Sie vielleicht etwas höhere Kosten für die Finanzierung akzeptieren und dafür mehr Leistungen aus einer Hand bekommen und nicht noch mehr eigene Recherche auf sich nehmen müssen.

Die Finanzierung wird früh durch einen möglichst präzisen Finanzierungsrahmen vorbereitet und nun mit einem schlüssigen Konzept gefüllt, das dann der Bank oder dem Finanzierer vorgestellt werden kann. Dann sollte eigentlich alles reibungslos gehen, schließlich bleiben Sie im Idealfall in diesem Budget.

Rechnen Sie trotz allem immer mit einer gewissen Reserve, weil die Komplexität des Hauses eben nie ganz ausschließen lässt, dass es noch zu einigen unvorhersehbaren Kleinigkeiten kommt. Diese sind nun mit eigenem Plan hoffentlich sehr viel geringer und besser einzuschätzen, aber eine gewisse stille Reserve kann ja dann später für andere schöne Pläne genutzt werden oder muss gar nicht angefasst werden.

Die Erfahrung zeigt

Seriöse, freie Finanzierer bieten oft etwas bessere Konditionen als Ihre Hausbank. Finanzierungskosten sind ja auch nur »Miete fürs Geld« – und Sie wollten ja nicht mehr so viel Miete zahlen.

Die Architektenplanung der Baufirma ist nun einfacher und klarer

Als Teil des Angebots und des Vertrags sollte mit all dem angesammelten Wissen und mit den richtigen Fragen in Vorbereitung des Vertrags irgendwann auch eine Architektenplanung umgesetzt werden. Das bezeichnet ausdrücklich dieses Mal nicht die selbst beauftragte Entwurfsplanung, die womöglich als Hilfe zur besseren Entscheidungsfindung und im Sinne der Vergleichbarkeit der Angebote verschiedener Hausbaufirmen bereits einmal Element dieses Ablaufplans war.

Es bezeichnet die Architektenplanung der Hausbaufirma, die in deren Plan auch nur ein einziges Mal vorkommt. Gerade bei Fertighäusern und solchen aus dem Katalog ist sie oft schon fertig, bevor die Interessenten durch die Tür im Musterhaus spazieren, und für standardmäßige Anforderungen optimiert. Nun kann sie alle Anforderungen Ihres Hauses aufnehmen, wobei der kreative Part wesentlich schon von Ihrem unabhängigen Architekten erledigt wurde, damit nun alles vergleichbar bleibt.

Die Bauherren mit eigenem Plan sehen die Architektenplanung also zweimal vor. Zunächst bei einem unabhängigen Architekten für die Beratung zum eigenen Traum und zur Erstellung eines eigenen Grundrisses. Beim zweiten Mal, in einem viel weniger kreativen Prozess, dann durch die Baufirma, die anhand der strikten Vorgaben der Bauherren – unter anderem anhand deren Architektenplanung für den kreativen »Gefühlsteil« – nun sieht, wie sie mithilfe ihres Architekten und all ihren Fertigkeiten und Fähigkeiten diesen Traum zu einem lukrativen Angebot formuliert und so den Zuschlag erhalten kann.

Lassen Sie sich dabei nicht triggern. Viele Firmen werden Ihnen entgegnen: »Bei uns wäre die Architektenplanung doch mit drin gewesen …«, um den zukünftigen Bauherren ein schlechtes Gewissen zu machen, nach dem Motto: »Wären Sie mal gleich hergekommen!«. Sie wissen jetzt: Die Firmen können eh nicht alles bauen und bieten Ihnen manches gar nicht an, daher bringen sie Sie womöglich weiter weg von Ihren Träumen. Der unabhängige Architekt macht aber Ihre Wünsche vergleichbarer und eröffnet so erst Einsparpotenziale.

Womöglich hat der Architekt Ihren Wunsch gehört, viel Licht und eine große Tür zum Garten zu haben, und eine 3 Meter lange Schiebetür als

Highlight geplant. Die angefragte Baufirma sagt nun, dass das nicht statisch abgebildet werden kann – mit ihren Systemen. Nun können Sie sich fragen, ob Sie an dieser Idee hängen oder ob die Suche nach der besten Firma für Ihren Traum noch in eine weitere Runde geht. Bei der Baufirma mit eigener Architektenplanung hätten Sie dieses Luxusproblem nie gehabt und gar nicht erfahren, dass es geht, einen Wohnraum mit toller Anbindung an den Garten überhaupt zu realisieren …

Hier wird mit allen mittlerweile gesammelten Informationen, wie dem tatsächlichen Grundstück und dem Bodengutachten, der Budgetplanung und dem feststehenden Grundriss sowie allen weiteren Dingen, die den Bauherren wichtig waren, das Haus final durch die Hausbaufirma geplant. Die Statik wird vielleicht der Windlast vor Ort angepasst und die Vorgaben des Bauamtes sind vorher bekannt und müssen einbezogen werden.

Diese Architektenplanung lassen Sie sich auch zusichern und achten darauf, dass sie laut Vertrag auch die relevanten Informationen berücksichtigt und kalkuliert und dass sie eben kein Standardhaus plant und davon ausgeht, dass alles Standard sein müsse. Lassen Sie die Fakten in den Vertrag aufnehmen, nicht den Standard.

Und damit erst wird dann, nach Vertragsabschluss (10.), die finale Finanzierung eingetütet und der Bauantrag gestellt.

Und dieser hat nun beste Voraussetzungen, sowohl den Wünschen der Bauherren als auch den Gegebenheiten auf dem Bauplatz Rechnung zu tragen, und ist größerer Kosten, die jetzt noch nicht abzusehen wären, vergleichsweise unverdächtig.

Betreten des Rasens verboten

Damit wird der Vertrag unter Umständen noch einmal länger und an manchen Stellen anders. Das kann sich auch wie ganz schöner Stress anfühlen, den Sie als Bauherren da machen. Doch in dieser Frage können Sie Ihr Gewissen gut beruhigen, die Baufirma hatte nämlich schon alles in den Vertrag geschrieben, was ihr für alle Eventualitäten das Leben leicht macht. Nun machen Sie nur dasselbe.

Warum sind denn eigentlich Verträge häufig so lang und ausführlich? Dafür gibt es sicherlich viele Gründe und juristische Notwendigkeiten. Doch vieles kann man sich mit einem einfachen Vergleich erschließen.

Ich bin ein Freund davon, es sich in der Betrachtung solch komplexer Zusammenhänge wie einem solchen Vertrag mit einfachen Denkhilfen möglichst leicht zu machen. Meine Denkhilfe beim Blick auf solche Verträge ist immer:

Jedes Verbotsschild hat seine eigene Geschichte.

Da lässt sich etliches vergleichen: Insbesondere bei Mietobjekten mit mehreren Wohneinheiten, die von einer Immobilienverwaltung betreut werden, finden sich häufig Verbotsschilder. Diese Schilder sind manchmal schon allein ein Sinnbild dafür, warum man dort nicht mehr wohnen möchte.

Und diese Schilder haben doch meistens eine Geschichte. Das Schild: »Rasen betreten verboten. Eltern haften für ihre Kinder!« hat auf jeden Fall eine solche Geschichte.

Die Immobilienverwaltung weiß wahrscheinlich, dass dieses Schild keine besonders wertschätzende und entgegenkommende Art ist, mit den eigenen Mietern zu kommunizieren. Sie weiß, dass es nicht besonders angesehen ist, so harsch gegenüber Kindern zu sein. Und trotzdem stellt sie dieses Schild auf. Meistens ist das ein Ergebnis einer Interessenabwägung.

Womöglich weiß die Verwaltung aus eigener Erfahrung, dass die Mieter gerne Abkürzungen nehmen. Der Weg von der Haustür der Wohneinheit zum Parkplatz ist gepflastert. Leider über Eck und daher ist es kürzer, direkt über den Rasen zu den Autos oder zu den Mülltonnen zu spazieren. Darunter leidet der Rasen und es kostet die Firma immer wieder Geld, diesen wieder einzusäen und pflegen zu lassen.

Vielleicht kennt die Firma diesen Zusammenhang auch nur aus anderen Objekten, die sie bisher schon betreut hat. Also stellt sie das Schild auf, womöglich nur prophylaktisch – und in dieser Form hat das Schild folglich seine Geschichte.

Viele Klauseln in Verträgen, die Hausbaufirmen ihren Kunden vorlegen, haben in dieser Form einen Hintergrund. Die Firma hat selbst schon beobachtet, dass an der einen oder anderen Stelle etwas schiefgehen kann, oder sie weiß aus der branchenüblichen Erfahrung, dass gewisse Potenziale für Herausforderungen lauern.

Also stellt sie ein »Schild« auf, in diesem Fall eine Vertragsklausel, die die Firma gegen eventuelle spätere Schäden schützen soll. »Bauherren haften für ihre Sonderwünsche«, steht da drauf. Oder: »Bauherren haften für einen steinigen Bodengrund und hohes Grundwasser.«

Wenn also bestimmte Formulierungen in einem Vertrag auftauchen, wenn bestimmte Normalfälle erklärt werden oder wenn in bestimmten Situationen plötzlich jemand anderes für einen potenziell entstehenden Schaden aufkommen soll – dann ist davon auszugehen, dass diese Klausel eine Geschichte hat. Es ist aus der breiten Erfahrung der Baufirma heraus schon (des Öfteren) vorgekommen, dass eine solche Regelung herhalten musste.

Die Bauherren können auf all solche Positionen immer wieder blicken und sich fragen: Was ist wohl die Geschichte dieses »Verbotsschildes« oder Warnschildes?

Alle Punkte und Eventualitäten, die die Baufirma in diesen Vertrag aufnimmt und die nicht die reine Leistungsbeschreibung ergeben, sondern sich mit Eventualitäten, Risiken und Normalzuständen auseinandersetzen, sind einen zweiten Blick wert. Und wie immer kann ein Bausachverständiger mit der entsprechenden Erfahrung im Vertragswesen hier noch einmal viel schneller bestimmten Klauseln auf die Spur kommen.

Nur ist es Teil der Aufgabe der Bauherren, den Vertrag so zu verhandeln, dass die Eventualitäten möglichst bekannt sind. Und dann sollte klar beschrieben sein, wer die Verantwortung für diese übernimmt.

So, wie Sie also darauf achten, was im Vertrag steht, achten Sie auch darauf, was nicht drinsteht.

Tipp
Meine Kollegen von hausbauexperte.net, wenn Sie ein Haus aus Stein bauen, und meine Kollegen von fertighausexperte.com, wenn Sie ein Fertighaus bauen, haben dafür ein Formular entwickelt, welches Kunden dort im Zuge einer Vertragsprüfung als weitere Hilfe an die Hand bekommen.

Bezahlen Sie nicht für die Löcher

Es wird ein kleines Kind gefragt: »Was magst du eigentlich am liebsten am Käse?« Antwort: »Die Löcher!« Niedlich, oder?

Nicht ganz so niedlich ist es, dass auch in vielen Verträgen für Hausprojekte die Lücken eigentlich ganz bekömmlich sind, allerdings vor allem für die Baufirmen. Und nicht so niedlich ist auch, dass man bei einem Verbraucherbauvertrag für das eigene Haus unter Umständen anders als beim Abwiegen des Käses im Supermarkt die Löcher auch tatsächlich später zahlt.

Der Vertrag hat aus Sicht der Hausbaufirmen zunächst eine ganz wichtige Funktion, die absolut klug und legitim ist. Er soll die Firma vor eventuellen Schäden schützen. Die Selbstauskunft zum finanziellen Status der Interessenten, Rücktrittsrechte und Unterschriften zu verschiedenen Stadien der Bauphase – all das schützt die Firma vor Überraschungen.

Ganz grundlegend soll der Vertrag festhalten, welche Leistungen die Firma für das Geld erbringt, das die Interessenten dafür bereit sind aufzubringen. Es ist also wichtig, dass im Vertrag explizit beschrieben wird, was alles für das Geld geleistet wird. Und nicht nur bei Firmen, die alle Leistungen aus einer Hand anbieten, wünschen sich die Bauherren, dass das idealerweise wirklich auch alle notwendigen Leistungen sind, um den Traum vom eigenen Haus später fertigzustellen. Wünschen ist ja nicht verboten …

Darüber hinaus schützt ein solcher Vertrag auch ganz wesentlich vor all jenen Momenten, in denen beim Hausbau auch einmal etwas schiefgeht. Und wenn es bei einem so großen Projekt wie einem Haus eine Gewissheit gibt, dann diese: Es geht auf jeden Fall etwas schief.

Lesen Sie diesen Satz ruhig auch zweimal.

Das können kleine Sachen sein, die sich leicht ausbügeln lassen und später niemanden mehr interessieren; es können aber auch größere Sachen sein, die unter Umständen dann sogar zwischen den Bauherren und der Firma, die das Haus aufstellt, strittig werden können. Und dann liegt es in der Natur der Sache, dass ein Vertrag, den die Baufirma aus eigener Initiative zum Abschluss vorlegt, auf jeden Fall nach bestem Wissen und Gewissen daraufhin geprüft ist, ob er auch in solchen Fällen die Belange der Baufirma schützt.

Im Idealfall legt er auch für einen solchen Fall dar, wie denn die Bauherren davor geschützt werden, dass sie später – und sei es »nur« durch höhere Gewalt – geschädigt werden oder zumindest mehr Geld für das Projekt aufbringen müssen, als zunächst geplant und vereinbart.

Das Risiko machen nicht zuletzt auch die Lücken im Vertrag. Im Grunde genommen wäre ein solch ausgewogener Vertrag aber schon ein

Idealtypus einer Vertragsausgestaltung, auf die vielleicht nicht jede Baufirma immer mit größter Sorgfalt achtet. Also Vorsicht vor den Leerstellen.

Eine solche Vorstellung lässt sich dabei unterschiedlich weit denken. Es ist beispielsweise möglich, dass eine Firma bestimmte Formulierungen im Vertrag etwas suggestiv für die Interessenten formuliert und dadurch eine Unterschrift forciert oder dass bestimmte Zusicherungen des Verkäufers die Interessenten bei Prüfung des Vertrages in einer falschen Sicherheit wiegen.

Bestimmte Leistungen werden beispielsweise als selbstverständlicher Bestandteil des Vertrages erbracht, solange kein außergewöhnlicher Mehraufwand entsteht oder Kosten aufgerufen werden, die abseits des im Vertrag festgehaltenen Verständnisses der Baufirma eines ganz normalen Standards liegen. Alle Risiken abseits der gewünschten Route liegen dann tendenziell beim Kunden …

Doch es ist darüber hinaus auch möglich und durchaus immer wieder zu beobachtende Praxis, dass sogar gewisse Tricks angewendet werden, die kaum anders erklärt werden können als so, dass sie geeignet sind, die Bauherren später in die Defensive zu bringen.

Ganz grundlegend lässt sich festhalten, dass alles, was in einem solchen Vertrag niedergelegt ist, natürlich auch später etwas ist, auf das beide Seiten Anspruch haben. Und in der Umkehr dieses Arguments lässt sich feststellen, dass alles, was in dem Vertrag nicht steht, später auch nicht beansprucht werden kann.

Dabei schreiben die Firmen üblicherweise in den Vertrag, was sie standardmäßig als Leistungen erbringen werden. Das ist sehr gut und wichtig, denn die Bauherren können diesen Teil des Vertrages mit ihren eigenen Vorstellungen abgleichen – und zwar umso einfacher, je präziser sie diese vorher für sich entwickelt und in die Verhandlungen und den Vergleich verschiedener Firmen mit eingebracht haben.

Des Weiteren schreiben die Firmen in diesen Verträgen standardmäßig auf, was denn passiert, wenn einmal etwas nicht standardmäßig läuft. Und der bisherige Blick auf das komplexe Thema Hausbau hat auf jeden Fall gezeigt, dass das passiert.

Dann sichern sich die Unternehmen aus legitimer unternehmerischer Verantwortung heraus möglichst gut gegen eventuelle Risiken ab. Aus dem gleichen Grund, aus dem auf Tiefkühlkost der Hinweis abgedruckt ist, die rohen Langusten nicht aus dem Eis zu lutschen, sondern vor dem Verzehr aufzutauen und gegebenenfalls zu erhitzen, weil es sonst Bauchschmerzen gibt, werden hier Formulierungen gegen alle Eventualitäten gewählt, um das Unternehmen später zu schützen.

Und weil die Baufirmen in der Regel schon viele Projekte umgesetzt haben und schon viel gesehen haben, können sie das aus einem breiten Erfahrungsschatz sehr sicher und umfänglich tun.

Das Haus soll und kann in einer bestimmten Zeit errichtet werden und irgendwann sind die Arbeiten schon sehr weit fortgeschritten. Es geht bereits darum, den Außenputz anzubringen. Für diesen Schritt wurde auch bereits ein Gerüst geordert und aufgestellt. Nun kommt höhere Gewalt ins Spiel. Außenputz beispielsweise mag weder besonders hohe Feuchtigkeit und Schlechtwetterperioden, noch ist er besonders gut auf Frost zu sprechen. Also verzögern sich die Putzarbeiten. Das Gerüst bleibt stehen und es werden womöglich Mietkosten für dieses Gerüst aufgerufen.

An diesem Punkt können sich Bauherren ziemlich sicher sein, dass die Baufirma das schlechte Wetter zumindest als Eventualität gesehen hat und sich wahrscheinlich im Vertrag gegen die nun entstehenden Mehrkosten abgesichert hat. Die Bauherren selbst haben mit einer solchen Verschiebung der Bauphase in die Frostperiode überhaupt nicht gerechnet, weil im Verbraucherbauvertrag ein Einzug im Juli geplant war, der sich dann leider durch andere »unvorhersehbare Ereignisse« höherer Gewalt und niederer Absicht verschoben hatte. Nun wohnen sie noch einen Winter in der Mietwohnung.

Häufig ist dann das Gerüst überhaupt nicht Bestandteil des Vertrages oder es wird in diesem Fall die verlängerte Miete zulasten der Bauherren fallen.

Bauherren sollten also im ersten Schritt bei der Betrachtung eines Verbraucherbauvertrages, den sie unterschreiben wollen, einen Blick auf das Risikomanagement innerhalb dieses Vertrages werfen. Dinge werden schiefgehen und wer trägt dann dafür die Verantwortung und die Kosten?

Dieser Punkt ist hochverdächtig dahingehend, dass es ein Gefälle der Erfahrung zwischen der Baufirma und den Bauherren gibt. Und der Vertrag ist darüber hinaus hochgradig verdächtig dahingehend, dass er hier auf jeden Fall die Baufirma vor eventuellen Risiken und unvorhersehbaren Umständen schützt, aber nicht unbedingt in gleichem Maße die Bauherren.

Deshalb ist die Risikoverteilung des Vertrags auch ein klassisches Feld, um auch hier einen Experten hinzuzuziehen, der über eine ähnliche Erfahrung aus vielen Projekten verfügt wie die Baufirma und den Vertrag auf Augenhöhe betrachten kann. Das wirklich Gute ist, dass ein Experte für das Vertragswesen am Bau selbstverständlich mit einem Blick sowohl den Vertrag prüfen als auch auf eventuelle Lücken im Angebot hinweisen wird. Sie bestellen ihn also für diese Fragen nicht zweimal ein.

In diesem Punkt sind Fehler, selbst gemacht oder bei anderen beobachtet, der beste Lehrmeister und die Baufirmen haben in diesem Bereich den schwarzen Gürtel der Baurisiken schon lange erreicht. Anfänger können sich auch deshalb in der Auseinandersetzung eine blutige Nase holen. Der Experte erkennt hier auch leicht die Lücken im Vertrag. Die Kosten für einen in diesem Punkt (Vertragsprüfung) hinzugezogenen Experten liegen unter 1.000 Euro.

Baufirmen sprechen über diese möglichen Risiken wahrscheinlich nicht die ganze Zeit, wenn sie einem Interessenten die Vorzüge eines Verbraucherbauvertrages präsentieren, das wäre wohl auch verkäuferischer Suizid. Sie lassen womöglich in der Beschreibung eventueller Nachteile und Risiken Lücken.

Es ist dann wahrlich eine Aufgabe für die Bauherren, hier mit wachem Auge zu schauen, ob die Risiken immer fair verteilt sind. Schließlich müssten Sie nicht nur die Vertragsklauseln daraufhin prüfen, ob sie Ihnen logisch, nachvollziehbar und für alle Eventualitäten gemacht scheinen; Sie müssen vielmehr Punkte im Vertrag entdecken, die wichtig und notwendig zu besprechen sind, aber eben nicht dort sind. Es ist viel schwerer, eine Lücke innerhalb einer Logik zu finden, als einen Logikbruch in einem Vertrag aufzuzeigen.

Lücken entstehen aber manchmal auch mit mehr Vorsatz als durch eine eintretende Frostperiode. Hausbaufirmen haben ein lebendiges Interesse daran, ein Haus zu bauen. Immerhin ist das der Kern ihres Geschäfts. An anderen Leistungen sind sie mitunter gar nicht so interessiert. Sie wissen zudem, dass Interessenten, die einen Verbraucherbauvertrag für ein solches Haus unterschreiben, in jedem Falle damit Fakten schaffen und dieses Haus nun bauen müssen.

Auch dazu kann noch ein Beispiel gegeben werden, das sich auch für das eigene Projekt entlehnen lässt. So machen manche Hausbaufirmen ganz gerne einen Bogen um das Thema der Hausanschlüsse wie Gas, Wasser und Ähnliches. Warum? Weil die zuständigen Ämter dann abtelefoniert werden müssten und diese nicht immer gut erreichbar sind, manche Zuständigkeit gerade unter der Telefonnummer, wo dann jemand erreicht wurde, gerade nicht zu erreichen ist und alles dauert. Die Baufirmen lassen diese Aufgabe daher bei den Bauherren liegen und klammern sie im Vertrag aus. Oder sprechen sie dort erst mal gar nicht an.

Es gibt aber spezialisierte Anbieter, die sich zuverlässig und kompetent für einen kleinen Betrag um genau dieses Thema kümmern. Dann müssen die Bauherren dort keine eigenen Strategien entwickeln und alles Wichtige auf dem Schirm haben und müssen nicht hoffen, dieses Thema lange mit der Baufirma zu behandeln, die eigentlich gar keinen Bock darauf hat. Mit denen kann vielleicht ein anderes unangenehmes Thema Ihrer Wahl besprochen werden, das eher dorthin gehört.

Die Bauherren tragen oft die letzte Verantwortung

Dass die Bauherren spätestens ab jetzt auf jeden Fall bestimmte weitere Voraussetzungen für ein gelingendes Projekt schaffen müssen, sei es als Bestandteil der Leistungen der Baufirma oder durch darüber hinausgehende Bemühungen, ist vollkommen unausweichlich.

Es ist schlicht nicht möglich, ein Haus zu bauen, ohne ein Grundstück zu besitzen. Es ist schlicht in Deutschland nicht möglich, ein Haus zu bauen, das nicht den örtlichen Vorschriften und Gegebenheiten angepasst und genehmigt ist. Solche Fragen müssen selbstverständlich beantwortet werden und können Teil der Dienstleistung der Baufirma sein, müssen es aber nicht. Steht im Zweifel im Vertrag – oder nicht …

Das ist bei diesen klaren Voraussetzungen auch noch leicht ersichtlich. Doch es gibt auch etwas komplexere Fragen, die die Anfänger wiederum nicht so einfach ersinnen können:

Ein Haus kann nicht auf einem Grundstück errichtet werden, das nicht entsprechend erschlossen wurde. Auch das haben die meisten Bauherren schon mal gehört, was aber genau zur Erschließung gehört, ist dann schon mindestens die 125.000-Euro-Frage bei Jauch.

Eine Baustelle kann auf einem Grundstück nicht eingerichtet werden, ohne dass bestimmte vorbereitende und flankierende Arbeiten geleistet werden. So muss eine gewisse Baustellenlogistik aufgebaut werden, beispielsweise muss das Grundstück während des Baus abgesichert werden. Die Verkehrssicherung der Zufahrt des Grundstücks muss überlegt werden, bestimmte Großgeräte müssen sicher und einsatzfähig auf die Baustelle kommen und Stellflächen für Baucontainer müssen geschaffen werden. Baustrom muss irgendwie an die Baustelle kommen und Wasser für die Baumaschinen herangeschafft werden.

Eine Bodengrube kann manchmal nicht ausgehoben werden, ohne dass über die Beschaffenheit des Grundstücks, die Möglichkeiten der Bodenentsorgung oder andere Fragen nachgedacht und dafür Lösungen gefunden wurden.

Die Interessenten, die das Haus dann irgendwann errichtet haben wollen, müssen diese und etliche weitere Fragen früher oder später beantworten. Wenn die Fragen Teil des Verbraucherbauvertrags sind, dann muss die Baufirma dafür einstehen, denn sie sind unumgänglich.

Wenn die Fragen nicht Teil des Verbraucherbauvertrags sind, dann müssen die Bauherren sie zu einem anderen Zeitpunkt und mit anderen Partnern lösen – denn sie bleiben unumgänglich.

Für die Abschätzung der Kosten und die weiterhin bestehende Möglichkeit eines stressfreien Bauablaufs ist es wichtig, diese Fragen früh genug geklärt zu haben und eindeutig festzulegen, wer für diese Fragen und für eventuelle Risiken die Verantwortung übernimmt. Das sichert später ganz grundlegend die Möglichkeit eines stressfreien Ablaufs.

Viele Aufgaben müssen im Rahmen eines Hausbaus erfüllt werden. Für etliche Aufgaben sichert die Baufirma zu, dass sie diese vertraglich erfüllt. Einige Aufgaben können dabei übrig bleiben, an die die Bauherren vielleicht nicht gedacht haben. Anspruch haben die Bauherren gegenüber der Baufirma allerdings nur auf all das, was diese vertraglich zugesichert hat. Es ist nicht schwer zu erraten, wer die Verantwortung und das Risiko für die Leerstellen im Vertrag übernimmt.

Wer andern eine Grube gräbt, ist Bauunternehmer?

Wenn ein Vertrag nicht für jede Eventualität gleich vorsieht, wie der Auftraggeber vor bestimmten Risiken geschützt wird, dann ist das vielleicht noch die eine Sache. Aber auf jeden Fall eine Sache, auf die die angehenden

Bauherren ein sehr genaues Auge werfen sollten und aus der sie ihre Konsequenzen in den Vertragsverhandlungen ziehen sollten.

Wenn später ein besonders kalter Winter oder ein besonders nasser Sommer zu Herausforderungen führt, dann ist das auch nicht gleich etwas, was im Vertrag automatisch falsch angelegt war. Mitunter ist der Vertrag eben nur zu sehr Standard.

Natürlich haften Firmen nicht bei allen Häusern für unvorhersehbare Kosten wie das Wetter. Das müsste bei allen Projekten auf Verdacht kalkuliert werden und würde alle Projekte pauschal teurer machen. Da darf der Bauherr aus meiner Sicht auch fair auf die Baufirmen blicken.

Etwas anders verhält sich dieser Umstand, wenn die Baufirma oder ihre Vertreter bei bestimmten Formulierungen die suggestive Kraft der Begriffe, die mangelnde Übersicht der Interessenten oder die eine oder andere Lücke in den Beschreibungen bewusst zum Nachteil der Interessenten nutzen. Und auch das lässt sich immer wieder beobachten.

»Alles aus einer Hand« ist dann eben manchmal auch nur alles, was im Vertrag steht. Anpassungen, die später noch möglich sind, sind dann eben auch noch extra zu bezahlen. Und »gehobener Standard« ist dann eben leider kein Parkett.

Die große Komplexität des Projekts, die ein solcher Vertrag dann zu fassen versucht, ist, ganz neutral gesprochen, wie gemacht dafür, solche Lücken der vertraglichen Beschreibungen eben auch einmal zu verschleiern.

Ein wunderbares Beispiel der auch im Vertragswerk auffindbaren Komplexität ist der Umstand, dass den Interessenten für ein Haus ja nicht nur ein Vertrag vorgelegt wird, den diese verstehen, einordnen und vergleichen müssen. Ihnen wird vielmehr zu einem bestimmten Zeitpunkt erst einmal ein Angebot vorgelegt und später erst der Vertrag.

Wenn der Hausverkäufer der Baufirma Ihnen dann das Angebot in dieser Form vorlegt, dann verweist er darauf, dass Sie die Details und die eine oder andere notwendige Abweichung vom Standardangebot später selbstverständlich noch einmal dem Vertrag, der Baubeschreibung und dem Grundriss entnehmen wollen. Die technische Prüfung kann beispielsweise noch Änderungen notwendig machen.

Damit ist er über den Zweifel, die Bauherren hier täuschen zu wollen, juristisch erhaben. Die Bauherren lassen sich das Angebot genauso vorlegen und sind daran sicherlich sehr interessiert. Sie lassen sich inhaltlich und emotional auf die darin beschriebenen Eckpunkte eines möglichen eigenen Projekts ein und beschäftigen sich ausführlich damit. Mancher spaziert im Geiste schon durch das Haus, das im Angebot entsteht.

Wenn dann später der Vertrag vorgelegt wird, dann ist es naheliegend, davon auszugehen, dass dieser mindestens in wesentlichen Punkten dem Angebot entspricht. Doch genau dieser Schritt ist mit Vorsicht zu genießen, damit nicht die eigene Begeisterung zu falschen Schlüssen verleitet. Denn der Vertrag ist stärker als das Angebot.

Der Vertrag mit all seinen Anhängen schlägt auf jeden Fall das unverbindliche Angebot und nichts verbietet sachlich, dass sich dieser auch in entscheidenden Punkten davon unterscheidet.

Und der Vertrag kommt selten allein. Er nimmt in Bezug auf etliche Details wiederum Rückgriff auf eine Baubeschreibung, die gewissermaßen den Anhang des Vertrages ausmacht. Und es wird zudem ein Grundriss des Hauses übergeben. Der verkaufende Berater packt Ihnen das alles in die Kladde, mit einem tollen Foto vom Haus im Grünen darauf und seiner Visitenkarte, vorne eingesteckt.

Das können Sie sich dann alles in Ruhe noch einmal zu Hause ansehen und sich bei Fragen gerne melden. Ansonsten sieht man sich natürlich gerne bei der Vertragsunterschrift …

Womöglich ist es dann das Bodengutachten, das die Interessenten, wohlüberlegt, zwischendurch beigebracht haben und bei dem sie darauf bestanden haben, dass es im Vertrag Niederschlag findet, das im Vertrag gar nicht mehr zur Sprache kommt. Dort steht wieder – oder immer noch – die Standardformulierung drin, sinngemäß: Wenn beim Grundstück nichts Besonderes entdeckt wird, bleibt der Preis, wie er ist; wenn doch, zahlt der Kunde!

Schon in solchen Details kann dann der Vertrag vom Angebot oder den glaubhaften Versicherungen des Verkäufers abweichen, der auch mal einen Fehler machen, etwas vergessen oder unter der Vertragsabteilung leiden kann, die das wieder nicht aufgenommen hat. Zwinker, zwinker …!

Wohl dem, der genau das im Detail später prüft und weiß, welche Vereinbarungen zwischen Baufirma und Bauherren verbindlich sind und andere immer schlagen können.

Letztendlich sieht es dann so aus: Der Vertrag, den Sie mit der Hausbaufirma schließen, schlägt alle anderen Dokumente. Er schlägt sogar die

Baubeschreibung, die ansonsten sehr mächtige Aussagen trifft, und beispielsweise das Angebot, das Ihnen recht früh im Prozess einmal vorgelegt wird und den Grundriss »überstimmt«. Am schwächsten sind wohl bei all diesen Betrachtungen die Beschreibungen des Musterkatalogs. Hier die Reihenfolge der »Kraft« dieser Dokumente:

Vertrag schlägt Baubeschreibung schlägt Angebot schlägt Grundriss schlägt alle mündlichen Zusagen.

Das kann dann dazu führen, dass den Bauherren bei den ersten Terminen ein Grundriss und eine Baubeschreibung vorgelegt werden, die viele der Elemente beinhalten, die den Bauherren wichtig sind. Und es eröffnet immerhin die Möglichkeit, dass mit Absicht oder aus Versehen diese Elemente später in den Dokumenten nicht mehr auftauchen, nicht Teil des Vertrages werden. Das mindestens zu wissen kann manchem Bauherren Stress ersparen.

Dabei können Sie davon ausgehen, dass die meisten seriösen Baufirmen Ihnen nicht grob ein X für ein U vormachen werden. Sie werden es wohl kaum erleben, dass in der Baubeschreibung die besprochenen großen Fenster vorgesehen sind, dass später im Vertrag aber nur einige wenige kleine Fenster explizit zugesichert werden und dann auch so verbaut werden.

Aber was durchaus in der Branche immer mal zu beobachten ist, ist die Methode, die Rollladenkästen in ihrer Fläche von den zugesicherten Fensterflächen abzuziehen. Ein Fenster, das in allen Beschreibungen mit den Maßen 100 × 100 Zentimeter zugesichert wird, hat plötzlich im fertigen Haus nur noch 100 × 70 Zentimeter Fläche. Es wird dann darauf verwiesen, dass die Rollladenfläche ja auch berücksichtigt werden müsse. Das hilft der Hausbaufirma, weil Fensterflächen grundsätzlich teurer einzubauen sind als beispielsweise Wandflächen und selbst Rollladenkästen. Es hilft aber den Bauherren nicht, ihren Wunsch vom hellen Wohnraum sicher zu wahren.

Wer die richtigen Fragen stellt, bekommt die richtigen Antworten

Nur Bauherren, die bereit und in der Lage sind, die richtigen Fragen zu stellen, bekommen auch die richtigen Antworten. Wenn Sie eine Baufirma bei Verhandlung des Vertrages explizit nach den wichtigen Punkten fragen können, die womöglich gerade noch eine Lücke im Angebot darstellen oder die für die optimale Umsetzung Ihres Traums wichtig und notwendig sind, dann werden Sie darauf auch binär eine Antwort bekommen können:

»Ist Teil der Leistung!« Oder: »Ist nicht Teil der Leistung!«

Doch da versteckt sich selbstverständlich die Crux an der Sache. Denn diese Fragen sind nicht so einfach herauszufinden.

Haben Sie sich beispielsweise schon einmal Gedanken darüber gemacht, ob die Leistung des Energieberaters zur Dokumentation des Energiestandards – das ist der berühmte Energieausweis – im Angebot mit drin ist oder nicht? Fakt ist: Sie brauchen das.

Gleichzeitig ist der Energieausweis in Bezug auf die Größe des Gesamtprojekts eigentlich »Peanuts«, er kostet vielleicht hinterher 500 Euro. Trotzdem sollten sich die Peanuts nicht zu sehr summieren.

Kennen Sie RC2N? Wenn Sie jetzt antworten, dass Sie leider noch keine Gelegenheit hatten, sich alle neuen *Star-Wars*-Filme anzusehen, dann sind Sie auf der falschen Fährte. RC2N ist der Sicherheitsstandard Ihrer Fenster, den Ihnen die Kriminalpolizei im Rahmen einer Sicherheitsberatung gegenüber dem Einbruchsschutz für Ihr Haus empfehlen würde. Je nach persönlichem Sicherheitsbedürfnis sind Sie vermutlich schnell davon überzeugt, dass dies eine sinnvolle Investition ist. Da ist es doch vorteilhaft, wenn Sie vor Vertragsabschluss schauen können, ob dieser Standard vielleicht sogar Teil des Angebots ist, ob Sie ihn noch einhandeln können oder ob Sie hinterher im fertigen Haus sitzen und sich unsicher fühlen wollen. Sicherheit ist ja vor allem ein individuelles Empfinden.

Haben Sie sich schon Gedanken darüber gemacht, ob Sie vielleicht eine Fotovoltaikanlage gleich mit auf das Dach bauen wollen? Mit Blick auf die Zukunft der Energiekosten und der Versorgungmöglichkeiten kann auch das schnell ein interessanter Einzelpunkt werden. Nebenbei bemerkt einer, den man auch leicht aus dem Angebot heraushandeln könnte.

Doch womöglich können Sie der Baufirma gleich einmal erklären und sich im Vertrag oder in einem Protokoll zu den Einzelabsprachen festhalten lassen, dass die von Ihnen beauftragte PV-Firma dann das ohnehin notwendige Gerüst nutzen darf, wenn es im Rahmen der Aufstellung des Hauses eben gerade da und bezahlt ist.

Tipp

Fragen dieser Art, die zu stellen sinnvoll ist, gibt es wirklich viele. Ein entsprechend erfahrener Bausachverständiger wird sehr viele dieser Fragen aus dem Effeff kennen und einen Vertrag entsprechend leicht darauf prüfen können. Am Ende dieses Buches habe ich eine Ressourcenquelle angeführt, die zu genau solch einem Angebot führt.

6. Verhandeln wie ein Großer

Bauherren, die nun davon ausgehen, dass sie sich bei ihrem Hausprojekt von den routinierten Prozessen der Baufirmen lenken lassen können, weil das ein gemeinsames Ziel darstellen würde, könnten damit ein unangenehmes Erwachen erleben.

Wer denkt, dass bei einem so großen Projekt alles reibungslos abläuft, der ist eigentlich das ideale Opfer für Partner, die es nicht gut mit ihm meinen. Um das zu illustrieren, wurde beispielsweise mehrfach der Verweis auf Fristen in den Verträgen angeführt.

Bauherren, die mit dem Start in das Projekt Stress vermeiden wollen und sich aus diesem Grund beispielsweise schnell für eine Baufirma entscheiden, handeln oft aus guter Absicht so. Sie versuchen etwa, den ewigen Vergleich von Baufirmen zu reduzieren und nicht allzu streng verhandeln zu müssen.

Nicht jeder zieht eine eigene Motivation und Spaß daraus, als harter Verhandler aufzutreten und dem Gegenüber im Geschäftlichen die »Daumenschrauben anzulegen«. Viele bekunden stattdessen, dass sie gar nicht so gut verhandeln können, und ziehen sich schnell auf eine Position zurück, auch einmal dem Prozess zu vertrauen. Ohnehin kann die Bauherren angesichts der Komplexität der Aufgabe ja schnell mal das Selbstbewusstsein verlassen und die Baupartner können mit dem Brustton der Überzeugung klarmachen, dass mit ihrer Erfahrung das alles kein Problem ist.

Selbstverständlich kann das gut funktionieren, wenn die Partner es ebenso gut mit dem ganzen Ablauf meinen. Und gute Baufirmen sind mindestens mit Blick auf das eigene Renommee natürlich darauf bedacht, ihre Kunden nicht offensichtlich über den Tisch zu ziehen. Doch womöglich stärkt es die angehenden Bauherren in manchen Verhandlungspunkten, wenn sie selbst einen eigenen Plan in die Verhandlungen mit einbringen und einfach vorsichtig sind.

Machen Sie Angebote vergleichbar

Im Idealfall kristallisieren sich aus den Angeboten und den nachfolgenden klärenden Gesprächen noch höchstens zwei oder drei Anbieter heraus, die es nun in den engeren Favoritenkreis geschafft haben.

Mit diesen müssen nun weitergehende Gespräche geführt werden, die eigentlich immer eine handlungsleitende Frage verfolgen:

Bei welchem Hersteller kann das beste Preis-Leistungs-Verhältnis für den möglichst präzise beschriebenen eigenen Traum erreicht werden? Dazu gehört beispielsweise auch, Details möglichst gut einordnen zu können, die die Baufirmen an dieser Stelle wiederum hinter die Unterschrift rücken könnten.

Beispielsweise ist das die Bemusterung, die jetzt schon zum natürlichen Wortschatz der angehenden Bauherren aufgestiegen ist und welche die Interessenten nun für die interessanteren zwei oder drei Angebote anfragen. Dafür sind sie auch gerne bereit, vielleicht jeweils einen halben Tag im Bemusterungszentrum auf sich zu nehmen. Häufig sind die Baufirmen auf besonderen Wunsch bereit, die Kunden schon vor Unterschrift ins Bemusterungszentrum oder zu Partnerfirmen zu lassen und diesen dort die Möglichkeit zu geben zu schauen, was denn »Standard« ist – und ob sie mit diesem später klarkommen.

Es wird unter Umständen eine sogenannte Vorbemusterung vorgenommen, die allerdings längst nicht den Umfang der späteren Bemusterung erreicht. Das muss sie auch nicht, sie schärft nur das Bild der Interessenten und macht die Angebote vergleichbarer. Für die Baufirmen wäre es wohl auch kaum zumutbar, jeden Interessenten dort zwei bis drei Tage mit einem Mitarbeiter durch die Ausstellung zu führen, wenn der Interessent eigentlich nur etwas zu viel Zeit hat und »nur mal gucken« will.

Wahrscheinlich ist es zu diesem frühen Zeitpunkt ziemlich klar, dass hier noch keine abschließenden Entscheidungen getroffen werden und auch keine ganz präzisen Kosten für die Ausstattung des späteren Hauses stehen.

Aber es entsteht ein deutlich sichereres Gefühl und eine gewisse Übersicht, ob die Interessenten mit dem Angebot dieser oder jener Firma später einigermaßen klarkommen – oder ob sie auf jeden Fall noch einiges an Geld werden in die Hand nehmen müssen, um den eigenen Standard zu erreichen. Im Angebot der Firma steht ja wahrscheinlich, dass die Bauherren für den Fußboden im Bemusterungszentrum dann eine Auswahl zwischen »allen Fußböden bis 40 Euro pro Quadratmeter« frei treffen können.

Dann ist es gut zu wissen, ob wirklich mit den darin enthaltenen Qualitäten geplant werden soll. Das lässt dann vielleicht auch das ansonsten sehr günstige oder vergleichsweise teure Angebot dieser Firma in einem anderen Licht erscheinen.

Die Bauherren können sich im Rahmen einer solchen Vorbemusterung, die sich als grobe Annäherung versteht und bei etlichen guten Firmen auch eingehandelt werden kann, mindestens über die großen und teuren Elemente ihres späteren Traums einen Überblick verschaffen. Treppen, Fenster und Türen, Badewanne und die ebenerdige Dusche werden später eher teurere Einzelelement der Bemusterung sein und es ist gut, vorher zu wissen, ob die Angebotspalette der Baufirma hier Anknüpfungspunkte für die Wünsche der Bauherren bieten wird. Ob die Fenstergriffe für 30 Euro später gefallen oder nicht, kann dann in der wirklichen Bemusterung sehr ausführlich und im Detail geklärt werden.

Manche Dinge, die angehende Bauherren mit der nun langsam entstehenden eigenen Planung hier einbringen wollen, können sie direkt mit dem Verkäufer oder ihrem Ansprechpartner der Hausbaufirma besprechen. Manche müssen sie auch ein wenig nach oben »eskalieren« und vielleicht noch mit dem Geschäftsführer besprechen.

Je nach Größe der Hausbaufirma funktioniert das unterschiedlich gut. Der Erfahrung nach sind Firmen, die zwischen 200 und 500 Projekte im Jahr umsetzen, eigentlich immer noch eine gute Anlaufstelle, um auch mal mit dem Chef zu sprechen. Das stärkt letztendlich Ihre Position als Bauherren und lässt Sie als selbstbewusste, transparente und zielorientierte Partner wahrgenommen werden. Keineswegs als Anfänger.

Vertrag kommt von Vertragen?

Mit dem Blick aufs große Ganze rückt nun langsam, aber sicher der Vertragsabschluss mit einer Firma näher, deren Angebot mit eigenem Plan viel besser eingeschätzt und geprüft werden kann. Ein paar Sachen sind aber noch zu klären, damit alle Infos auf dem Tisch liegen. Selbstverständlich verbietet es sich und ist auch gar nicht möglich, hier nun eine vollumfängliche juristische Beratung zu einem solchen Kaufvertrag abzugeben. Das ist schon allein deshalb so, weil bei einem so individuellen Projekt wie dem eigenen Haus mit so vielen anhängigen Einflussfaktoren keine pauschale Einschätzung gegeben werden kann. Zwei Dinge können allerdings empfohlen werden:

Zum einen bieten sich der Vertragsabschluss und die Prüfung des Vertrages eindeutig dafür an, einen Experten hinzuzuziehen, der in diesen Fragen über mehr Erfahrung verfügt. Das kann natürlich ein Jurist oder eine juristisch vorgebildete Person sein. Doch auch diese wird mit hoher Wahrscheinlichkeit viele Fragen der baulichen Praxis nicht überblicken können. Mindestens bedarf es also einer ausgewiesenen Expertise im Hausbau bei der Wahl des eigenen Experten. Ein Bausachverständiger, der auch Vertragsvergleiche anbietet, ist eine sehr gute Wahl.

So oder so sollte es zum Zeitpunkt des Vertragsabschlusses, dem zentralen Point of no Return der gesamten Projektplanung, darum gehen, möglichst viele wichtige Fragen für sich beantwortet zu haben und möglichst viele Konsequenzen der eigenen Entscheidungen so gut es geht abschätzen zu können, bevor unterschrieben wird. Das können Bauherren gut mit einem erfahrenen Experten erreichen oder sich selbst mit einem eigenen Plan erarbeiten.

Vertrag kommt von Verhandeln!

Der Expertenrat oder der eigene Überblick darüber, was einem selbst wichtig sein sollte, entlastet dann auch sehr. Es wird der Fokus auf die wirklich wichtigen Fragen gelenkt und es wird viel entspannter auf Prozesse geblickt, die Bauherren gut und gerne erst mal den entsprechenden Fachleuten mit all ihrer Erfahrung überlassen.

Wer beispielsweise später bei einer Rohbauabnahme mit einem baulich geschulten Experten durch das eigene Haus läuft und sich von diesem schnell zeigen lassen kann, wo er gerade jetzt noch einmal mit der Baufirma ins ernste Gespräch kommen sollte, der muss sich später womöglich nicht über einen schiefen Fliesenspiegel wundern. Allein die Sicherheit, vor der eigenen Unterschrift noch einmal die richtigen und wichtigen Fragen zum Rohbau stellen zu können, lässt einen einstweilen sehr gut schlafen. Die wichtigen Fragen werden so in den Fokus gerückt und die unwichtigen Fragen müssen nicht belasten. Die Komplexität des Projekts »Traum vom eigenen Haus« wird deutlich reduziert.

Richtig eingesetzt ist es dann häufig sogar günstiger, einen solchen externen Berater zusätzlich zu den gesamten Aufwendungen für das eigene Haus zu buchen und ihn an den entscheidenden Punkten um seine Mithilfe zu bitten. Die entscheidenden Punkte sind stets die besonders augenfälligen Points of no Return.

Doch auch beim Vertragsabschluss ist es ratsam, den Vertrag noch einmal zu verhandeln. Denn eines hat sich mittlerweile gezeigt: So standardisiert, wie die Baufirmen den Vertrag gerne hätten, muss und sollte er überhaupt nicht sein. Gelingt es den Bauherren, einige wenige, dafür aber sehr wichtige Punkte herauszukristallisieren, die sie dann zum Element der Verhandlung machen wollen, dann wirkt das Ganze auch sehr zielorientiert, geschieht aus einer Position der Stärke heraus und strapaziert unter Umständen dennoch nicht das gegenseitige Vertrauen. Es werden ja dann doch in der Summe nur einige wenige Punkte besprochen. Die wichtigen Punkte nehmen dann für Sie als Bauherren aber einen möglichst guten Einfluss auf Zeit und Geld.

Verhandeln für Anfänger

Wer beispielsweise eine Reise buchen möchte, der weiß, dass es einen eklatanten Unterschied machen kann, ob die Familie eine Woche vor Beginn der Sommerferien in Bayern und Nordrhein-Westfalen fliegen möchte oder genau in der ersten Woche der Sommerferien. Die Reiseveranstalter haben nämlich gute Gründe, die Preise für diese Reisen genau an dem Tag anzuheben, an dem die lieben Kleinen ihre Zeugnisse stolz nach Hause tragen.

Dann werden nicht unbedingt die Flüge oder die Hotels teurer, einmal abgesehen davon, dass auch diese Anbieter selbstverständlich über einen Ferienkalender der Bundesländer verfügen und diesen in ihre Planungen einfließen lassen, sondern vor allem lassen sich die wirtschaftlichen Interessen der Reiseveranstalter in den Sommerferien besser durchsetzen. Der Kunde muss nämlich genau da kaufen.

Wenn viele Menschen Reisen nachfragen, weil ihre Kinder jetzt mal gerade nicht zur Schule müssen, dann können die Unternehmen höhere

Preise durchsetzen und wissen, dass die Interessenten das in einem bestimmten Rahmen akzeptieren werden.

Natürlich können sie den Preis für eine Woche Mallorca im Vier-Sterne-Hotel mit Kinderanimation nicht von 699 auf 6.999 Euro erhöhen. Aber eine Anhebung um vielleicht 30 oder 40 Prozent ist drin.

Und die Interessenten? Die wissen einfach, dass genau das in gewisser Weise »normal« ist, und akzeptieren diese Preisanpassung, auch wenn sie natürlich ihren eigenen Zielen in gewisser Weise widerspricht. Das machen die Reiseanbieter halt so …

Familien mit Kindern sind in der Wahl der Optionen eingeschränkt, weil nur einige Wochen im Jahr für sie als Urlaubszeit infrage kommen. Wer dann noch ein wenig Sonne sehen will, für den wird es noch enger.

Wer keine Kinder hat, der pfeift auf diese Einschränkungen, nutzt die Sonnenseite von Angebot und Nachfrage und fliegt fröhlich im Mai. Die Reiseanbieter bieten dann ja auch günstigere Preise. Bessere Margen erreichen Sie in der Hauptsaison und mit den Kunden, die weniger Optionen haben oder diese Zusammenhänge nicht kennen.

So machen die das halt, das kann man kaum beeinflussen. Doch, klar!

Transparenz und Verhandlungsgeschick werden Ihre Joker

Natürlich kennt diese eigentlich für die Kunden nicht besonders vorteilhafte Situation einige mächtige Gegenspieler, die sich als Joker für kluge Kunden erweisen.

Das ist zum einen das Verhandlungsgeschick. Im Reisebüro ihrer Wahl können Reiselustige vermutlich nur wenig verhandeln. Aber sie können entscheidende Aspekte als Verhandlungsmasse einbringen, die sich eigentlich gar nicht so sehr nach »Verhandeln« anfühlen.

Beispielsweise können Kunden den Reiseunternehmen anbieten, sich sehr frühzeitig für eine Reise zu entschließen und damit dem Unternehmen in seinem Streben, Kunden frühzeitig vom Markt zu nehmen, damit die Konkurrenz auszustechen und eine gewisse Planungssicherheit für die kommende Saison zu erreichen, entgegenkommen.

Das nennt sich dann »Frühbucherrabatt«. Der klare Mehrwert für das Unternehmen wird durch den Kunden eingebracht, der nimmt sich nämlich durch die frühe Buchung selbst vom Markt, auch wenn das Unternehmen diese Verhandlung als »Angebot« meistens trotzdem als sein ureigenes, freundliches Entgegenkommen reklamiert. Nein, es ist ein Deal auf Augenhöhe: Planungssicherheit für das Unternehmen gegen einen günstigeren Preis für den Kunden.

Bei fast jedem Deal können und sollten beide Partner durchaus bestimmte Punkte verhandeln und das ist völlig unabhängig davon zu betrachten, ob der jeweilige Partner zur passenden Zeit einen vorgefertigten Vertrag aus der Schublade ziehen kann, den schon Hunderte von Kunden vorher genauso unterschrieben haben, »weil man das so macht«. Verhandeln Sie!

Trauen Sie sich das. Verhandeln Sie beispielsweise über Rücktrittsrechte oder einzelne Leistungen. Vielleicht wollen Sie eigentlich den »Frühbucherrabatt« der Baufirmen nutzen, weil Sie das aus dem Reisebüro kennen, aber die Finanzierung ist noch nicht ganz sicher oder der erfolgreiche Bescheid des Bauantrags könnte schwierig werden – dann sind die Bauherren nach einer frühen Unterschrift, »um noch den alten Preis zu sichern«, schadensersatzpflichtig, wenn etwas schiefgeht. Das ließe sich etwa »heraushandeln«. Und doch freue ich mich bei allen Hinweisen, wenn Sie nicht »hinter jedem Busch den Räuber vermuten«.

Das haben die Baufirmen nicht verdient und Ihre Lust am Bau auch nicht. Fragen Sie vielleicht mal jemanden, der mehr Erfahrung hat und keinen Nachteil als Anfänger mit sich trägt.

Interessenten für ein wirklich großes Projekt wie den eigenen Lebenstraum sollten also nicht einfach Verträge und Bedingungen akzeptieren, weil das immer so gemacht wird, sondern einen eigenen Plan haben und in die Verhandlungen einbringen.

Beim Haus ist der Frühbucherrabatt ein Risiko

Dieses Beispiel ist auch deshalb wertvoll, weil hier ein Denkfehler lauert. Konsumenten sind an die Logik der Frühbucherrabatte gewöhnt, nicht zuletzt sicherlich aus der Reisebranche. Bei Entscheidungen zum eigenen Hausbau sollten Interessenten aber dreimal vorsichtiger sein, bevor sie auf »Frühbucherrabatte« eingehen. Denn diese werden in der Branche überdurchschnittlich oft eingesetzt, um eben Kunden an sich zu binden und sie dem Zugriff der Konkurrenz zu entziehen. Von einigen besonders auf den eigenen Vorteil bedachten Unternehmen werden sie aber auch eingesetzt, um einen besonders fatalen Point of no Return für den Kunden zu erreichen.

Der zweite Joker in der Aushandlung zwischen Interessen von Bauherren und ihren Partnern liegt in der Transparenz. Dazu wieder der Blick ins Reisebüro: Wohl kaum eine Erfindung hat die Reisebranche so nachhaltig verändert wie Vergleichsportale. Dort werden eben die Angebote von Hunderten von Firmen miteinander abgeglichen, und das nimmt einen deutlichen Einfluss auf deren marktbeherrschende und preisgestaltende Macht.

Wenn dann nur einige wenige aus der Phalanx der Reiseanbieter ausscheren, die die armen Familien zur Sommerferienzeit schröpfen wollen, und die Preise auch in der Sommerzeit nach unten korrigieren, dann kann die ganze Branche das aufgrund der nur einen Mausklick entfernten vollkommenen Transparenz von Onlineportalen nicht ignorieren. Und das ist in aller Regel zum Vorteil der Konsumenten.

Nun gibt es in der Baubranche und für ganze Projekte keine so ausgeklügelten Plattformen, die Dienstleistungen oder Ressourcen so übergreifend vergleichbar machen. Es ist auch vollkommen falsch, eine Hausbaufirma vor Unterschrift nur nach ihrem Preis unterscheidbar machen und alle anderen Kriterien unterordnen zu wollen.

Viele Konsumenten sind da zu Recht schon bei Hotelzimmern kritischer, und dort wohnen sie später vielleicht nur eine Woche …

Trotzdem kann der Joker der Transparenz gespielt werden, indem Sie sich beispielsweise Berater suchen, die in der Branche häufig unterwegs sind und eben nicht den Nachteil des blutigen Anfängers mit sich herumtragen. Mit ihrer Hilfe oder eigeninitiativ sorgen Sie dafür, dass an den entscheidenden Points of no Return die notwendige Transparenz darüber hergestellt wird, welche Konsequenzen die eigenen Entscheidungen später mit sich bringen. Und Sie versetzen sich selbst in die Lage zu entscheiden, wann Dinge auch anders – oder später – entschieden werden können und womöglich sogar sollten.

Schaffen Sie eine Informationssymmetrie

Wenn zwei Personen, zwei Vertragspartner oder zwei Marktakteure, nicht über dieselben Informationen verfügen, dann spricht die Kommunikationswissenschaft von einer »Informationsasymmetrie«. Und solche Situationen führen insbesondere dann, wenn es um viel geht und wenn jeder möglichst einen guten Nutzen für sich herausschlagen möchte, schnell zu Konflikten.

Die Volkswirtschaftslehre geht dann davon aus, dass der Akteur mit mehr Informationen diesen Umstand prinzipiell zugunsten oder zuungunsten seines Gegenübers einsetzen kann. Das ist erfahrungsgemäß ja auch durchaus eine gewisse Sorge, mit der angehende Bauherren in diesen Prozess gehen.

»Hoffentlich werden wir nicht über den Tisch gezogen ...«

Der Profi – und das sind Baufirmen, Vermittler, Fertighausfirmen, Handwerker, Behörden und manche andere – kann den Neuling in diesen Abläufen sehr transparent und entgegenkommend über all die für ihn notwendigen Dinge in Kenntnis setzen und das Informationsdefizit stets ausgleichen. Er kann aber auch einen gewissen Vorteil für sich aus dem Defizit schlagen.

»Wussten Sie nicht? Steht in unseren AGBs auf Seite 37 ... Ist außerdem alles nach DIN! Standard ...«

Über Informationsasymmetrien lacht vielleicht, wer an der Supermarktkasse hinterher feststellt, dass er sich gerade hat blenden lassen: neue Rezeptur, doppelter Preis, halber Inhalt ...

Wenn beim Hausbau die Anbieterfirma jedoch ihren Informationsvorsprung genutzt hat, um eine wichtige Information ganz bewusst im Kleingedruckten zu platzieren oder bestimmte Fristen im besten Wissen, dass diese durch den Kunden kaum einzuhalten sein werden, dennoch selbstbewusst als dessen Vorteil im Angebot herausstellt, dann ist es nicht mehr so lustig.

Das lässt sich beispielhaft an folgender Idee illustrieren, die manche Hausbaufirmen gerne verfolgen: Sie wissen um die Vorliebe ihrer Kunden für Zahlen. Schließlich ist es für Bauherren extrem schwierig, sich alle Details und fachlichen Beschreibungen eines Hauses stets anzuschauen, sie zu verstehen und vergleichbar zu machen. Welcher Wandaufbau ist der richtige, welcher Standard hier und welche Norm dort hilfreich und vonnöten? Der Hausherr weiß so was meistens nicht direkt. Und es ist eine große Rechercheaufgabe, sich in all diesen Bereichen Überblick zu verschaffen.

Doch was Bauherren schnell und einfach erfassen können, ist die Angabe, wie viele Quadratmeter das angebotene Haus hat und wie Sie diese Leistungsbeschreibung mit den Angeboten anderer Anbieter ins Verhältnis setzen können. Zwei verschiedene Häuser sollen 500.000 Euro kosten. Das eine hat 140 m^2, das andere 150 m^2. Die damit gestellte Matheaufgabe kann der Drittklässler im Haushalt lösen und wird zu dem Schluss kommen, welches Haus auf Basis dieser Zahlen das bessere Angebot ist.

Weil Haus-Firmen diesen Zusammenhang kennen und häufig genug erlebt haben, wissen Sie, dass es durchaus einen Unterschied macht, ob die nutzbare Wohnfläche des Hauses oder die zur Verfügung stehende Grundfläche angegeben werden. Das bedeutet aber noch nicht, dass sie den Hinweis darauf unbedingt hinzufügen, was sie ansetzen. Dann ist bei dem Haus mit 150 m^2 von der gesamten Fläche sicherlich manche Innen- und Außenwand abzuziehen und schon ist das Haus in Bezug auf die Wohnfläche kleiner als das andere Angebot, das eben eine andere Bezugsgröße nannte. Solange niemand danach fragt, handelt es sich hier jedoch um eine klassische Informationsasymmetrie.

»Wenn Sie jetzt unterschreiben, gilt der Festpreis für Ihr Traumhaus durch unsere Firma für sechs Monate, wenn das Projekt bis dahin im Rohbau steht!« Und die notwendigen vorbereitenden Schritte wie Gutachten, Planung, Architekt, Grundbucheintrag für das noch nicht gefundene Grundstück et cetera benötigen locker neun Monate. Wussten Sie nicht? Dauert eigentlich immer so lange …

Die Planung und der Bau des eigenen Hauses funktionieren nicht ohne Vertrauen, auch darauf wollen die Auftraggeber buchstäblich bauen können.

Es ist wiederum die einmalige Größe der finanziellen Herausforderung, die es besonders relevant erscheinen lässt, sich eben nicht über den Tisch ziehen zu lassen. Wenn Sie im Urlaub eine ziemlich günstige Markenjeans auf einem dieser netten kleinen Märkte kaufen und diese sich als Fake entpuppt oder wenn Sie zu Hause feststellen, dass die »Lolex« sogar für 150 Euro noch sehr teuer eingekauft wurde, dann ist das lehrreich und später eine unterhaltsame Urlaubsanekdote. Beim nächsten Mal kann sich der Geschädigte ja dann mit einem Lächeln ins Gedächtnis rufen: Ich bin damals einer Informationsasymmetrie aufgesessen.

Beim Hausbau möchten Sie das nicht erleben. Doch wie gesagt gehe ich nicht davon aus, dass in der Branche, mit der wir uns hier auseinandersetzen, besonders viele schwarze Schafe unterwegs seien. Ich stelle lediglich fest, dass allein durch die Größe des Projekts an der einen oder anderen Stelle ein besonders lukrativer Nutzen für den Anbieter lockt, der die Informationsasymmetrie für sich nutzen will. Und weil die Gesamtsummen so hoch sind, kann es einen fünfstelligen Unterschied machen, wenn einer der Player sich irgendwo mal 5 Prozent eines kleinen Vorteils auf diesem Wege verschafft. Relativ gesehen schadet das dem Kunden gar nicht so sehr …

Und da die zukünftigen Bauherren in dieser Geschichte immer Anfänger sind, ist relativ schnell klar, gegen wen die Asymmetrie spricht.

Ansonsten würde ich im Sinne der Objektivität gerne die Wissenschaft dazu sprechen lassen:

> *»Dass bei einer Informationsasymmetrie eine Krise vorprogrammiert ist, ist wohl keine Theorie. Und diese Krise wiederum muss von den Beteiligten beherrscht und schnellstmöglich eingedämmt werden.«*[27]

Die Volkswirtschaftslehre empfiehlt Kommunikation, um eine bestmögliche Transparenz für beide Partner herzustellen. Dem kann man sich nur anschließen.

Denn das ist klug. Und zwar in genau dieser Reihenfolge. Zunächst bemühen Sie sich um Partner, die mit einer besonders guten Kommunikation glänzen. Wenn Sie darauf achten, dass die Informationsasymmetrie von Ihren Partnern stets möglichst gut aufgelöst wird und Sie den Eindruck bekommen, alle für Sie notwendigen Informationen stets zur rechten Zeit und früh genug zu bekommen, dann ist das schon mal eine sehr gute Sache. Wenn Sie auf Partner stoßen, die immer wieder Gründe dafür finden, dass sie Ihnen einzelne Aspekte nicht im Detail erklären oder kalkulieren können, oder wenn Sie Angebote vorgelegt bekommen, die immer wieder zu einem bestimmten Standard zurückkehren, dann erkennen Sie ab jetzt die mangelnde Bereitschaft zur Transparenz darin.

Allerdings können Sie auch bei guter Kommunikation immer noch davon ausgehen, dass ein besonders geschickter Nutznießer der Informationsasymmetrie trotzdem durchaus auch kommunikativ sehr talentiert sein kann.

Ein kluges und eigennütziges Ausnutzen der Informationsasymmetrie inklusive transparenter Kommunikation lässt sich in einem einzigen Satz illustrieren: »Das stand doch im Vertrag! …«

Wem machen Sie dann einen Vorwurf, wenn es am Ende doch »Überraschungen« gab? Und wie weit kommt man dann später mit einer eventuellen Beschwerde? Wenn etwas in einem Vertrag steht, wie verklausuliert, kleingedruckt oder in fehlerfreiem Fachchinesisch formuliert auch immer, dann wurde es ja kommuniziert. Die Transparenz steht dabei allerdings noch auf einem anderen Blatt.

Und die Eigenverantwortung des Auftraggebers, die eigenen Entscheidungen auch stets auf die dafür notwendigen Informationen zu gründen, muss auch betrachtet werden.

Verträge werden erst dann zu einem Problem, wenn sie aufgrund eines Streits zum zweiten Mal aus der Schublade geholt werden.

Deshalb sollten Sie sich als Bauherr immer selbst um größtmögliche Transparenz bemühen. Versuchen Sie selbst, möglichst viel Überblick über den gesamten Prozess zu halten und dann auch die Kommunikation Ihres Gegenübers stets mit dem eigenen Plan und Wissen abzugleichen. Das ist ein weiterer großartiger Vorteil des eigenen Plans: Sie können Ihrem Gegenüber an vielen Stellen präzise Aufgaben stellen und ihn auf seine Transparenz und Kommunikationsbereitschaft hin prüfen. Werden die eigenen Wünsche ernst genommen und werden fundierte Antworten auf das Pflichtenheft gegeben?

Stehen Sie selbst im gesamten Prozess dafür ein, die Informationsasymmetrie zu Ihren Gunsten bestmöglich aufzulösen. Dann werden Ihnen schnell Ungereimtheiten und der eine oder andere taktische Winkelzug eines schwarzen Schafes auffallen, auf das Sie hoffentlich trotzdem nie treffen werden.

Wie ein Schachspieler sollten Sie immer wissen, wo Sie stehen und welche weiteren Schritte folgen. Wer das besonders gut und strategisch beherrscht, gewinnt. Die Strategie darf dabei gerne übersichtlich bleiben.

Klingt komisch: Wer weniger verhandelt, verhandelt besser

Einer der wichtigsten Tipps, um sich selbst in den Verhandlungen das Leben einfacher zu machen, ist sicherlich, möglichst wenig mit den Baufirmen zu verhandeln. Das funktioniert mit zwei wichtigen Grundüberzeugungen, die die Verhandlungen mit dem Bauträger gut vorbereiten.

Zunächst einmal sollten die Interessenten nicht zu früh an die Baufirma herantreten und offene Fragen stellen. Beispielsweise mit dem

Schritt, eine Architektenplanung für das eigene Haus den Gesprächen mit der Baufirma voranzustellen und damit eine klare, eigene Vorstellung des Traums vom eigenen Haus einzubringen, wird die Verhandlungsmasse bereits deutlich übersichtlicher. Bauherren, die dieses kleinere Investment in einen unabhängigen Architekten leisten und mit seiner Erfahrung den eigenen Vorstellungen bereits Gestalt verleihen, können dann genau über diese Themen in einem viel engeren Korridor mit den Baufirmen diskutieren.

Sie machen die Baufirmen damit untereinander viel leichter unterscheidbar und verfügen über eine klare Position, auf die sie sich immer dann zurückziehen können, wenn sie von zu vielen neuen Alternativen ansonsten herausgefordert würden.

Je nachdem, für wie begeisterungsfähig sich die Bauherren dabei selbst halten, ist das auch ein guter Schutz davor, von zu vielen tollen Ideen neuerlich verunsichert zu werden.

Der zweite wichtige Tipp, um mit den Baufirmen möglichst klar und sicher verhandeln zu können, liegt darin, mit ihnen nur das zu verhandeln, was mit ihnen verhandelt werden muss. Interessenten, die klar zuordnen können, welche Leistungen die eigentlichen Kernkompetenzen beispielsweise einer Hausbaufirma sind, können mit solch einer Firma über genau diese Themen sprechen.

Es hatte sich schon mehrfach angedeutet, dass beispielsweise Fertighausfirmen häufig ein Haus erst oberhalb der Rasenkante so richtig »denken« und dort ihre Kompetenzen einbringen können. Sie bieten oft weitere Leistungen rund um das Haus an, schon um den potenziellen Kunden das »Rundum-sorglos-Paket« anbieten zu können und ihnen damit die Entscheidung zu erleichtern, sich selbst vom Markt zu nehmen. Beispielsweise den Keller.

Es liegt jedoch häufig nicht im ureigenen Interesse der Fertighausfirmen, den Aushub der Baugrube oder die Erstellung des Kellers wirklich umzusetzen. Sie vergeben solche Leistungen letztlich auch nur an Drittfirmen.

Das sind zum einen häufig in jeder Region Deutschlands nur einige wenige Firmen, die den Markt dort unter sich aufgeteilt haben und auf die selbstverständlich auch die Bauherren Zugriff haben, wenn sie mit einer einfachen Suchmaschinenrecherche einmal nach einschlägigen Angeboten suchen. Es ist dann keine allzu große Aufgabe mehr, hier den besten Anbieter selbst aufzuspüren. Und es erspart häufig die Marge der Fertighausfirmen, die sich die Vermittlung einer Tiefbaufirma oder eines Keller-Anbieters selbstverständlich mit einer netten Vermittlungsprovision vergüten lassen.

Ein Tipp zur Marge bei Drittfirmen

Ich kenne einige Tiefbaufirmen, die die weitervermittelten Aufträge von Fertighausfirmen und anderen Bauträgern immer mit einem lachenden und einem weinenden Auge annehmen. Sie wissen, dass die Vermittlungsprovision der Fertighausfirmen diesen häufig eine größere Marge einbringt, als überhaupt die Marge der Tiefbauunternehmen und Kellerfirmen ist. Die Kunden merken das nicht, weil sie alles aus einer Hand nehmen. Raten Sie mal, wer beides zahlt!

Bauherren, die die Verhandlungen für beide Seiten einfacher gestalten, aber nicht darauf verzichten wollen, einzelne Abläufe des Vertrags mit der Baufirma zu prüfen, schauen selbst oder lassen sich beraten, welche Leistungen eigentlich wirklich die Kernkompetenzen der Baufirma darstellen.

Das funktioniert sehr gut mit der Unterstützung des schon häufiger beschriebenen unabhängigen Architekten, dessen Erfahrung und vor allem auch dessen Netzwerk von weiteren, ebenfalls unabhängigen Partnern im späteren Verlauf noch sehr wertvoll werden können. Auch er kennt meistens die »Szene« ganz gut und kann zumindest die Auswahl für die Bauherren um Partner erweitern, die gut zum Projekt passen.

Das funktioniert wiederum auch gut, wenn die Bauherren bis dahin schon die eigene ergänzende Liste an wichtigen Elementen, die sie in ihrem Projekt später benötigen und sehen wollen, führen und mit dem bauerfahrenen Architekten ergänzen. Es macht einen großen Unterschied, ob Interessenten für ein Haus zu einer Firma gehen und sagen: »Was können Sie uns denn anbieten?« – oder ob sie zur gleichen Firma gehen und eine Architektenplanung und einen eigenen Wunschkatalog vorlegen, mit der Frage: »Wie können Sie das für uns umsetzen?«

Die Rolle der Interessenten wechselt mit diesem Ansatz aus der Passivität in eine aktive Rolle, was den Prozess der Verhandlungen deutlich vereinfacht. Die Bauherren schaffen einige Fakten und können diese auf den

Verhandlungstisch legen, sie werden damit zum Prozesseigner ihres eigenen Projekts. Und sie reduzieren damit die mögliche Herausforderung, in so vielen Fragen gar nicht entscheiden zu können, ob die Baufirma ihnen die beste Lösung für sich selbst, aber die zweitbeste Lösung für die Kunden anbietet.

Noch einmal ganz plakativ:

Baufirma A bietet:

das günstigste Haus, die teuerste Baugrube, den drittgünstigsten Keller, die zweitschnellste Bauzeit, die besten Rücktrittsmöglichkeiten, gehobenen Standard bei der Bemusterung und einen Grundstücksservice.

Baufirma B bietet:

das zweitgünstigste Haus, die günstigste Baugrube, auch den drittgünstigsten Keller, die schnellste Bauzeit, schwache Rücktrittsregeln, gehobenen Standard bei der Bemusterung und keinen Grundstücksservice.

Welche nun nehmen?

Indem vielleicht der Aushub der Baugrube, die Erstellung des Kellers und der »Grundstücksservice«, der vielleicht gar keiner sein wird, von den Bauherren selbst in die Hand genommen werden, können diese möglichen Verhandlungspunkte vom Tisch genommen werden. Für jeden einzelnen Verhandlungstisch können die Bauherren mit explizit darauf spezialisierten Partnern verhandeln und auch dort mit Übersicht entscheiden und sparen womöglich eine stille Provision.

Und noch einmal zurück zur Idee, beispielsweise den Keller bei einer Drittfirma selbst zu beauftragen. Das kann auch vor einigen weiteren unangenehmen Überraschungen schützen, die wiederum die Verhandlungen und den Umgang mit der Hausbaufirma nur unnötig belasten würden. So ist beispielsweise in den Verträgen mit den Baufirmen häufig der Bau eines Kellers oder das Gießen einer Bodenplatte berücksichtigt; allerdings häufig auch wieder nur als Standard und unter Voraussetzung üblicher Bodengrundverhältnisse.

Bauherren, die diese Leistung, die den Baufirmen ja meistens eh nur wegen der Provision wichtig ist, aus der Gesamtleistung herausziehen und selbst vergeben, können diese auf jeden Fall dann an ein selbst beauftragtes Bodengutachten knüpfen und erreichen so automatisch früh mehr Transparenz über die notwendigen finanziellen Aufwendungen für diesen Schritt.

Sie kennen den realistischen Finanzierungsrahmen früher und besser und können mit vernünftigen Zahlen das weitere Projekt planen und die Finanzierung anfragen.

Belässt man hingegen diese Leistung bei der Baufirma, dann erreicht man wenig Transparenz über die später tatsächlich entstehenden Kosten. Sei es, weil die Hausbaufirma womöglich nicht den günstigsten Anbieter auswählt, sondern den, der die beste Vermittlungsprovision zahlt. Oder sei es, weil die Bauherren die Herausforderungen ihres Grundstücks und die entstehenden Kosten nicht selbst mit einer Firma in einem engen Rahmen besprechen und aushandeln können.

Im schlechtesten Falle liest eine Baufirma das Bodengutachten, dass die Bauherren auf eigenen Wunsch für das Grundstück haben erstellen lassen, später nämlich auch dann nicht, wenn es auf Betreiben der Bauherren schon außerhalb der Planung erstellt wurde. Ihr genügt für den Vertragsabschluss mit Standardformulierung, dass im Verbraucherbauvertrag festgeschrieben ist, dass bei einem Grundstück ohne besondere Herausforderungen der Keller zu einem Festpreis errichtet wird. Für den Fall, dass besondere Aufgaben aus dem Bodengutachten ersichtlich werden, hat sie einen Passus aufgenommen, der dieses Risiko an den Kunden weiterschiebt, und kann die Dinge einfach abwarten, risikofrei.

Drei Dinge, die man gut verhandeln kann, sind:

- Zahlungsschritte und im Speziellen:
- eine eher geringe Anzahlung und stattdessen höhere Schlussrate,
- gesonderte Rücktrittsrechte, falls man doch bei der früheren Zusage der Baufirma aufnimmt.

Wann ein Experte sinnvoll ist

Angehende Bauherren sind keine Experten beim Thema Hausbau. Baufirmen schon. Also wäre es doch wunderbar, sich so häufig wie möglich einen Experten an die eigene Seite zu holen. Das ist allerdings wiederum auch eine Kostenfrage. Es lassen sich jedoch einige entscheidende Punkte ausmachen, bei denen die Hilfe eines Experten viel Sicherheit und viel schnellere Fortschritte garantieren kann und schon daher dort sehr effektiv und effizient ist.

Wenn es brennt, dann können Sie das kleine Feuer sehr gut mit einer Flasche Champagner löschen. Das ist hoffentlich effektiv, aber nicht sehr effizient. Wasser wäre, wenn es zur Verfügung steht, sicher besser.

Sich im gesamten Prozess des eigenen Hausbaus immer die besten Experten an die Seite zu holen ist wahrscheinlich effektiv. Aber nicht unbedingt effizient und damit nicht im Sinne der Bauherren, die ja eben Kosten sparen wollen. Viel klüger ist es, sich an den Points of no Return die Hilfe eines Experten dazuzuholen. Oder noch einfacher und eingänglicher gesagt:

Bevor Sie den Kugelschreiber zücken, sollte ein Experte drauf geschaut haben.

Bevor Sie die Endabnahme Ihres späteren Hauses quittieren, sollten Sie eine Bauabnahme mit einem Sachverständigen durchgeführt haben.

Bevor Sie den Rohbau der Baufirma gegenüber abnehmen, sollten Sie eine ebensolche Rohbauabnahme mit einem Sachverständigen gemacht haben.

Bevor Sie sich eingängig mit Baufirmen auseinandersetzen und sich Angebote erstellen lassen, von denen Sie dann eines auswählen, sollten Sie sich von einem Architekten den kreativen Teil Ihres Traums einmal auf Papier bringen lassen.

Und bevor Sie sich dazu entschließen, den größten Point of no Return umzusetzen und einen Vertrag bei einer Baufirma zu unterschreiben, sollten Sie sich einmal mit einem Sachverständigen für Verträge in diesem Bereich zusammensetzen und mit ihm schauen, ob Ihr Wunsch des fertigen Hauses, Ihr berechtigtes Sicherheitsstreben und alle notwendigen Leistungen darin berücksichtigt sind.

Dann kann ein solcher Experte, beispielsweise ein Bausachverständiger, eine gute Hilfe sein.

Diese Hilfe brauchen Sie dann auch nicht allzu umfänglich zu nutzen. Auch ist es nicht unbedingt immer notwendig, einen gerichtlich bestellten oder amtlich zugelassenen Sachverständigen zu Rate zu ziehen. Vereinfacht gesagt sind diese besonders wichtig, wenn man bereits vor Gericht steht.

Und dann müssen Sie im Grunde nur noch einer einzigen Verlockung widerstehen: So, wie Sie mit der Baufirma lieber über Inhalte als über Geld sprechen, so binden Sie Ihren Ansprechpartnern auch nicht sofort auf die Nase, dass Sie sich jetzt von einem Sachverständigen beraten lassen.

Es ist sicherlich verlockend, die eigene, dadurch unzweifelhaft entstehende, Position der Stärke in die Verhandlungen einzubringen. Es kann wie eine beruhigende Hilfe erscheinen, der Baufirma zu sagen, dass Sie nun mithilfe des Sachverständigen viel bessere Karten haben, sich nicht wie ein Anfänger aufzuführen. Zumindest sinngemäß.

Aber was soll dadurch besser werden? Es ist wohl eine lustige Vorstellung, dass die Baufirma dann angesichts des plötzlich imaginär mit am Verhandlungstisch sitzenden Sachverständigen sagt: »Ach herrje, Sie lassen sich beraten!? Na, dann müssen wir bei Ihnen ja einen ganz anderen Vertrag aus der Schublade ziehen. Dann können wir Sie ja gar nicht richtig über den Tisch ziehen!«

Viel wahrscheinlicher ist, dass die Baufirma diese Feststellung Ihrerseits eher als einen Affront gegenüber ihrer Glaubwürdigkeit begreift, was sie gar nicht ist.

Es ist viel besser, die Baufirma erst einmal das Angebot genauso erstellen zu lassen, wie sie das sowieso tun würde. Der Experte, der Sie dann in diesem Prozess berät, wird so die besten Chancen haben, eventuelle Lücken auch routiniert zu erkennen, weil der Prozess der gleiche bleibt, wie er es häufig ist.

Und eine Firma, die es dann tatsächlich gar nicht so gut mit Ihnen als Kunden meint, wird durch die Aussage, dass nun ein Experte mit auf die Verträge, Protokolle und Baupläne schaut, doch eher noch motiviert, die Sachen weniger gut zu kommunizieren, weniger entgegenkommend zu verhandeln und weniger auf Sie zuzugehen. Dabei wollen Bauherren doch mehr Transparenz erreichen.

Zeit ist Geld

Einer der wichtigsten Gründe dafür, dass unabhängige Experten dann sogar Geld sparen können, ist, dass bei einem Haus, wie bei vielen anderen Dienstleistungen und Produkten auch, stets Zeit gegen Geld getauscht wird. Geht man selbst im Angestelltenverhältnis arbeiten, dann kann man sich hoffentlich darauf verlassen, dass die eigene Zeit und Arbeitskraft durch den Arbeitgeber entsprechend entlohnt werden: Zeit gegen Geld!

Dafür erwartet der Arbeitgeber natürlich einen gewissen Fortschritt. Und in manchen Berufsfeldern kommt es dann auch mal vor, dass die eigene Arbeitskraft beispielsweise durch eine Maschine wegrationalisiert wird.

Was im genannten Fall ein ziemlicher Schrecken sein kann, ist beim eigenen Hausbau eine interessante Überlegung wert: Vielleicht sollten Bauherren sich und ihre aufwendigen Bemühungen, selbst den besten Überblick zu erreichen, an manchen Punkten durch einen Experten wegrationalisieren lassen. Das spart womöglich viel Zeit.

Zeit kostet beim Bau an vielen Stellen Geld.

Beispielsweise

- kostet es Geld, wenn die Handwerker auf der Baustelle länger beschäftigt sind als geplant, weil notwendige Materialien oder Werkzeuge nicht da sind;
- kostet es Geld, wenn Bauherren das eigene Haus geplant und bis zum späteren Umzug alle Schritte theoretisch durchexerziert haben, es nun aber innerhalb des Planes zu Verzögerungen kommt und sie noch länger in der Mietwohnung bleiben müssen, die eigentlich längst verlassen werden sollte;
- kostet es Geld, wenn durch verzögernde Prozesse die Kündigungsfrist eines Vertrages überschritten wird und die Bauherren dann feststellen, dass sie das Haus so mit dieser Firma lieber nicht bauen würden und gar vom Vertrag zurücktreten möchten;
- kostet es mitunter Geld, wenn eine Bank bereit ist, den Kredit für das eigene Haus bereitzustellen und dieser dann über gewisse Zeiten nicht abgerufen werden kann, weil das Projekt an anderer Stelle ins Stocken geraten ist; das ist der sogenannte Bereitstellungszins, der dann gezahlt werden muss, obwohl das Geld noch gar nicht auf dem eigenen Konto oder bei der Baufirma ist;
- kostet es Geld, wenn die Hausbaufirma einen Fixpreis für das Haus vorgeschlagen hat, der für einige Monate gilt, wenn das Haus bis dahin errichtet wurde, und der nun aufgrund aufkommender Herausforderungen nicht mehr eingehalten werden kann;
- kostet es Geld, wenn während der Bauphase so viel Zeit ins Land geht, dass bestimmte Baukosten für Material und Dienstleistungen oder die Baunebenkosten steigen.

- Und beispielsweise kostet es auch Geld, wenn Selbstausbauer einiges an Handwerkerleistungen einsparen möchten und dann durch mangelnde Erfahrung so lange benötigen, dass sie beispielsweise noch zwei Monate ins Hotel ziehen und die Möbel einlagern müssen, weil die Mietwohnung längst gekündigt ist.

Zeit ist beim Hausbau ganz oft Geld. Gelingt es jedoch, während der Bauphase und an den entscheidenden Points of no Return gleich die richtigen Fragen zu stellen und Entscheidungen nach einem guten eigenen Plan so zu treffen, dass möglichst keine teuren Konsequenzen befürchtet werden müssen, dann spart das ganz häufig Zeit. Und damit Geld.

Die notwendigen Fragen und die Übersicht können sich Bauherren sicherlich selbst erarbeiten.

Experten jedoch sind wie die anderen Partner am Bau erfahren in diesen Dingen und haben schon viele Bauherren scheitern, Fehler machen und Zeit verlieren sehen. Sie erkennen häufig potenzielle Fehlerquellen schon, bevor daraus ernste Konsequenzen erwachsen, und das spart ausdrücklich Zeit. Learning by doing ist zeitintensiv, wenn Anfänger ohne viel Vorerfahrung in den Prozess einsteigen und eigene Fehler machen.

So amortisiert sich häufig ein Experte gegenüber dem Bestreben, alle Übersicht selbst gewinnen zu müssen. Das gelingt besonders effizient, wenn der Experte nur an den wichtigen Points of no Return eingesetzt wird. Einige davon wurden bereits aufgezählt, darunter die Vertragsberatung, die Entwurfsplanung durch einen Architekten und die Rohbauabnahme.

Machen Sie sich positiven Stress

Bei einem Projekt in der Größe des eigenen Hauses lässt sich Stress nicht vermeiden. Es wird ihn früher oder später geben. Dabei liegt es in der Natur des Menschen, diesen Stress selbstverständlich vermeiden zu wollen und ihn dabei manchmal auf die lange Bank zu schieben. Es ist ein natürlicher Prozess, verschiedenen Partnern in diesem Projekt beispielsweise am Anfang einen Vertrauensvorschuss zu schenken, weil das gefühlt Stress vermeiden könnte. Das ist nicht einmal naiv, sondern im Zweifel nur der eigenen Unkenntnis und der Komplexität des Projekts geschuldet. Wie

»paranoid« will man denn auf alle Eventualitäten und Stressoren dieses Projekts schauen? Das Projekt eigenes Haus ist – und bleibt! – ein tolles Ziel, das man sich nicht durch übertriebene Skepsis selbst madig machen sollte. Das darf auch schon wieder zweimal gelesen werden, weil es besonders wichtig ist.

Ist es wirklich angezeigt, mit dem Firmenvertreter im Musterhauspark über verschiedenste Paragrafen des Vertrages zu diskutieren, den dieser als Vordruck aus der Schublade zieht und mit guten Worten bedenkt?

Ist es notwendig, bestimmte Fragen vielleicht mit ein oder zwei Entscheidungsinstanzen oberhalb dieses Verkäufers zu diskutieren, weil dieser sie gar nicht entscheiden kann?

Es ist auf jeden Fall schon ein bedeutsamer Schritt, seinen eigenen Plan dort einzubringen, die Vorschläge der Baufirma daran zu prüfen und auch einmal die eine oder andere Reibung zu erzeugen.

Der Verkäufer ist vermutlich auch kein Freund davon, dass Sie als Kunde vor Vertragsunterschrift gleich einmal so etwas wie Ihr Durchgriffsrecht anwenden. Vermutlich sind aber etliche der Fragen, die angehende Bauherren sich alternativ oder zusätzlich zu den Formulierungen des Vertragsvorschlags stellen, sogar leichter zu besprechen, als es gedacht wird.

Die Hausbaufirmen schätzen ihre routinierten Prozesse, weil diese für sie einen guten Kompromiss aus vielen Anforderungen darstellen. Sie erscheinen auch vielen Kunden als folgerichtig und funktionieren bei diesen, erzeugen eher kleinere Spannungen, wenn mal etwas nicht so läuft wie geplant, und beinhalten für die meisten Eventualitäten eine gute Alternative – die allerdings insbesondere die Baufirma vor größeren Überraschungen schützen kann.

Die Baufirmen werden vermutlich nicht allzu gerne von diesen erprobten Prozessen abweichen und je nach Aufgabe können Interessenten auch daran scheitern, ihren eigenen Plan hier durchzusetzen. Das ist zuallererst auch wieder ein Argument dafür, möglichst wenige Fragen mit den Baufirmen überhaupt diskutieren zu müssen und den Rahmen der an sie vergebenen Leistungen eher etwas kleiner zu halten.

Es schützt aber nicht vor Stress. Und Bauherren sind immer gut beraten zu sehen, dass es einen großen Unterschied macht, ob sie sich etwaigen Stress vor ihrer Unterschrift oder nach ihrer Unterschrift machen. Plakativ ausgedrückt bedeutet Stress vor der Unterschrift, dass sich eventuelle

Schwierigkeiten auf dem Papier manifestieren – in E-Mail-Verkehr mit der Geschäftsführung der Hausbaufirma oder in einem ganzen Wochenende, das man damit verbringt, die eigenen Wünsche einmal vollumfänglich in einen Katalog zu schreiben.

Nach der Unterschrift manifestieren sich aber etwaige Schwierigkeiten in Beton (oder Holz, falls Sie ökologisch und nachhaltig dort Ihren Schwerpunkt setzen wollen).

Machen Sie sich also richtig Stress. Und »richtig« bedeutet in diesem Zusammenhang: möglichst wenig und zur rechten Zeit. Stress machen Sie sich eher am Beginn des Prozesses als am Ende, was gegenintuitiv ist, weil es sich leichter anfühlt, Stress möglichst nicht selbst zu initiieren und nach dem Prinzip Hoffnung lieber davon auszugehen, dass er sich vielleicht von selbst auflöst oder nie entstehen mag.

Manche Fragen, die später Stress erzeugen können, sind dabei so etwas wie die Wasserleiche des eigenen Hausbaus. Diese sehr deutliche Metapher zeigt gut, worum es geht: Mancher Schrecken taucht erst später wieder auf, wenn er am Beginn zu sehr verdrängt wird. Und dann wird die Frage gestellt, wer das zu verantworten hat. Dann ist das, was da auftaucht, auch meistens größer geworden …

Stress ist Geld

Warum findet der potenzielle Stress eines eigenen Hausbauprojekts einen solchen Raum in diesem Kapitel, das sich mit den Finanzen auseinandersetzt? Ganz einfach, weil sich Stress immer (auch) in Geld umrechnet, früher oder später. Beispiele:

- Die Baufirma empfiehlt, zunächst einmal den Verbraucherbauvertrag zu unterschreiben, damit die Festpreisgarantie genutzt werden kann. Das ist eine Verlockung, schließlich soll dieser Vorteil genutzt werden. Um weiteren Stress zu vermeiden, wird die Auseinandersetzung mit der Firma über diesen Punkt lieber nicht gesucht – das aber kann später teuer werden, weil die Bauherren etliche Konsequenzen, die aus dem Vertrag folgen, nunmehr gleich mit unterschrieben haben.
- Die Baufirma legt einen Verbraucherbauvertrag vor. Durch die Beratung eines unabhängigen Experten wird klar, dass einige dieser

Punkte nicht automatisch ausgewogen die Baufirma und die Bauherren gleichermaßen schützen. Einzelne Punkte hierbei zu diskutieren und die Fragen vielleicht bis zur Geschäftsführung der Firma zu eskalieren ist Stress. Es kann aber später bares Geld sparen, wenn besondere Herausforderungen dann wünschenswert machen, dass man durch den geschlossenen Vertrag auch einen gleichberechtigten Schutz der eigenen Interessen erfährt.

- Die Baufirma verfolgt einen eigenen Plan, wie der Projektablauf für sie ideal vonstattengeht. Das ist vermutlich der wichtigste Punkt und einer der schwierigsten, hier eigene Anpassungen durchzusetzen. Doch das ist gleichsam der Kern Ihrer Strategie, das eigene Haus möglichst stressfrei bauen zu können und dafür zu sorgen, dass sich später möglichst wenig Stress und damit wenige nicht kalkulierte Kosten ergeben. Stress lieber vor der Vertragsunterschrift als nach der Vertragsunterschrift zu erleben ist also ein weiterer wichtiger Tipp, um ihn insgesamt einzudämmen. Und das spart unter Umständen sogar Geld.

7.

Baukostenplanung und Kostenübersicht

Der erste große Teil dieses Buches war ausdrücklich Ihrem persönlichen Bauchgefühl als angehende Bauherren gewidmet. Es soll ein grundlegendes Verständnis dafür erreicht werden, dass das Projekt Eigenheim zwar sehr komplex ist und viele Fragen beantwortet werden müssen, dass jedoch einige Überzeugungen immer und immer wieder herangezogen werden können und müssen. Es gibt gewissermaßen Muster, nach denen alle Prozesse angeschaut werden sollten, damit vieles schneller durchschaubar wird: ein eigenes Bauchgefühl. Manche mögliche Falle lässt sich so auch recht schnell erkennen.

Diese grundlegenden Überzeugungen können an der einen oder anderen Stelle die Bauherren wach auf mögliche Fallstricke blicken lassen und an anderer Stelle Potenziale heben, schneller, effizienter und günstiger das eigene Projekt wahr werden zu lassen. Ich bin mir aber auch sehr sicher, dass zwischen all diesen Zeilen immer wieder die Frage steht, ob man das denn nicht doch noch etwas konkreter und am besten zum Abhaken bekommen kann. Darum soll es ab jetzt gehen.

Der erste große Teil dieses Buches sollte auch dafür sensibilisieren, beim Plan vom eigenen Haus zunächst einmal wirklich vom *eigenen* Plan auszugehen! Dazu wurde klar darauf hingewiesen, dass der Schritt zu einer Baufirma mit allzu vagen »Wir lassen uns mal inspirieren«-Vorstellungen seitens der angehenden Bauherren großes Potenzial hat, genau das Gegenteil zu erreichen.

Die Bauherren verlieben sich in einen Grundriss und ein Raumgefühl, obwohl sie eigentlich viel freier ihren eigenen Plan umsetzen könnten. Sie akzeptieren bestimmte Eigenschaften eines (Fertig-) Hauses aus dem Katalog, obwohl sie genauso gut mit dieser Hausbaufirma ihre ganz individuellen Wünsche bauen könnten.

Vorausgesetzt, dass sie sie überhaupt klar formulieren können.

Sie bauen so, wie »man« das halt macht, und lassen sich aus Unerfahrenheit und Unsicherheit auf Prozesse ein, die nicht *ihre* Prozesse sind und nicht zwingend *ihren* Zielen dienen.

Die wichtigsten Instrumente, um diesen ersten Teil gut hinzubekommen, waren:

- die Architektenplanung, bei der ein unabhängiger Architekt zum eigenen Traum berät und den kreativen Part in ein Konzept einfließen lässt. Mit diesem Konzept wird dann später die Baufirma gesucht und mit dem Wettbewerb verglichen;
- das eigene »Pflichtenheft«, in dem von der Phase der ersten Inspiration bis zur Aushandlung des Vertrags mit der Baufirma all die Punkte aufgenommen werden, die durch Beratung, Experten und eigene Wünsche Teil des Projekts werden sollen. Mit diesem Pflichtenheft werden die Anforderungen an die Baufirma präzisiert und es wird dafür gesorgt, dass auch alle Wünsche dort nicht in irgendwelchen Lücken im Vertrag verschwinden;
- Expertenrat, der an einigen wenigen Points of no Return eingeholt wird, wenn es etwas zu entscheiden gilt, das klare und bedeutsame Konsequenzen nach sich zieht;
- eine gesunde Neugier auf die Möglichkeiten und das klare Selbstbewusstsein, das komplexe Projekt Haus so zu denken, dass es nicht mehr kompliziert ist;
- eine gesunde Skepsis.

Dieses Gesamtkonzept wird nun um einen konkreten Baukostenplan erweitert, nach dem die notwendigen Schritte bis zur Unterschrift unter den eigenen Bauvertrag noch einmal anders strukturiert werden. Und jetzt geht es auch um harte Euros!

Der Baukostenplan als Dokument für Ihre Planung
Der Baukostenplan, wie er im Folgenden entwickelt wird, steht für alle angehenden Bauherren auf der Ressourcenseite dieses Buches zum Download zur Verfügung. Er wird fortlaufend an die aktuellen Herausforderungen und Entwicklungen der Bauherren und die neuen Learnings meines Teams angepasst und immer auf den neuesten Stand gebracht. Das Dokument ist dynamisch und geht in seiner jeweils aktuellsten Form wahrscheinlich noch über die Ausführungen in diesem Buch hinaus. So können die Bauherren, die dieses Buch und den Plan gemeinsam nutzen, stets das Ohr auf der Schiene der neuesten Entwicklungen haben.

Kosten und Wünsche unter einem Dach

Um dieses Ansinnen noch weiter zu konkretisieren, wird im Folgenden versucht, die beiden wichtigsten Elemente auf dem Weg dorthin unter einen Hut zu bringen. Es werden die wichtigen inhaltlichen Themen aufgeführt, Notwendigkeiten, Wünsche und Gestaltungselemente genannt, an die Sie beim gesamten Projekt Haus denken sollten, und mit möglichen Kosten hinterlegt. Was braucht es denn – Schritt für Schritt –, um ein eigenes Haus fertig zu bauen?

Und welche dieser Themen müssen Sie als Bauherren vorab überblicken und einschätzen können, damit Sie die richtigen Entscheidungen bis zur Unterschrift treffen können?

Um das zu verdeutlichen, wird in einem detaillierten Baukostenplan betrachtet, in welchen Themenfeldern Sie sich als angehende Bauherren Klarheit verschaffen müssen. Und dazu wird für jeden einzelnen Punkt versucht, das zur rechten Zeit erst mit einer Kostenschätzung und möglichst dann noch mit einer Benennung der ganz konkreten Kosten zu beschreiben. Was muss bedacht und getan werden? Und was wird es kosten?

Denn eines ist ja offensichtlich: Wenn die Träume nicht zu den Kosten passen und die Kosten nicht zu den Träumen, dann wird das ganze Projekt unmöglich gemacht.

Es sei denn, Sie haben viel zu viel Geld für das, was Sie bauen wollen. Dann können Sie den zweiten Teil des Buches querlesen …

Es gibt keinen Plan für jedes Objekt

Selbstverständlich wird es im Rahmen dieser Auflistung nicht gelingen, für jeden Fall, jede Frage und jeden Kostenfaktor alle wichtigen Punkte einmal im ultimativen »Ablaufplan Hausbau« vorzulegen.

Ein Projekt, das vom ersten bis zum letzten Schritt durchgeplant ist, bei dem Sie nur noch eine Liste abarbeiten müssen, dafür bezahlen und dann das fertige Haus stehen haben, gibt es im Übrigen ja schon: Es nennt sich »Fertighaus mit Festpreis«. Allerdings wäre das dann auch das perfekte Fertighaus in einer perfekten Welt, die es leider trotz allem nicht gibt. Einiges wird immer noch hinzukommen und von Ihnen oder der Baufirma vergessen oder unterschlagen werden. Da hilft die Liste der zu bedenkenden Aufgaben und Kosten im Vorhinein schon sehr.

Schließlich ist aus den bisherigen Beschreibungen auch deutlich geworden, dass standardisierte Hausangebote selten einen Anspruch auf Vollständigkeit erfüllen und häufig dann später noch Listen mit offenen Punkten und Herausforderungen nach sich ziehen …

Wollen Sie nunmehr selbst Projekteigner des Traums vom Eigenheim sein, Ihre eigenen Vorstellungen bestmöglich umsetzen und dabei möglichst vermeiden, Überraschungen zu erfahren, dann müssen Sie am Ende immer einen eigenen Plan entwickeln. Dieser wird dadurch gekennzeichnet sein, dass er ebenso individuell ist wie Ihr Traum, und damit eine ganz eigene Herausforderung darstellen, ihn wirklich immer bestmöglich zu konkretisieren und planbar zu gestalten.

Aus diesem Grund kann es an dieser Stelle nur gelingen, eine gute Anleitung für vielleicht 90 Prozent aller Bauvorhaben zu erstellen. Immerhin, das werden wir hier tun! Und für den Rest kann ich Sie guten Gewissens mit Ihrem im ersten Teil entstandenen Bauchgefühl allein lassen.

Dabei wird dann nicht für 90 Prozent der Träume die eine perfekte Liste geliefert – und für 10 Prozent kann leider nicht weitergeholfen werden; vielmehr werden für Ihr Bauprojekt hier 90 Prozent der Schritte enthalten und nachvollziehbar sein, die Ihnen weiterhelfen, und bei einigen Details werden Sie selbst noch ein wenig überlegen, Expertenrat hinzuziehen und Prozesse finden müssen.

Aber da habe ich größtes Vertrauen: Sie werden die Lücken selbst füllen, wenn Sie das Grundverständnis für die Notwendigkeiten jetzt entwickelt haben. Und dann können Sie ja noch jemanden fragen, der sich damit auskennt.

Der Baukostenplan

Die folgenden Ausführungen sind so strukturiert, dass sie sowohl einen Planungs- und Bauablauf darstellen, also eine grobe Checkliste für die Bauherren vorgeben, als auch eine Baukostenübersicht ermöglichen. Schließlich sind das die beiden wichtigsten Fragen, bevor es an die finale Beauftragung des Projekts geht. Was soll gebaut werden, in welcher Reihenfolge werden welche Fragen relevant – und was wird das kosten (dürfen)?

1. »Hab ich an alles gedacht?«
2. »Weiß ich, was es kosten wird?«

Das wäre tatsächlich die einfachste Liste, die Sie sich für das eigene Projekt erstellen könnten, und sie wäre trotzdem besser als jeder Versuch, sich in den Prozess zu fügen und zu schauen, wo er hinträgt. Eine wirklich umfangreiche Liste können Sie sich auf der Ressourcenseite zu diesem Buch herunterladen. Sie sollte wie folgt genutzt werden: Die großen Themenbereiche geben vor, worum man sich im Groben kümmern sollte. Hier sollten Sie dann auch konkrete Fragen entwickeln, die auch in diesem Buch immer wieder angesprochen werden. Ich gebe in den einzelnen Kapiteln Ideen darüber vor, worum es gehen kann und welche weiteren Einflussfaktoren womöglich eine Rolle spielen. Die großen Themen bei einem Bauprojekt, aus denen Sie sich auch selbst schon diese Liste erstellen können, sind:

- die Budgetplanung,
- der Kauf des Grundstücks,
- die Planung und Vorbereitung des Baus,
- der (Fertig-)Keller inklusive Bodenplatte,
- der Vertragsinhalt und die konkreten Kosten,
- eventuelle Extras und deren Kosten,
- zusätzliche Notwendigkeiten und ihre Kosten (vor allem sogenannte Baunebenkosten),
- sonstige Wünsche und ihre Kosten.

Mit diesen großen Themenfeldern ist schon eine erste Übersicht geschaffen, woran angehende Bauherren denken müssen und welche Kosten sie möglichst präzise vorab kalkulieren sollten. Die Kosten sollten dann auch möglichst fix gemacht werden, damit sie ihr Potenzial für Überraschungen verlieren.

Mein Tipp dazu ist, alle auftauchenden Fragen aus diesem Buch, aus Beratungs- und Verkaufsgesprächen, aus Besichtigungen und Bemusterungen, aus manchem Gespräch mit Hausherren, die schon gebaut haben, und anderen Quellen zu sammeln und die eigenen Ergebnisse im bereits beschriebenen Pflichtenheft für das eigene Projekt sorgfältig weiter auszuarbeiten und den wichtigen Partnern im Projekt auch genau so zu stellen. So kann die eigene Übersicht unter Sicherheit schon einmal massiv wachsen.

Beispiel

Sie stoßen irgendwann bei den Hauskosten auf das Thema Garage. Sie haben die Idee, dass Sie eine Doppelgarage haben möchten, die Ihnen auch als Abstellraum für Fahrräder dient. Also klären Sie, ob diese Garage Teil eines Angebots einer Baufirma ist, ob es auch wirklich eine Doppelgarage ist, ob das Fundament und die Statik, der Bauantrag und die Lieferung auch Inhalt des Vertrages sind. Dann überlegen Sie, was Ihnen im Bereich der Garage noch wichtig ist, und nehmen diesen Punkt in Ihr eigenes Pflichtenheft auf. Dort ergänzen Sie diesen Einzelpunkt um weitere Details, die im Baukostenplan allgemein noch keine Rolle spielen, weil sie spezifisch Teil Ihres Plans sind.

Wollen Sie in der Garage womöglich zukünftig ein Elektroauto laden können? Dann nehmen Sie den Punkt der Lademöglichkeit auf. Soll dort ein Auto geladen werden oder müssen es zwei sein? Was kostet die Ladebox und wer übernimmt die Installation und Prüfung? Was kostet das?

Wenn Sie sich über einen solchen Punkt erst einmal Gedanken machen, weil Sie durch den Baukostenplan darauf aufmerksam werden und nun zunehmend beginnen, in Zusammenhängen zu denken, fallen Ihnen auch gleich Ideen zum Vertrag ein:

Was ist denn seitens der Baufirma in der Garage vorgesehen? Eine Fotovoltaikanlage ist im Hauspreis inbegriffen – lässt sich diese vielleicht mit der Ladebox des Autos verbinden und ist das sinnvoll? Sollte im Vertrag mit der Hausbaufirma dann festgehalten werden, dass die Fotovoltaikanlage dort angeschlossen wird oder genügen die vorgesehenen Vertragsinhalte? Gibt es dann ähnliche oder andere Fördermöglichkeiten dafür? Ist womöglich ein Energiespeicher sinnvoll oder kann das Auto mit zukünftiger Technologiefunktion das übernehmen? Und so weiter ...

Die Wichtigkeit dieser Punkte, wie sie angesprochen und vertraglich festgehalten werden sollten, empfehle ich wiederum mit einer Wertigkeit, vielleicht mit eins (für geringe Wichtigkeit) bis fünf Sternen (für höchste Bedeutung), für die Bauherren und ihren Traum vom Eigenheim zu bewerten.

Mit zu vielen individuellen Zielen und Wünschen können Bauherren sonst leicht ersichtlich ihrem eigenen Traum einen Umfang geben, den sie später schon aus finanziellen und logistischen Gründen nicht werden umsetzen können. Zu viele Ziele sind manchmal genauso schädlich wie ein unbedarfter und etwas zielloser Angang eines solchen Projekts.

Tipps vom Lifecoach

Jetzt geht's los, jetzt zitiert er hier Lifecoaches ... Moment, ich habe Gründe ... Sogenannte Lifecoaches bekommen heutzutage immer mehr Aufmerksamkeit und Resonanz. Keine Ahnung, wie Sie darüber denken, aber manchmal kann man sich die eine oder andere Idee von denen ausleihen. Für die Erreichung von Lebenszielen habe ich beispielsweise letztlich folgenden Tipp gelesen: Schreiben Sie die 20 oder 25 Ziele Ihres Lebens auf, die Ihnen in den Sinn kommen. Und kreisen Sie dann die fünf wichtigsten Ziele ein. Die anderen Ziele bestimmen Sie damit als Ablenkung von Ihren wirklich wichtigen Zielen und erkennen damit, was Ihnen den wichtigen Fokus nimmt.

So ähnlich kann man auch auf die eigenen Ziele beim Traumhaus blicken und erst einmal ganz befreit aufschreiben, welche Details und Optionen man toll findet. Die einzelnen Ziele dann mit einer eigenen Wichtigkeit zu beschreiben kann dabei helfen, Entscheidungen später besser zu treffen. Wenn sich zwei Ziele gegenseitig ausschließen, kann so leichter das wichtigere gewählt werden. Wenn insgesamt zu viele Ziele den Budgetrahmen zu sprengen drohen oder die Aufgabe zu groß machen, können die weniger wichtigen Ziele gestrichen werden. Wenn Ihnen solche Hilfestellungen nützlich sind, sei die Beschreibung der einzelnen Ziele mit Ihrer persönlichen Einschätzung der Wichtigkeit eindeutig empfohlen!

Die einzelnen Fragen und wichtigen Vertragselemente, die nun schon gesammelt werden, sowie die eigene Einschätzung der Bedeutung derselben werden sich im Prozess durchaus noch verändern und vertiefen. Es ist ausdrücklich gut, wenn durch die eigene wachsende Erfahrung mit den Partnern, die verschiedensten Inspirationen und wichtige Expertisen manche Punkte noch einmal wichtiger oder unwichtiger werden und vor allem auch neue hinzutreten.

Die immer weiter wachsende Liste und auch das Pflichtenheft ergeben dann ja wie beschrieben die eigene Checkliste, nach der auch der so wichtige Vertrag zur Grundlage der einzigartig zukunftsweisenden Unterschrift gemacht wird.

Budgetplanung

Analog zum eigenen Ablaufplan des Bauprojekts geht es bei der Checkliste mit dem eigenen Budgetrahmen los.

Ich empfehle natürlich, sich über das eigene Budget ganz zu Beginn des Projekts Gedanken zu machen und es zu schätzen. Noch wichtiger aber, weil mit der Realität vermutlich noch enger verknüpft, ist das Feld des konkreten Budgetrahmens im eigenen Ablaufplan, der von einer Bank, vielleicht im Vergleich verschiedener Finanzierungsangebote, schlussendlich zugesagt wird. Sehen Sie die Sache so: Überlegen Sie ganz zu Beginn des Projekts einmal, welches Budget Sie sich selbst stecken würden. Und treten Sie mit dieser Idee an die ersten Banken und Vergleichsangebote heran. Es ist sicherlich ein Vorteil, zur Bank zu gehen und nicht sagen zu müssen:

»Keine Ahnung, wie viel Budget wir haben oder gerne hätten – schlagen Sie doch mal was vor!«

Der dann später zugesicherte Budgetrahmen, quasi die zweite ganz wichtige Zahl Ihrer Übersicht, ist die relevante Basis aller weiteren Überlegungen und in den allermeisten Projekten sollte dieser Rahmen, inklusive eines Puffers für eventuelle Herausforderungen, danach mit den weiteren

Modalitäten der Umsetzung gefüllt und mit konkreten Kosten beschrieben werden.

Es ist definitiv hilfreich, von der Basis aus zu planen, die auch wirklich da ist, und innerhalb dieses Rahmens die eigenen Träume Wirklichkeit werden zu lassen, als andersherum zu denken und sich dann später an einer enttäuschenden Finanzierungsabsage die erste blutige Nase zu holen.

Warum Sie nicht unbedingt bei der Hausbaufirma finanzieren

Viele Interessenten begehen den Start in das Projekt Haus in der legitimen Inspirationsphase damit, zuerst zu einer Hausbaufirma oder in einen Musterhauspark zu gehen, und machen damit, diese Behauptung wurde nun immer mehr mit Leben gefüllt, bereits einen potenziellen Fehler.

Die hier vorgestellte Strategie legt es vielmehr nahe, viele vorbereitende Schritte zu gehen und sich am Beginn etliche Sachen gut zu überlegen, damit der Auftritt beim Hersteller hinterher konsequent und kompetent erfolgen kann, damit man sich nicht als Anfänger outet und sich auch nicht so verhält.

Dazu gehört es, sich vielleicht Inspiration in einem Musterhauspark oder bei einer Hausbaufirma zu holen, aber dann eben nicht allzu eilfertig in den Prozess einzusteigen und dort den Wegen zu folgen, wie man das halt alles so macht.

Es wurde auch beschrieben, dass es dazugehört, möglichst wenige Themen, aber dafür genau jene, die im wirklichen Kompetenzbereich der Hausbaufirma liegen, mit dieser zu verhandeln.

Ein klassisches Thema, das genauso behandelt werden kann, ist die Finanzierung des Hauses, die man zwar bei vielen Firmen gleich aus einer Hand bekommen könnte, aber nicht unbedingt aus einer Hand nehmen sollte. Zeigt man im Musterhauspark oder bei der Firma reges Interesse für das Haus, dann kann es sehr schnell gehen, dass ein sehr interessantes Finanzierungsangebot vorgelegt wird, mit Sicherheit, so wird unterstrichen, eines der besten am Markt.

Der Rat zum Verzicht, hier mit der Baufirma zu finanzieren, hat etwas damit zu tun, dass damit wieder das gesamte Projekt komplexer wird und es schwerer zu vergleichen ist. Schon wenn die Baufirma dann nur kurz über die Gesamtsumme spricht, aber sehr fundiert über monatliche Belastungen sprechen kann, die sich vielleicht der einfachen Psychologie des Ratenkredits folgend viel angenehmer anhören, geht ein gutes Stück an Übersichtlichkeit verloren.

Das Musterhaus, wie es hier steht, lässt sich aktuell für 1.399 Euro im Monat finanzieren. Bei der anderen Hausfirma wurden 1.599 Euro im Monat aufgerufen und die eigene Bank hat für das erste Haus sogar 1.699 Euro kalkuliert. Allerdings mit anderen Laufzeiten des Kredits, anderen Einmalzahlungen und einer anderen Zins- und Tilgungsrate. Aber Zins und Zinseszins muss man ja auch erst mal interessant genug finden …

Die Baufirma weiß zu diesem Zeitpunkt, wenn Sie Ihnen in dieser Art eine einigermaßen seriöse Baufinanzierung angeboten hat, auch schon recht viel über Sie als Kunden, weil Sie nämlich dem Baufinanzierer (und damit je nach Gemengelage der Baufirma selbst) gegenüber buchstäblich die Hosen heruntergelassen haben. Das geschieht früher oder später im Bestreben, eine Zusage für einen möglichen Kredit zu bekommen, ohnehin. Dabei lohnt es sich jedoch zu fragen, ob diese umfassende Offenheit über die eigenen finanziellen Verhältnisse wirklich auch dem Partner gegenüber gelten soll, mit dem Sie dann noch über weitere Konditionen verhandeln wollen.

Es schwächt unter Umständen die eigene Position, wenn klar ist, dass der eigene Finanzrahmen für das Eigenheim sehr weit ausgereizt wurde. Und andersherum ist es nicht positiv, wenn die Hausbaufirma weiß, dass Sie eigentlich gar nicht so genau auf den Euro schauen müssen.

Das kann relativ abstrakt bleiben, kann allerdings in einzelnen Fällen auch sehr konkrete und folgenschwere Stilblüten nach sich ziehen. Stellen Sie sich vor, dass auf der Baustelle später etwas schiefgeht, und davon ist, bei allem Stress und allen wohlgemeinten Überlegungen, die Sie sich vorher machen, bei einem so großen und komplexen Projekt fast auszugehen. Kommt es dann hart auf hart, wird ein später auftretender Fehler unter Umständen zwischen Bauherren und Baufirma strittig und vielleicht sogar Gegenstand einer Mängelklage.

Dann ist es nicht positiv, wenn die andere Partei in einem Gerichtsverfahren oder bei regem Schriftverkehr zwischen Anwälten durch die »Finanzierung aus einer Hand« ziemlich genau darüber informiert ist, dass der hohe Streitwert durch den Kläger überhaupt nicht gestemmt werden kann und er nur droht, von seinem Recht Gebrauch zu machen, oder dass der Bauherr vermutlich sehr vorsichtig auf sein Recht pochen wird.

Angesichts des Streitwerts und eventueller Kosten des Verfahrens müsste dieser doch mindestens für die hohen anwaltlichen Leistungen in Vorleistung treten oder sie im Falle einer negativ beschiedenen Klage sogar selbst tragen. Und ganz tragisch wird es, wenn der Finanzierungspartner dann am Ende sogar darüber entscheiden muss, ob dieser Streitwert für eine wahrscheinlich sogar positiv ausgehende Gerichtssache noch nachfinanziert werden kann.

»Alles aus einer Hand, auch die Finanzierung!« Wann immer solche Formulierungen eine vermeintliche Bequemlichkeit und einen stressfreien Ablauf suggerieren, sollten sich Bauherren fragen, ob sie dafür nicht in einer anderen Währung den entsprechenden Preis bezahlen. Womöglich zahlen Sie dafür in Form von mangelnder Übersicht über das Gesamtprojekt, in Form von Abhängigkeit gegenüber der Baufirma oder in Form von weniger Einflussmöglichkeiten auf das gesamte Projekt und eine ungünstige Risikoverteilung zwischen den Partnern.

Und ohne dass an dieser Stelle ein ausführlicher Marktvergleich zugrunde gelegt werden kann, schon gar nicht immer aktuell zum Zeitpunkt Ihres Bauprojekts, sei auch darauf hingewiesen, dass die Baufinanzierer, die von den Baufirmen selbst ins Spiel gebracht werden, auch wieder eine Vermittlungsprovision zahlen könnten und schon deshalb kaum der günstigste Anbieter sein können. Und es sei angemerkt, dass die Baufirmen mit den Angeboten »aus einer Hand« zumindest auch das Ziel verfolgen, den Kunden schnell vom Markt zu nehmen. Ob dann immer das wirklich beste Angebot an dieser Stelle offeriert wird, sollte mindestens geprüft werden.

Kauf des Grundstücks

Der Kauf des Grundstücks bezeichnet das nächste größere Themenfeld, um das Sie sich kümmern müssen. Denn wie bei fast allen anderen Prozessen ist es nicht mit dieser einen Überlegung getan. Es gibt genügend Einflussfaktoren und Institutionen, die hier mitreden wollen und im Zweifel auch Kosten aufrufen.

Kaufpreis des Grundstücks

Der Kaufpreis des Grundstücks ist nur die erste große Variable in der Erstellung der eigenen Kostenübersicht. Und gleichzeitig ist die Kenntnis dieser Kosten sehr wichtig, weil sich weitere Kosten daran orientieren. Bestimmte Kostenfaktoren werden in Relation zu dem Grundstückspreis erhoben, insbesondere von behördlicher Seite.

Zudem ist der Einzelposten des Grundstücks natürlich einer der wesentlichen Einflussfaktoren für die Gesamtkosten, vermutlich in den allermeisten Fällen der zweitgrößte Posten der gesamten Kalkulation. Und schon deshalb sollte dieser möglichst früh bekannt sein.

Auf jeden Fall sollten angehende Bauherren mindestens eine möglichst konkrete Kostenschätzung, besser noch die ganz konkreten Kosten für das Grundstück überblicken können, bevor sie eine Unterschrift für ein gesamtes Projekt mit einem großen Finanzrahmen leisten. Es empfiehlt sich nicht, ein Gesamtprojekt anzugehen und dafür vertraglich einzustehen, wenn der zweitgrößte Summand der gesamten Kalkulation noch ein Fragezeichen ist.

Der Kaufpreis des Grundstücks ist, wie bereits gesehen, auch von seinerseits extrem variablen Einflussfaktoren abhängig. Die Lage in der Eifel oder in der Innenstadt von Köln kann beim Kaufpreis des Grundstücks pro Quadratmeter leicht den Faktor fünf oder zehn bedeuten. Und dann macht es selbstverständlich einen immensen Unterschied, ob für das Grundstück 100.000 oder 1 Million Euro kalkuliert werden müssen. Die Abschätzung ist natürlich auch notwendig, wenn der Vergleich verschiedener Grundstücke weniger krasse Unterschiede ergibt. Es ist gut, wenn diese Zahl einmal feststeht.

Grunderwerbsteuer

Bei einigen der Kosten, die zum Kauf des Grundstücks dann noch dazugehören und kaum umgangen werden können, ist deren Höhe direkt an die Höhe des Kaufpreises gebunden. Die Grunderwerbsteuer beispielsweise liegt je nach Bundesland in einem Spielraum zwischen 3,5 und 6,5 Prozent. Wer in Bayern bauen möchte, muss beispielsweise gegenwärtig weniger Grunderwerbsteuer bezahlen; wer sein Haus in Brandenburg plant, zahlt für das gleiche Grundstück fast das Doppelte.

Allerdings, das sei auch dazugesagt: Die Grundstücke in Brandenburg sind in der Regel deutlich günstiger als interessante Grundstücke in Bayern, was seinerseits wieder in die Berechnung einfließt. Aber auch bevölkerungsreichere und daher vielleicht beliebtere Bundesländer wie Nordrhein-Westfalen oder Hessen kommen scheinbar nicht umhin, Grundstückskäufer mit einem relativ hohen Prozentsatz an Grunderwerbsteuer zu belasten.

Ist der Kaufpreis des eigenen Grundstücks einmal bekannt, lässt sich mit einer einfachen Suchmaschinenabfrage eine Abschätzung erstellen, mit welchem Prozentsatz die Grundstückskosten multipliziert werden müssen, um auch diesen Teil der Tabelle sehr konkret zu füllen.

Dann können beispielsweise 150.000 Euro für den Erwerb des Grundstücks mit 6,5 Prozent Grunderwerbsteuer multipliziert werden und es ist klar, dass grob 9.750 Euro an Grunderwerbsteuer in der Tabelle eingetragen werden müssen. Ein paar kleinere Gebühren werden das Endergebnis hinterher graduell sicher noch ändern.

In manchen Fällen kann auch folgender Zusammenhang interessant werden: Wird ein Grundstück gekauft, so fällt auf den Grundstückspreis Grunderwerbsteuer an.

Wird ein Grundstück mit einem Haus darauf gekauft, so fällt auf beides Grunderwerbsteuer für den Käufer an.

Wird also ein Grundstück für 150.000 Euro gekauft, so fallen 9.750 Euro an Grunderwerbsteuer an. Wird ein Grundstück mit einem Haus darauf gekauft, so fallen auf den Kaufpreis von vielleicht 600.000 Euro dann schon 39.000 Euro Grunderwerbsteuer an. Das sind sicher keine Peanuts mehr, die dann in die eigene Kostenrechnung aufgenommen werden müssen.

Das ist zum einen ein weiteres Argument dafür, den Kauf einer Bestandsimmobilie nicht zwingend als die leichtere oder kleinere Aufgabe anzusehen, und zum anderen macht es einen Unterschied, wenn manche Hausbaufirma auch hier gerne alles aus einer Hand verkauft. Die weitaus höhere Grunderwerbsteuer ist dann auf jeden Fall ein Faktor.

Die höhere Grunderwerbsteuer für Grundstück und Haus fällt jedoch (für das Haus) nicht an, wenn das Haus neu gebaut wird. Und sie fällt in Bezug auf das Haus auch nicht an, wenn eine Hausbaufirma beispielsweise das Haus baut und gleichzeitig einen Grundstücksservice anbietet, bei dem sie hilft, ein Grundstück von einer dritten Partei zu erwerben.

Notar und Grundbuch

Sehr ähnlich verhält es sich mit den Kosten für Notar und Grundbuch, die ihrerseits über Gebührenordnungen und entsprechende Prozentsätze an den Kaufpreis des Grundstücks gebunden sind und sich dann relativ direkt und leicht aus diesem errechnen lassen. Hier können Sie sich ebenfalls über die Gegebenheiten informieren und eine entsprechende Überschlagsrechnung durchführen.

Gerade in diesen beiden Fällen lässt sich auch dann, wenn das konkrete Grundstück noch gar nicht gefunden wurde, bereits sehr gut mit der hier vorgestellten Liste arbeiten. Wenn beispielsweise klar ist, dass Sie sich in einem bestimmten Baugebiet ein Grundstück aussuchen möchten oder sich um eines bewerben wollen, dann ist vielleicht auch klar, dass die Grundstücke dort zwischen 120.000 und 140.000 Euro kosten. Ein solcher Wert lässt sich doch gut ausmitteln und als Grundlage der Kostenschätzung dann bereits durch etliche weitere Werte ergänzen, die immerhin eine recht gute eigene Kostenschätzung aufsummieren lassen. Es muss ja zu diesem Zeitpunkt nichts entschieden werden, bevor nicht ganz konkrete Zahlen eingetragen werden können.

Erschließungskosten

Nicht ganz so direkt, aber dennoch nachvollziehbar, hängen auch die Erschließungskosten für das Grundstück indirekt an dessen konkreten Eigenschaften. Hier ist es nicht der Kaufpreis, sondern beispielsweise die Größe, die Beschaffenheit und die Lage.

Wenn es sehr kompliziert ist, beispielsweise Maschinen auf das Grundstück zu bekommen und eine Zufahrt dorthin anzulegen, die auch von großen Fahrzeugen befahren werden kann, dann treibt das die Erschließungskosten des Grundstücks in die Höhe. Wenn über Dutzende oder Hunderte von Metern Kanäle und Leitungen gelegt werden müssen, um das Grundstück an öffentliche Netze anzuschließen, dann treibt auch das die Kosten.

Das berühmte »Häuschen im Grünen« kann also an dieser Stelle durchaus anders zu bewerten sein als ein Reihenhaus im Neubaugebiet. Beide haben ihre Vorteile, aber bei den Erschließungskosten mag das Eigenheim im Grünen, bei dem morgens im weitläufigen Garten die Rehe äsen, bei dem jedoch kein Nachbar und keine Straße je zu sehen sind, zunächst einmal ins Hintertreffen geraten.

Die Wahl des Bauunternehmers spielt ebenfalls eine Rolle für die Erschließungskosten. In manchen Regionen ist die Konkurrenz zwischen den dafür notwendigen Tiefbauunternehmen relativ groß und sie konkurrieren auch über niedrige Preise um mögliche Kunden. An anderen Orten ist die Konkurrenz womöglich deutlich geringer und die wenigen Bauunternehmer sind sehr gut ausgelastet. Dann ist es vielleicht dort ganz anders, den Preis für den Aushub der Baugrube zu verhandeln.

Das kleine »Detail« des Aushubs der Baugrube ist dabei auch ein schönes Beispiel dafür, dass auch hier Faktoren eine Rolle spielen, die erst im weiteren Verlauf sicher bestimmt werden können: Sind die Bauherren sich zu diesem Zeitpunkt noch überhaupt nicht darüber im Klaren, ob sie einen Keller benötigen oder nicht, ob sie ein Haus mit einer Grundfläche von 8 × 8 oder von 14 × 14 Metern planen, dann wird die eigene Kostenschätzung an diesem Punkt noch eher unpräzise ausfallen.

Vermutlich wird auch ein Bauunternehmer zu diesem Zeitpunkt und mit diesen vagen Daten kaum eine genaue Kostenschätzung für das spätere Projekt abgeben.

Gerade hier kann die eigene Kostenschätzung also zunächst eine Hilfe sein. Soll eher ein kleineres oder ein größeres Haus gebaut werden, mit oder ohne Keller? Solche Fragen wirft die hier vorgestellte Checkliste nun langsam, aber sicher auf und zeigt frühzeitig auf, was unerfahrene Bauherren kaum umfänglich absehen können.

Durch die intensivere Auseinandersetzung mit diesen Fragen und mit einer Beschreibung des Grundstücks, womöglich bereits mit einem Bodengutachten, lässt sich sicher schon eher auch eine unverbindliche Aussage eines Tiefbauers bekommen, die dann später präzisiert werden kann, wenn die folgenden Schritte der eigenen Baukostenübersicht gefüllt werden.

Maklergebühr

Die Maklergebühr für das Grundstück ist ein Faktor, der eine Rolle spielen kann, der aber auch bei »null« liegen kann.

Insbesondere Mieter, die in den letzten Jahren erst in ihre jetzige Mietwohnung gezogen sind, könnten diesen Faktor schnell für nachrangig halten. Schließlich gab es im Jahr 2015 eine Gesetzesreform, nach der nicht mehr die Mieter einer Wohnung bei erfolgreicher Vermittlung die Maklergebühren übernehmen, sondern die Vermieter. Viele haben es schon einmal gehört: Zugrunde gelegt wurde das sogenannte »Besteller-Prinzip«. Wer die Musik bestellt, der bezahlt sie auch. Es kann intuitiv erscheinen, dass diese Regelung doch dann auch bei Häusern und Grundstücken gelten müsste.

Wird jedoch von Einfamilienhäusern ausgegangen, wie wir das hier tun, und dabei berücksichtigt, dass Sie als Bauherren in der Regel Privatkäufer sind, dann gelten immer noch andere Regeln.

Denn hier gilt seit Ende 2020 eine abweichende Kostenteilung, nach der der sogenannte Besteller nur »mindestens 50 Prozent der Maklerkosten« zu tragen hat. Verkäufer und Käufer teilen sich daher in der Praxis häufig die Kosten.

Doch hier habe ich Sie in eine kleine Falle gelockt, in die Sie sich selbst auch begeben könnten, daher wird sie schnell aufgelöst.

Wir sprechen hier nicht von Einfamilienhäusern, wie Sie denken könnten. Wir sprechen von Grundstücken, und diese werden von der Gesetzesnovelle zum Hauskauf und der dortigen Regelung der Maklerkosten gar nicht erfasst. Hier werden die Maklerkosten vielmehr gänzlich frei verhandelt.

Auf diesen Umstand weise ich explizit hin, weil hier womöglich die eigene Vorstellung den Blick auf die Realität verschleiern kann. Der große Plan ist doch, ein eigenes »Einfamilienhaus« auf die grüne Wiese zu stellen. Dann könnte sich bei der eigenen Recherche dazu entsprechend dem eigenen Traum die Idee einschleichen, nach »Maklerkosten Einfamilienhaus« im Internet zu suchen, um sich darüber einen Überblick zu verschaffen. Und dann erscheinen dort Gesetzestexte, die andere Regelungen beschreiben als jene beim reinen Grundstückskauf.

Wenn Sie ein Grundstück im Auge haben und sich langsam, aber sicher mit dem Verkäufer einig werden, dann sprechen Sie einfach frühzeitig an, wer denn die Maklerkosten dafür übernimmt. Dann lässt sich die Kostenschätzung zwischen 0 Euro und vielleicht 4 Prozent des Kaufpreises plötzlich sehr genau als konkrete Kosten eintragen, wenn denn alles spruchreif ist.

Schon mit jeder guten Schätzung der Kosten und eigenem Wissen wächst die Übersicht über die Gesamtkosten für das Grundstück und damit für das ganze Projekt. Denn obwohl die Maklerkosten frei verhandelbar und nicht gedeckelt sind, bewegen sie sich meistens in einem bestimmten Korridor. Dieser ist wiederum von Region zu Region, von Bundesland zu Bundesland und von Makler zu Makler unterschiedlich. Er liegt im bundesdeutschen Schnitt bei ungefähr 3,2 bis 3,5 Prozent, inklusive Mehrwertsteuer. Mit diesem ungefähren Wert, der sich seinerseits auch wieder mit Suchmaschinen und Gesprächen überprüfen lässt, kann man zumindest die eigene Kostenabschätzung etwas genauer gestalten.

In jedem Fall sollte dieses Beispiel Sie als angehende Bauherren dafür sensibilisieren, diesen Faktor auch mitzudenken. Vielleicht lässt sich, trotz vorherrschender Verkäufermärkte im Bereich der Grundstücke und einer gewissen Spekulationsblase für diese Immobilienwerte, ja sogar beim Vertrag mit einem netten Verkäufer klären, dass dieser den Makler übernimmt. Die Verteilung ist frei verhandelbar …

Derweil verlängert sich der Katalog der eigenen Fragen und die Sicherheit in Bezug auf das eigene Projekt und mögliche Überraschungen wächst.

Mit Blick auf das eigene Grundstück wird beispielsweise nun gefragt, ob eine Maklerprovision anfällt. Wie hoch ist diese? Wer zahlt die Maklerprovision für das Grundstück? Ist es sinnvoll, die Maklerprovision vielleicht zum Gegenstand späterer Verhandlungen zu machen, oder kann man so glücklich sein, überhaupt ein Grundstück gefunden zu haben, dass man eher die Füße stillhalten möchte? Wie wichtig ist die Verhandlung der Maklerprovision angesichts der gesamten Projektdurchführung?

Wer sich diese Fragen nicht stellt, der bekommt sie womöglich beantwortet, wenn er am wenigsten damit rechnet. Und wenn es womöglich zu spät ist. Aber auch hier ist wie bei vielen anderen Fragen guter Rat gar nicht so teuer und rechnet sich womöglich.

Der genauere Blick auf solche Zusammenhänge, wie den ersten Fragenblock »Kauf Grundstück« des Baukostenplans, wirkt zunächst einmal wie eine zusätzliche Herausforderung und vielleicht gar als Zeitfresser, weil nun neue Fragen und Themen in die eigene Checkliste wandern. Die Liste der Fragen, die vorab bearbeitet werden und verhandelt werden müssen, wird erst einmal länger.

Doch in der Gesamtbetrachtung stimmt das gar nicht; die Liste der Fragen, die den Bauherren gestellt werden, wird nicht länger, sie kommen nur früher aufs Tableau. Solche Fragen nenne ich wie erwähnt etwas provokant »Wasserleichen«, weil sie nach einer Weile auch gerne überraschend auftauchen, was unangenehm sein kann. Außerdem werden die Probleme immer größer, je länger sie unter der Oberfläche gehalten werden.

Die wachsende Liste an Themen ist aber auch ein Vorteil, weil Bauherren, die um diesen Umstand wissen, nun ihre eigenen Schlüsse daraus ziehen können. Beispielsweise wissen sie, dass sie vielleicht die einzelnen

Anbieter von Grundstücken auf diesen oder jenen Punkt frühzeitig ansprechen müssen, dass sie im Vertrag ein Auge auf diese Kostenfaktoren haben sollten und dass sie diese in ihre Gesamtkalkulation miteinbeziehen müssen. Genauso verhält es sich mit den weiteren Themenblöcken des Baukostenplans.

Planung und Vorbereitung des Baus

Das nächste große Themenfeld für die eigene Checkliste zum Hausbau sind Planung und Vorbereitung. Diese beziehen sich dabei ausdrücklich sowohl auf das Grundstück als auch auf die ersten Ideen zum Haus und seiner Gestaltung. Im ersten Teil des Buches hat es sich bereits herausgestellt, dass diese beiden Schritte teilweise Hand in Hand gehen. Das Haus kann womöglich erst final geplant werden, wenn beispielsweise klar ist, wie das Grundstück aussieht, welche Kosten die Erschließung und die Baugrube später verursachen und wie der Sonnenverlauf am konkreten Standort ist. Und andersherum lassen sich die Kosten für die Baugrube besser abschätzen, wenn klar ist, ob mit oder ohne Keller geplant ist.

Verkehrsanschluss und Sichtachsen der Nachbarn können einen Unterschied machen und die Nachbarbebauung wirft vielleicht einen Schatten genau dorthin, wo eigentlich die Sonnenterrasse geplant war. Ich habe schon erlebt, dass Bauherren ein Grundstück gekauft haben, bei dem der Verkäufer wusste, dass daneben ein mehrstöckiges Wohnhaus genehmigt war. Das kann bedacht und vermieden werden.

Vermessungskosten Grundstück

Die Vermessungskosten für das Grundstück sind ein notwendiger Faktor, aber meistens nicht besonders hoch. Sie werden ebenfalls relativ individuell und von verschiedenen Faktoren abhängig berechnet. Daher neigen angehende Bauherren auch manchmal dazu, sie entweder selbst auszublenden oder sich von irgendeinem Partner erzählen zu lassen, dass die Vermessungskosten nun wirklich nachrangig betrachtet werden können. In der Sache ist das richtig, es gilt jedoch auch bei den einzelnen kleinen Kostenfaktoren, die sich irgendwann so weit aufsummieren, dass sie die ganze Kalkulation in Schieflage bringen: Viele Hunde sind des Hasen Tod.

Es ist in jedem Fall auch deshalb wichtig, Vermessungskosten zu klären, weil sie ähnlich der Maklergebühr ziemlich im luftleeren Raum verhandelt werden können. In der Regel werden die Vermessungskosten als Baunebenkosten vom neuen Eigentümer getragen. Manchmal tragen jedoch auch Verkäufer und Käufer die Kosten der Vermessung zu gleichen Teilen.

Grundstücksverkäufer können ein Interesse daran haben, ihr Grundstück vor dem Verkauf einmal vermessen zu lassen. Insbesondere wenn die Grenzen nicht eindeutig erkennbar sind, lassen sich dadurch bestimmte Unklarheiten aus der Welt schaffen. Der Verkäufer tut sich sicher dann leichter bei den Verkaufsverhandlungen, wenn er wenigstens auf dem Grundstück zeigen kann, was er da genau verkauft. Und die dafür gesammelten Informationen nützen dann auch dem künftigen Grundstücksbesitzer.

Ein Grundstück muss allerdings von Rechts wegen überhaupt nicht vermessen sein, es gibt keine eindeutige Pflicht dazu. Doch sollten angehende Grundstücksbesitzer sich mindestens einmal Klarheit darüber verschaffen, dass beispielsweise der Grenzstein, der Zaun oder die Zufahrt dann doch da liegen, wo sie auch rechtlich liegen dürfen. Schade ist doch, wenn später für das Grundstück unterschrieben wurde und dann der Nachbar kommt und sagt, dass er schon seit 30 Jahren mal ansprechen wollte, dass der Zaun des neuen Grundstücks 1,50 Meter auf seinem Grund steht – und jetzt auch bitte da wegkann.

Soll jedoch auf einem Grundstück gebaut werden, dann wird spätestens bei Abgabe des Bauantrags die Vermessung mit eingefordert und plötzlich ist sie doch notwendig. Sie ist Grundlage des Bauantrags, einer »Baukontrollmessung« vor Baubeginn und einer »Gebäudeeinmessung« nach Fertigstellung. Das ist ein typischer Fall jener Punkte, die ganz gleich, ob die Bauherren am Anfang darüber nachdenken oder nicht, irgendwann bei Ihnen an die noch nicht einmal eingehängte Haustür klopfen.

Und es ist außerdem ein Punkt, der nicht leicht auffällt, wenn er vorher nicht mitgedacht, besprochen oder in irgendeinem Vertrag mit Zuständigkeiten und Kosten geklärt wurde. Und wieder gilt: Die Bauherren haben auf alle Leistungen Anspruch, die ihnen durch die Baufirma vertraglich zugesichert werden. Sie haben keinen Anspruch auf die Lücken im Vertrag.

Die Bauherren bleiben am Ende die Instanz, die die letzte Verantwortung dafür trägt, dass diese Punkte alle notwendigerweise umgesetzt werden.

Bei einem Neubau wird die Vermessung in der Regel als hoheitliche Vermessung durchgeführt, das heißt, dass die Gemeinde und ihre Ämter das Gebäude für ihr Liegenschaftskataster einmessen und so Rechtssicherheit auch über die Grenzherstellung und Abmarkung herstellen.

Auch die Grundstücksvermessung ist wieder an eine Gebührenordnung der Bundesländer gebunden und setzt sich aus einem Sockelbetrag und den sogenannten Bodenkosten zusammen. Sie resultieren gemeinsam in Gebühren zwischen wenigen Hundert und einigen wenigen Tausend Euro für ein Grundstück.

Außerdem ist eine Höhenvermessung erforderlich, damit der Architekt und die Hausfirma Ihr Haus auf die richtige Höhe setzen. Fragen Sie Ihren Architekten, ob er einen Vermesser empfehlen kann.

Lageplan und Bebauungsplan

In ähnlicher Form müssen für das eigene Haus der Lageplan und der Bebauungsplan vorgesehen werden. Beide sind grundsätzlich notwendig für viele weitere Entscheidungen darüber, wie das eigene Haus gebaut werden kann und darf, und auch für die Entscheidungen der zuständigen Behörden, ob sie grünes Licht für die Ideen von Bauherren und Experten geben.

Dabei können sowohl der Lageplan als auch der Bebauungsplan mehr, als es ihre Namen nahelegen, und sie sind durchaus auch etwas komplexer.

Der Lageplan ist notwendiger Teil des späteren Bauantrags, übrigens neben der sogenannten Flurkarte, die aber schnell besorgt ist. Er ist grundsätzlich zu unterscheiden in einen einfachen Lageplan und einen qualifizierten Lageplan. Was genau benötigt wird, entscheidet letzten Endes die zuständige Baubehörde und schon entwickeln sich ganz wunderbar weitere konkrete Fragen, die Sie als Bauherren in Ihre Checkliste aufnehmen können. Was fordert die Baubehörde, wer erstellt das, wer trägt die Kosten …?

Der Lageplan gibt zunächst einmal eine Übersicht darüber, wie denn das Gebäude auf dem Grundstück stehen soll. Eigentlich zeigt er in seiner einfachsten Aussage den Umriss des geplanten Hauses in der Draufsicht einer maßstabsgerechten Karte. Er soll zeigen, wie sich das neue Gebäude in seine jeweilige Umgebung einfügt, und kann daher beispielsweise auf einem beglaubigten Auszug einer Liegenschaftskarte (auch als »Flurkarte« bezeichnet) eingezeichnet werden. Bei den Feinheiten kann ein erfahrener Architekt oder durchaus auch die eigene Baufirma gut Hilfe leisten, wenn danach gefragt wird. Und es muss danach gefragt werden.

Darüber hinaus soll der Lageplan der zuständigen Baugenehmigungsbehörde noch einige weitere Informationen liefern. Das leitet sich teilweise aus der Karte ab, die den Maßstab und die Himmelsrichtungen des Hauses zeigt. Die Fläche des Grundstücks lässt sich daraus ebenso ablesen wie die Grenzen des Baugrundstücks sowie eventuell bereits bestehende Gebäude auf dem Grundstück oder benachbarten Grundstücken. All das kann eine Rolle für die Entscheidungen der Baugenehmigungsbehörde spielen.

Es wird eindeutig übermittelt, welches Baugrundstück denn tatsächlich geplant und definitiv für die Genehmigung benannt wird. Zudem werden so Angaben zum Eigentümer übermittelt. Dafür hat der Lageplan auch einen schriftlichen Teil, der genau diese und weitere Fragen beantwortet.

Der schriftliche Teil des Lageplans gibt zudem Auskunft über einige andere wichtige Werte, wie beispielsweise die Grundflächenzahl, die Baumassenzahl und die Geschossflächenzahl. Aha, da entstehen neue wichtige Fragen.

In einigen Fällen, beispielsweise wenn eng an der Grenze des Grundstücks geplant wird, stehen noch speziellere Fragen im Raum, wie beispielsweise Abstandspflichten, und dann wird die Baugenehmigungsbehörde vielleicht auch nach einem qualifizierten Lageplan fragen. Dieser beschreibt noch einmal genauer die Abmessungen des Gebäudes und er muss zuverlässig und absolut erkennbar die Grundstücksgrenzen und »katastergetreu« die Nachbargrundstücke und den gesamten Gebäudebestand der Umgebung aufführen. Welchen auch immer Sie dabei benötigen – Sie benötigen einen Lageplan und sollten früh darüber nachdenken, welche Unterstützung Sie sich dafür suchen. Hier wäre auch die richtige Zeit für einen Architekten.

Die Vermessung des Grundstücks erfolgt durch einen amtlich bestellten Vermessungsingenieur und bei der Einzeichnung Ihres geplanten Hauses in den Flurplan unterstützt Sie vielleicht schon Ihr unabhängiger Architekt oder die Baufirma Ihrer Wahl.

Der amtliche Lageplan ist als ein verpflichtender Teil Ihres Bauantrags eher deshalb wichtig, weil er einige weitere wichtige Fragen aufwirft und weil man sich um dieses Thema kümmern sollte. Die Kosten liegen hier bei vielleicht 30 bis 150 Euro. Teurer wird es, wenn dann irgendwann das Projekt angestoßen werden und es jetzt schnell losgehen soll, damit alle Zeitpläne eingehalten werden können. Wenn dann der Bauantrag bedauerlicherweise darunter leidet, dass niemand an den Lageplan gedacht hat, dann kann er auf Umwegen teuer werden.

Der Bebauungsplan, als zweiter Plan, der beigebracht werden muss, erweitert gewissermaßen den Fokus ein wenig und kümmert sich mehr um die mögliche Bebauung eines ganzen Gebietes. Die Gemeinde erlässt solche Pläne im Rahmen einer Satzung. Auch ihn gibt es wieder einfach oder qualifiziert und er muss dabei mindestens einige Festsetzungen beinhalten.

Darunter fällt mitunter auch die Art der baulichen Nutzung, das zulässige Maß der Bauvorhaben, die überbaubare Grundstücksfläche und die möglichen Verkehrsflächen. Dann ist es aber auch schon ein qualifizierter Bebauungsplan.

Der Bebauungsplan weist beispielsweise aus, welche Bauweise in einem Baugebiet im Rahmen der Bausatzung, die durch ihn entsteht, überhaupt erlaubt ist. Das kann sich beispielsweise darauf beziehen, ob einzeln stehende Häuser erlaubt, verboten oder möglich sind. Die Anzahl der Vollgeschosse, die Wandhöhen, Dachvorgaben, Grundflächenzahl und Grundstücksgrenzen, Abstandsflächen zu anderen Gebäuden, Baulinien und Stellplätze können darin vorgegeben sein. Und sicherlich vieles mehr.

Es kann die Ausrichtung des Daches, die Dachneigung und das Material und die Farbe Ihres Daches festgeschrieben sein. Hier rächt es sich natürlich, wenn nur ein Flachdach erlaubt ist, Sie aber im Musterhauspark für ein Satteldach unterschrieben haben, um den alten Preis zu sichern.

Der Bebauungsplan ist also ein ganz bedeutender Faktor für den eigenen Plan vom Haus, weil er eben den Rahmen der Möglichkeiten absteckt. Eingesehen werden kann er bei der zuständigen Gemeinde. Ein unabhängiger Architekt oder ein Bausachverständiger kann zu diesem Zeitpunkt helfen, ihn richtig zu lesen.

Es ist mit diesem Wissen selbstverständlich, dass der Bebauungsplan frühzeitig Element der eigenen Planung werden sollte. Das Musterhaus, das mit ganz eigenen Vorgaben irgendwo an einer Autobahnausfahrt im Gewerbegebiet steht, ist spätestens jetzt hochverdächtig, dass es nicht das Haus sein wird, das dann auf dem eigenen Grundstück stehen wird.

Und daraus lassen sich etliche Fragen ableiten, die sich insbesondere um die Folgekosten notwendiger Anpassungen des Angebots der Baufirma in Bezug auf den Bebauungsplan und die Möglichkeiten vor Ort beziehen.

Bauherren, die den Prozess in dieser Weise schon sehr weit vorausdenken können, sehen, dass sie die Anpassungen des Musterhauses frühzeitig zum Verhandlungsgegenstand machen und keinesfalls für den Plan des Musterhauses aus dem Katalog unterschreiben wollen.

Erst wenn die Bauherren möglichst genau wissen, was es kosten wird, ihr Traumhaus auch wirklich so, wie es sein soll, kann und darf, auf dem Grundstück ihrer Wahl zu bauen, sollten sie hinter die eigene Finanzierung und hinter den Vertrag mit der Baufirma einen Haken und eine Unterschrift setzen.

Der Bebauungsplan kostet den Architekten ein wenig Hirnschmalz und sollte mit diesem gesichtet und verstanden werden. Dann »kostet« er auch kein Geld. Beide Pläne, den Bebauungsplan und den Lageplan, besorgt sich der Bauherr beim Amt und muss sie dem Architekten zur Verfügung stellen.

Bodengutachten

Das Bodengutachten war hier schon häufiger Beispiel und wurde sicherlich auch schon gut beschrieben. Es ist eines meiner absoluten Lieblingsbeispiele für wichtige Punkte auf dem Weg zum eigenen Haus, bei denen es schnell zu teuren Überraschungen kommt. Anhand weniger Schritte lässt sich zeigen, wie ein falscher Plan viel später für teure Anpassungen sorgen kann. Und zudem ist die mangelnde Berücksichtigung eines Bodengutachtens durch die Bauherren, aber auch durch die Hausbaufirmen, ein sehr häufiger Fehler.

Übrigens vor allem ein Fehler aus Sicht der Bauherren. Die Hausbaufirmen haben aufgrund der Häufigkeit dieser Herausforderung oft ein einfaches Verfahren für sich gefunden und es in den Standardvertrag so aufgenommen, dass spätere Probleme nicht ihre Probleme sind.

Das Haus wird auf dem Grundstück aufgebaut, und zwar nach Standard. Dieser Standard kann durch bestimmte Herausforderungen, die nicht zuletzt dem Grundstück geschuldet sind, aber eben auch beispielsweise dem Lageplan oder dem Bebauungsplan, unter Umständen nicht so umgesetzt werden.

Dann greift aber schon die nächste Klausel des Vertrags und eventuelle Mehrkosten übernimmt dann der Kunde. Selbst wenn der Kunde zuvor ein Bodengutachten beauftragt, wird dieses nicht zwingend durch die Hausbaufirma berücksichtigt, solange nicht an den dafür vorgesehenen Klauseln im Vertrag geschraubt wird. Solange diese Bestand haben, blickt die Baufirma nur sehr milde lächelnd auf mögliche Kostensteigerungen in diesem Bereich. Wie immer gilt: Die guten Firmen handeln nicht aus Vorsatz so, aber die guten Bauherren stellen ihrer Baufirma dennoch genau die dazugehörigen Fragen.

Lassen Sie also ein Bodengutachten des Grundstücks erstellen, das Sie erwerben wollen oder erworben haben. Und tragen Sie Sorge, dass das Bodengutachten mit all seinen Herausforderungen bei der Vertragsverhandlung berücksichtigt wird. Sorgen Sie dafür, dass Sie wissen, wer die Kosten eventueller Mehraufwendungen trägt, und dass alle notwendigen Leistungen Gegenstand des Vertrags werden. Sorgen Sie dafür, dass die Baufirma keine »Heckensätze« in den Vertrag aufnimmt.

Ab hinter die Hecke

Sogenannte »Heckenausdrücke« kennen wir im Alltäglichen, allerdings nicht unter diesem Namen. Es sind Formulierungen, die bereits im Vorhinein dazu geeignet sein sollen, eventuelle Herausforderungen später abzufedern. Wir sagen: »Es geht mich ja nichts an, aber …« oder: »Ich bin ja kein Profi in dieser Sache, würde aber …« und manchmal auch nur einzelne Worte wie »eigentlich«, »streng genommen« oder »normalerweise«. Ich mag die Idee der Heckenausdrücke, um mit ihnen auf Vertragsklauseln zu blicken: Wann ist eine Klausel dafür da, sich hinterher hinter ihr verstecken zu können? »Bei üblichen Gegebenheiten«, »nach Standard«, »nach DIN«?

Das Bodengutachten lässt sich bereits mit einer einigermaßen konkreten Kostenschätzung von vielleicht 1.500 bis 2.000 Euro kalkulieren. Das ist doch ein Vorteil.

Entwurfsplanung mit dem Architekten

Auch die Entwurfsplanung mit einem unabhängigen Architekten hat bereits in verschiedenen Beispielen für eine gute eigene Planung der Bauherren immer wieder Niederschlag gefunden. Die grundlegende Idee, den kreativen Teil des eigenen Traums, den ja auch die Baufirma irgendwie als Teil ihres Angebots aufführen wird, auszuklammern und vorab schon einmal auf Papier bringen zu lassen, ist die folgende:

Die Baufirma hat die Architektenplanung für ein Musterhaus oder einen bestimmten Bautyp erstellen lassen und im Angebot kalkuliert. Damit ist die kreative Leistung und (!) die Statik, die Planung der Räume und vieler Bauparameter wie Wandhöhen und -stärken, Dachneigungen und -formen, Licht- und Sichtachsen, Anordnung von Haustür, Fenstern, Terrasse und Treppenhaus und etliches mehr bereits erledigt und kalkuliert.

Die womöglich notwendigen Änderungen in Bezug auf Ihre ganz individuellen Wünsche oder auf die Herausforderungen des Bauwerks vor Ort sind dort nicht immer eingepreist. Das wird aber nicht so genau kommuniziert, sondern eher durch Vertragsklauseln abgedeckt.

Wenn Sie eine Entwurfsplanung vorab erstellen lassen, können Sie damit bereits der Baufirma eine viel klarere Aufgabe bezüglich dessen stellen, was denn Inhalt des Angebots werden soll. Dadurch können Sie auch leichter verschiedene Baufirmen miteinander vergleichen, weil bei fünf verschiedenen Firmen vielleicht acht verschiedene Haustypen vorgestellt und angeboten werden. Die Baufirmen müssen sich viel transparenter anhand fester Parameter positionieren.

Die Größe des Hauses, ein bestimmter Grundriss und eine Bauform, bestimmte Ansprüche an die Bauweise, Energieeffizienz und Ausstattung können so bereits Teil dieser vorab vorgenommenen Architektenplanung werden. Diese erste Planung nimmt wesentlich den kreativen Teil der Arbeit auf und macht damit den technisch-baulichen Teil später vergleichbar.

Zudem hat die Architektenplanung damit einen Einfluss auf mögliche Einsparpotenziale, die viel leichter, auch für Anfänger in diesem Bereich, erkennbar werden. Kostet ein vergleichbarer Energiestandard bei der einen Firma 10.000 Euro mehr als bei der anderen, dann kann sie das vielleicht gut begründen – vielleicht aber auch gerade nicht. Und automatisch werden diese beiden Posten in einer transparenten Gegenüberstellung Sparpotenziale aufzeigen. Schnell lassen sich so etliche Parameter des Angebots vergleichen. Dann fällt auch auf, wenn die Firmen auch an anderen Stellen abweichend kalkulieren und trotz einer günstigeren Erreichung eines gewünschten Energiestandards vielleicht doch die Firma das bessere Angebot macht, die im einzelnen Posten ihrer Kalkulation gerade noch teurer schien.

Auch sehr komplizierte Zusammenhänge lassen sich im Rahmen der Entwurfsplanung mit dem Architekten und bei der Nutzung der eigenen Anforderungsliste – ich nenne diese immer das »Pflichtenheft« – auf klar vergleichbare Kriterien herunterbrechen. Was kostet die Baustellenvorbereitung? Was kostet der Keller? Was kostet die Doppelgarage? Möglicherweise sind diese Punkte in einem Standardvertrag einer Baufirma gar nicht aufgeführt. Sie werden womöglich – und auch das ist nicht zwingend der Fall – zwar als vertragliche Leistungen pauschal zugesichert; es wird aber nicht festgestellt, was dafür im Einzelnen kalkuliert wird und ob dem Kunden hierbei immer das beste Angebot offeriert wird.

Ein Architekt wird eine solche Entwurfsplanung als Grundlage besserer Vergleichbarkeit für einige Tausend Euro erbringen, die die Bauherren dann später durch entstehendes Einsparpotenzial und die bessere Vergleichbarkeit der Angebote vermutlich schnell wieder einsparen.

Fertigkeller und Bodenplatte

Ich bin ein Fan von Kellern. Sie haben wesentliche Vorteile gegenüber einer Bodenplatte, die zunächst allerdings günstiger ist. Auch darüber wurde hier schon berichtet.

Zusammenfassend hat ein Keller den Vorteil, dass hier viele Ideen und Dinge, die sich über Ihr bisheriges Leben angesammelt haben und die noch dazukommen, einen guten Ort finden, ohne dass man sie jeden Tag im Blick hat. Ein Keller schafft Stauraum, der dann nicht oberirdisch zur Verfügung gehalten werden muss. Und das ist schon deshalb von Vorteil, weil Bauen oberhalb der Kellerdecke immer teurer ist als unterhalb.

Heizungsräume, Versorgungsräume, Stauräume und Hobbyräume finden häufig im Keller einen guten Ort und müssen nicht im Erdgeschoss oder darüber eingeplant werden. Das Haus muss dann insgesamt oft auch nicht so viel Grundfläche nutzen, was an vielen Stellen das ganze Projekt wieder günstiger macht und schnell dafür sorgen kann, dass der gegenüber einer einfachen Bodenplatte teurere Keller in der Gesamtkalkulation zum besseren Geschäft wird.

Doch beim Keller wird wie beim Haus darüber häufig auch ein Standardangebot durch die Hausbaufirma erstellt. Und wie beim Haus ist deren Standard nicht unbedingt der beste Standard für Sie.

Das hat auch etwas damit zu tun, dass die Hausbaufirma eben oberhalb der Grasnarbe viel mehr daran interessiert ist, Ihnen das Haus wirklich selbst bauen zu dürfen. Die Leistungen des Kellers oder der Bodenplatte gibt sie häufig ab und achtet dabei eher auf mögliche Vermittlungsprovisionen als auf den besten Deal für die Bauherren.

Wir hatten daher auch schon gesehen, dass der Keller oder die Bodenplatte ein klassisches Thema ist, das aus dem Vertrag herausgenommen werden kann. Die eigene Suche nach einer passenden Firma, die diese Leistung günstig anbietet, ist häufig auch wieder mit einem gewissen Einsparpotenzial verbunden. Auch laufen die Bauherren dann nicht Gefahr, dass beispielsweise das Bodengutachten doch Verhältnisse ermittelt, die den Standardkeller gar nicht erst ermöglichen, und darauf kann frühzeitig reagiert werden, bevor womöglich mit der Hausbaufirma andere Dinge besprochen und fixiert werden.

Wird die Planung des Kellers durch die Bauherren selbst verantwortet und die Leistung beauftragt, dann sollte das selbstverständlich Bestandteil des späteren Hausbauvertrags werden. Dann können die Bauherren aber auch auf etliche Fragen achten, die im Baukostenplan die nächsten Punkte ausmachen.

Grundsätzlich ist der Bau eines Kellers sicher keine Raketenwissenschaft und die Preise dafür sind schnell und gut vergleichbar. Aber natürlich ist am Anfang nicht klar, in welcher Größe Sie beispielsweise später Ihren Keller planen. Schon deshalb ist die Kostenschätzung hierfür Teil Ihrer eigenen Recherche. Architektenplanung mit dem unabhängigen Experten ist sicherlich auch wieder ein guter Weg, die Planung des Kellers und die Planung des Hauses darüber gut in Einklang zu bringen. Wenn die beiden Firmen unabhängig voneinander operieren, sind sie vielleicht schwer hinter einem gemeinsamen Ziel zu versammeln: ein gutes Haus auf einem guten Keller zu bauen, was die Bauherren aber jeweils unabhängig beauftragen wollen.

Ein guter Partner für den Keller selbst ist dann eine spezialisierte Kellerbaufirma. Davon gibt es einige und die können Ihnen sehr schnell und zuverlässig einen Überblick über notwendige Aufwendungen und Leistungen geben. Der Vergleich ist dann auch wieder gut möglich.

Der Blick auf das gesamte Themenfeld »Keller inklusive Bodenplatte« zeigt aber auch, dass doch noch so einiges zu bedenken sein wird, und das kann der Reihe nach angeschaut werden:

Aufpreis Stahlanteil nach Statik

Womöglich kommt bei der Planung des Kellers und des Hauses heraus, dass über die übliche Planung eines Kellers hinaus erhöhte Anforderungen an die Statik gestellt werden müssen. Das kann beispielsweise deshalb der Fall sein, weil das Haus in einer bekannten Erdbebenzone gebaut werden soll.

Die Idee, dass das eigene Haus beim ersten Erdbeben nicht gleich ein Stockwerk tiefer steht und der Keller ernsthafte statische Probleme bringt, fordert je nach Anforderungen der Region einen höheren Anteil von Stahl bei der Erstellung des Kellers und des Hauses. Und Stahl ist als Baustoff schlichtweg teurer als Beton.

Lässt sich absehen, dass zur Erstellung des Hauses mehr Stahl für eine gesicherte Statik eingebracht werden muss, dann kann das hier mit einer eigenen Kostenschätzung und später mit konkreten Kosten hinterlegt werden. Doch auch darüber hinaus spielt die Statik selbstverständlich eine Rolle, schon beim Keller. So muss diese natürlich angepasst sein auf das Haus, das darüber erstellt wird. Und das ist ein weiterer Grund dafür, Keller und Haus einmal mehr parallel zu denken. Sie müssen jedoch keineswegs deshalb auch aus der gleichen Hand stammen.

Aufpreis Weiße Wanne

In gleicher Weise kann eine sogenannte Weiße Wanne für den eigenen Keller notwendig werden. Das ist eine Konstruktion, die gegenüber dem Fertigkeller oder insbesondere gegenüber einem gemauerten Keller mehr Sicherheit gegen drückendes Wasser aus dem umgebenden Erdreich verspricht. In gewisser Weise ist eine Weiße Wanne nämlich auch nur ein etwas besserer Fertigkeller.

Beim Konzept der Weißen Wanne handelt es sich um eine Konstruktion aus großen Stahlbetonelementen, die wasserundurchlässig hergestellt und dann vor Ort miteinander verbunden werden, wie die Wandelemente manchen Fertighauses.

Die Leistungsfähigkeit dieser Konstruktion lässt sich recht gut daran erkennen, dass eine Weiße Wanne nicht nur dafür geeignet ist, den Keller gegen Grund- und Sickerwasser abzudichten, sondern dass sie genau andersherum sogar geeignet ist, um Schwimmbecken so zu bauen.

Immer kann sie ein Ziel sehr gut verfolgen: Wasser genau dort zu belassen, wo es hinsoll, und es fernzuhalten von Orten, an die es eben nicht soll. Wer betritt den eigenen Keller schon gerne nur in Gummistiefeln.

Wichtige Hinweise darauf, ob eine Weiße Wanne für Gebäude notwendig ist, gibt vor allem das Bodengutachten. Denn auch wenn einmal klar ist, dass Wasser grundsätzlich ein Problem für den geplanten Keller werden könnte, so macht es immer noch einen Unterschied, in welcher Form das Wasser dort auftritt. Handelt es sich um Sickerwasser, das nur manchmal bei starkem Regen auftritt, oder ist dort ein grundsätzlich sehr hoher Grundwasserspiegel zu finden? Muss der Keller gegen drückendes oder nicht drückendes Wasser gesichert werden, das vielleicht nur für eine gewisse erhöhte Bodenfeuchte sorgt?

Die Herausforderungen bestimmen ganz wesentlich die Lösungen.

Und abseits dessen muss festgestellt werden, dass heutzutage immer mehr Bauherren direkt zum Bau einer Weißen Wanne geraten wird, um auch Eventualitäten – beispielsweise durch sich verändernde Klimagegebenheiten – in gewisser Weise vorzubeugen.

Eine Weiße Wanne grenzt sich begrifflich vor allem gegen eine – wenig überraschend – »Schwarze Wanne« ab. Letztere haben die meisten, die sich schon mal auf einer Baustelle in der Rohbauphase bewegt haben oder aufmerksam beim Neubau des Nachbarn zugeschaut haben, recht gut vor Augen. Das ist in der Regel ein gemauerter Keller, der dann mit einer wasserabweisenden Schicht aus Teer, Bitumen oder Kunststoff besprüht oder anderweitig behandelt wird.

Relativ häufig kennt man die Schwarze Wanne auch daher, dass irgendwo in der eigenen Straße plötzlich um eines der Häuser herum ausgeschachtet wurde, um die Kellerwände freizulegen. Dann wurde vielleicht eine zusätzliche Drainage um das Haus herum eingebaut und eine schadhafte Stelle innerhalb der wasserabweisenden Schicht gesucht oder eine solche neuerlich aufgebracht.

Das ist nicht selten der Fall, wenn später dann eben doch Wasser in den Keller eines Hauses eindringt oder wenn ein älteres Haus plötzlich

»nasse Füße« bekommt. Um Schimmel und Bauwerksschäden zu vermeiden, muss dann die schadhafte Stelle gesucht werden. Das wiederum gestaltet sich gerade bei einem gemauerten Keller nicht so einfach, wie man womöglich annehmen möchte.

Denn wenn an einer Stelle eines Kellers mit einer Schwarzen Wanne Wasser eindringt, dann bedeutet das im Umkehrschluss noch lange nicht, dass genau in diesem Bereich auch ein Schaden der Schwarzen Wanne vorliegt. Dieser kann sogar im Extremfall an einer ganz anderen Wand oder Ecke des Hauses entstanden sein; das Wasser sucht sich dann den Weg des geringsten Widerstandes und geht keineswegs im rechten Winkel durch das Mauerwerk, um dann dort hervorzutreten. Wasser pfeift auf den Wunsch der Hausherren, den Schaden angenehm eingrenzen zu können. Ich habe schon Keller gesehen, bei denen der eigentliche Wassereintritt an der gegenüberliegenden Hausseite zum sichtbaren Wassereintritt an der inneren Kellerwand gefunden wurde.

Nicht zuletzt deshalb wird bei solchen Schäden an Häusern mit einer Schwarzen Wanne häufig gleich das ganze Haus freigelegt, die Menge des eintretenden Wassers beispielsweise durch Erneuerung oder Verstärkung der Drainage verringert und gleich die ganze Schwarze Wanne aufwendig kontrolliert und gegebenenfalls nachgebessert.

Eine Weiße Wanne begegnet diesen Herausforderungen anders, indem ganze Wandelemente wasserundurchlässig hergestellt werden, mit sogenanntem WU-Beton. Dieser ist insgesamt bereits gegen durchdringendes Wasser geschützt und damit auch gegen eventuelle Schäden einer dünnen Isolierschicht, wie beim schwarzen Bitumen, gesichert. Herausforderungen gegen Eindringen des Wassers ergeben sich bei dieser Bauweise logischerweise eher an den Stellen, an denen die großen Fertigelemente des wasserdichten Betons miteinander verbunden werden.

Die Statik und Konstruktion einer solchen Weißen Wanne ist durchaus etwas aufwendig und teurer. Schon deshalb ist sie ein wichtiger Teil der eigenen Kostenschätzung. Sie erfordert in aller Regel eine Ausführung durch spezialisierte Firmen, die dann auch das gesamte Projekt von der Planungserstellung über die Umsetzung und Überwachung bis hin zur fachgerechten Prüfung des Ergebnisses durchführen.

Aber: Die Weiße Wanne kann auf Basis der Ergebnisse des Bodengutachtens eh geboten sein und eine angenehme Vorkehr gegenüber Überraschungen darstellen. Und sie kann sehr gut geeignet sein, sich nach Jahren plötzlich doch als beste Rechnung zu präsentieren. Während in Villariba einfach weiter gewohnt wird, wird in Villabajo schon wieder das Fundament freigelegt ...?!

Es ist dabei mindestens zu prüfen, ob die eigene Baufirma für das Haus oben drüber das dafür notwendige Bodengutachten erstellen und berücksichtigen wird, ob sie überhaupt qualifizierte Partner für eine solche Weiße Wanne hat oder diese selbst qualifiziert erstellen kann und ob sie das zum besten Preis für die Bauherren umsetzen wird.

Eine Weiße Wanne ist tatsächlich, wenn sie notwendig ist, ein wichtiges und buchstäblich solides Fundament für das eigene Haus.

Sie ist aber auch eine Herausforderung für manche Baufirmen, die eine besondere Expertise erfordert. Weiß die Baufirma beispielsweise, dass bei der Errichtung einer Weißen Wanne eventuell sogar bestimmte Anpassungen des Hauses darüber vorgenommen werden müssen?

So lastet auf dem Keller und der Bodenplatte ja später ein ganzes Haus. Und auch mit wenig Wissen über Statik ist schnell zu sehen, dass ein möglichst viereckiges Haus auf einem möglichst viereckigen Keller ziemlich einfach zu berechnen ist. Wird hingegen ein sehr kompliziertes und verwinkeltes Haus mit Erkern und Anbauten geplant, dann entstehen automatisch an gewissen Stellen höhere Hebel- und Scherkräfte, die den Keller zusätzlich belasten. Insbesondere die Konstruktion aus großen Fertigelementen mit aufwendigen Verbindungen, wie bei einer Weißen Wanne, muss dann in Bezug auf ihre Statik gesondert berechnet werden. Aber das ist auf jeden Fall gut möglich.

Wenn diese Fragen gestellt werden, sind sie quasi schon beantwortet. Die Statik des Kellers ist aber auch ein schönes Beispiel insofern, als sie wiederum Anforderungen an das Haus darüber stellt – und andersherum. Und sie hat auch für andere Fragen zum Haus, wie beispielsweise dem Stahlanteil für die Statik, gewisse Konsequenzen.

Da eine sogenannte Weiße Wanne eben auch ein Fertigkeller ist, teilt sie auch gewisse Vorteile mit dem Fertighaus. Weil der Fertigkeller aus vorgefertigten Elementen auf der Baustelle aufgebaut wird, wird er sehr schnell aufgebaut und spart damit kostbare Zeit der Baufirmen und der Bauherren. Die Qualität des Kellers ist damit sehr einheitlich und in der Regel zuverlässig hoch.

Und das liegt auch daran, dass beim Aufbau des Fertigkellers gut auf bestimmte Herausforderungen in der Bauphase reagiert werden kann. Ein Keller, der in drei Tagen steht, kann eben mit Rücksicht auf einen Wintereinbruch kurzfristig fertiggestellt werden, wo ein gemauerter Keller womöglich in der gleichen Zeit nicht weiter erstellt werden kann oder gleich zum ersten Mal sehr feucht wird. Der Fertigkeller muss eben nicht bei Wind und Wetter vor Ort abgedichtet werden, sondern ist in der Sache bereits dicht.

Man stelle sich einen gemauerten Keller vor, der dann bei tagelangem Starkregen gegen Feuchtigkeit behandelt werden muss. Manchmal fragt man sich, ob dann die Feuchtigkeit nicht eher im Mauerwerk konserviert wird, wenn später eine wasserdichte Schicht aufgetragen wird, als andersherum. Auch wenn sie lieber ein Steinhaus bauen möchten, können die Bauherren darunter einen Fertigkeller als Weiße Wanne bauen. Lehnt der Hausbauer das ab, suchen sie vielleicht lieber ein weiteres Angebot.

Raumhöhe des Kellers

Keller haben in der Regel eine Standardhöhe. Diese liegt bei 2,50 Metern und ist damit etwas niedriger als die Räume oberhalb. Das ist schon deswegen häufig die Wahl, weil damit weniger Material verbaut wird und der Keller dadurch günstiger wird. Das ist ja auch eines der Argumente dafür, dass ein Keller gegenüber einem kellerlosen Haus Vorteile hat: Es wird günstiger Raum geschaffen.

Nun möchte mancher Bauherr dennoch einen Wohnkeller einrichten und damit die Vorteile aus beiden Welten vereinen: Es soll günstig Raum geschaffen werden und gleichzeitig sollen die Kellerräume so erstellt werden, dass sie auch ein gutes Wohn- und Raumgefühl ermöglichen.

Wie immer ist es schwierig, die eierlegende Wollmilchsau zu finden.

Wird der Keller beispielsweise durch mehr Raumhöhe wohnlicher, dann steigen selbstverständlich die Baukosten durch mehr Materialeinsatz und auch durch eine tiefere Baugrube. Also wird versucht, genau das zu vermeiden und sich mit den standardmäßigen 2,50 Metern zu arrangieren.

Die Kosten steigen für diese Wohnräume gegenüber einem sehr einfachen Keller ohnehin schon an: Der Keller muss unter Umständen unter Gesichtspunkten eines späteren Wohnraums abgedichtet und gedämmt werden. Es werden womöglich bessere Fenster eingesetzt, die auch größer geplant werden und damit mehr Licht bringen. Einige Installationen werden womöglich aufwendiger, wie Strom und Wasser für die nette Kellersauna.

Vielleicht sollen auch insgesamt wohnlichere Materialien verwendet werden. Niemand möchte im Arbeitszimmer oder Gästezimmer im Keller auf dem Estrich laufen, der für eine einfache Waschküche noch akzeptabel und praktisch wäre. Vielmehr soll doch ein richtiger Boden verlegt werden. Also wird auf den Estrich, der ohnehin schon eine gewisse Aufbauhöhe hat und die 2,50 Meter Kellerhöhe ein Stück weit reduziert, noch eine Dämmschicht und dann ein Fußboden verlegt. Der Keller wird teurer und in Bezug auf seine nutzbare Höhe ein wenig kleiner.

Auch die Optik von Wänden und Decken nähert sich den eigentlichen Wohnräumen an. Vielleicht sollen Lichtspots an der Decke angebracht werden. Diese machen es notwendig, dass die Decke ein wenig abgehängt wird. Auf diese Weise haben Keller mit einer Standardhöhe, die dann zu gut bewohnbaren Räumen mit einer angenehmen Ausstattung aufgewertet werden, schnell nur noch eine nutzbare Raumhöhe von 2,20 Metern. Und das hat dann wiederum gewisse Auswirkungen auf das Raumgefühl in diesen Kellern, das später durchaus ein wenig drückend wirken kann.

Also entsteht womöglich die Idee, doch wieder an der Raumhöhe zu schrauben. Und damit wird der Keller noch einmal teurer. Diese Fragen stellen sich und die Antworten schaffen Fakten.

Gleichzeitig wird ein Keller dennoch auch unter diesen Gesichtspunkten kaum die Baukosten der Räume darüber erreichen und es lässt sich immerhin ein sehr guter Kompromiss finden. Doch wie immer sind die Bauherren im Vorteil, die sich früh über diese Fragen Gedanken machen und für sich selbst einen klaren Katalog entwickeln von Punkten, die ihnen pro Bauelement in ihrem Baukostenplan wichtig sind. Wenn Sie übrigens bei der Baufirma danach fragen wollen, ob Sie Ihren Keller etwas höher bauen können, dann fragen Sie nach der »(Keller-) Geschosserhöhung«.

Auftriebssicherung

Eine weitere Frage, die Sie in den Leistungen zum Bau Ihres Traumhauses unbedingt beantwortet haben müssen, ist die sogenannte Auftriebssicherung. Es kann nämlich sein, dass Ihr Haus plötzlich nach oben gedrückt wird. Ob genau diese Frage eine Frage für Ihr Projekt ist, das verrät wie so häufig das Bodengutachten.

Kennen Sie den Film *Oben*? In diesem Film von Disney und Pixar geht es um einen liebenswerten Opa, der sein Haus einer Immobilienfirma überlassen soll, damit sie dort einen Wolkenkratzer bauen kann. Der Opi ist nicht einverstanden, sieht sich aber letztlich mit den unausweichlichen Fakten konfrontiert, sein Grundstück abgeben zu müssen. Also befestigt er kurzerhand eine Reihe von Luftballons an seinem Haus und fliegt damit davon. Ein gesunder Auftrieb und die Kenntnisse der Physik lösen für ihn sein Problem.

Ganz so dramatisch ist die Auftriebssicherung bei einem Haus in der Realität nicht; aber es ist durchaus denkbar, dass auch Ihr Haus vertikal angehoben wird. Und dann gilt es, ein physikalisches Problem zu lösen.

Befindet sich Ihr Haus in einer Region, in der viel Wasser im Boden ist, das die Tendenz hat, nach oben zu drücken, dann wird Ihr Haus vermutlich in folgender Weise gebaut: Zunächst wird die Baugrube ausgehoben und diese wird sich dann relativ schnell mit Wasser füllen. Damit kennen sich die Bodenfirmen aus und sie installieren routiniert Pumpen, die das Wasser für eine Weile aus der Baugrube herauspumpen. Dann kann dort in diesem relativ trockenen Loch der Keller gebaut und dann das Haus daraufgesetzt werden.

Gleichzeitig müssen aber eine oder mehrere Pumpen installiert werden, die auch dauerhaft das Wasser davon abhalten, wieder in genau diese Baugrube einzudringen. Denn sonst ist das Wasser durchaus in der Lage, die Bodenplatte, den Keller und das ganze Haus ein Stück weit nach oben zu drücken. Durch den Auftrieb des Gebäudekörpers schwimmt das Haus regelrecht auf.

Das ist gegenintuitiv, weil man davon ausgeht, dass ein so schweres Objekt wie ein Haus doch wohl kaum von ein wenig Wasser im Boden nach oben gedrückt werden könne. Doch wenn man genau darüber nachdenkt, sind auch Stahlschiffe heutzutage viel schwerer als die allermeisten Häuser und schwimmen ganz prächtig. Physik.

Nicht ganz so fantastisch wie der liebenswerte Senior im Film *Oben* löst man auch hier das Problem mit Physik. Die Bodenplatte des Kellers, also das unterste gegossene Element des ganzen Hauses, wird größer geplant als der Keller, der dann daraufgesetzt wird. Sie steht beispielsweise rund 1 Meter über. Auf diese überstehende Betonplatte wird dann später Boden gefüllt, der das ganze Haus mit seinem Gewicht von oben sichert. In Kombination mit den Pumpen, die das Wasser vom Haus fernhalten, ergibt sich so eine Auftriebssicherung, damit Ihr Haus auf jeden Fall da bleibt, wo es sein soll.

Die Frage der Auftriebssicherung kann dabei auch eine ganz eigene Dramatik entwickeln, auch wenn sie nicht so filmreif sein wird. Denn die Auftriebssicherung ist durchaus ein hoher Kostenfaktor im gesamten Projekt, der sich schnell auf 20.000 oder 30.000 Euro belaufen kann, wenn sie notwendig wird. Allerdings ist die Notwendigkeit einer Auftriebssicherung durchaus selten gegeben und es lohnt sich selten, sie zu fürchten.

Damit ist die Auftriebssicherung ein schönes Detail, das wieder einmal die Bedeutung der seriösen Planung und Abschätzung der Kosten vor Augen führt. Wird mit einer Baufirma geplant, die beispielsweise die Baugrube und die Errichtung des Kellers als Standardelemente eines Standardvertrages ansieht und eventuelle Herausforderungen per Vertragsklausel an den Kunden weitergibt, dann lauert hier schnell finanzielle Dramatik. Standard ist eine aufwendige Auftriebssicherung jedenfalls nicht.

Drainagesysteme, Fundamenterder und Durchgangsmessung

Die nächsten beiden Punkte des Ablaufplans sind vor allem deshalb wichtig, weil es mal wieder um Begriffe geht, mit denen Otto Normalverbraucher in seinem Leben in aller Regel nicht konfrontiert wird.

Erst wenn das eigene Haus geplant wird und dabei berücksichtigt werden soll, dass möglichst alle Leistungen auch durch die Partner am Bau erbracht werden und dabei keine bösen Überraschungen drohen sollen, dann tauchen solche Begriffe auf. Oder wie oft sprechen Sie auf Partys über die Vor- und Nachteile eines Fundamenterders?

Für das eigentliche Projekt sind diese Punkte, schon aufgrund in aller Regel geringer auftretender Kosten, ohnehin etwas nachrangig zu betrachten. Ein Drainage-System beispielsweise kann heute als »old-fashioned« gelten.

Bis mindestens in die 80er-Jahre galt es noch als absoluter Standard, eine Drainage rund um das Haus zu legen und dadurch dafür zu sorgen, dass beispielsweise Stauwasser vom Haus weggeleitet wird. Mit heutigen Methoden der Kellerabdichtung, nicht zuletzt der Weißen Wanne, kann auf diese Leistungen in der Regel sogar gänzlich verzichtet werden. Drainage ist heutzutage eher ein Thema für Häuser, die schon eine Weile stehen und bei denen nachträglich Probleme auftreten. Oder für Bauherren, die auf eine Schwarze Wanne bauen und sich nach einigen Jahren auf die Suche nach Wassereintritt machen müssen.

Dennoch ist es gut, über diese Zusammenhänge Bescheid zu wissen, beispielsweise, wenn Ihnen die Baufirma im Verkaufsgespräch großzügig anbietet, die notwendige Drainage zum Teil ihres Angebots zu erheben – wobei immer klar ist, dass die sowieso nicht eingebaut werden muss. Danke für nichts …

Ähnlich nachrangig im Vergleich zu wirklich elementaren Überlegungen ist die Frage nach dem »Fundamenterder«. Eigentlich ließe es sich ziemlich kurz halten: Sie brauchen einen und er ist gar nicht teuer.

Ein Fundamenterder ist Teil der elektrischen Schutzeinrichtungen des eigenen Hauses. Und die meisten Bauherren wissen vermutlich überhaupt nicht, dass sie einen haben. Ganz einfach erklärt wird eine gut leitfähige elektrische Verbindung zwischen dem Haus und dem Boden hergestellt, das Haus wird in gewisser Weise »geerdet«. Tritt dann durch Schäden oder Fehlbedienungen an der Elektrik ein ungewünschter Spannungsunterschied auf, der gefährlich sein kann, dann wird dieser in das Erdreich abgeleitet. Das kann durch schadhafte Kabel geschehen, durch die Katze, die am Kabel nagt, oder durch Blitzschlag. Der Strom soll weg, damit er möglichst wenig Schaden anrichtet.

Die Erdungsleitungen aller elektrischen Geräte und Stromkreisläufe des Hauses werden letzten Endes an einer Stelle zusammengeführt und dann über ein Stück Bandstahl in die Erde geführt. Die Ableitung beim Elektrokleingerät ist häufig dieses schöne gelb-grüne Kabel, das zur Erhöhung der nervlichen Spannung (nicht der elektrischen) bei älteren Geräten auch gerne mal eine andere Farbe hat (dann wird gleich die Sicherung getestet) oder gänzlich fehlt.

Den Fundamenterder, quasi das »gelb-grüne Erdungskabel« für das ganze Haus, kauft der zuständige Elektriker als Meterware für kleines Geld und berechnet dann noch etwas für die Installation und die notwendige Messung der Funktionsfähigkeit der ganzen Einrichtung. Das ist kein großer Posten in einem großen Haus. Nicht mal in einem kleinen.

Dennoch kann der Fundamenterder mehr Bedeutung bekommen, als ihm gerecht wird. Er kann Hab und Gut und Leben retten. Das ist ehrenwert und großartig.

Aber er kann auch zu einem Kostenfaktor und zu einem Zankapfel werden.

Ich erinnere mich beispielsweise an einen Fall, bei dem im Angebot einer Hausbaufirma eine Bodenplatte mit Fundamenterder vorgesehen war. Die Kunden hatten dafür unterschrieben und sich dann überlegt, dass sie den Bau des Kellers aus dem Angebot herauslösen wollten. Und dass sie überhaupt einen Keller haben wollten, der gar nicht im Angebot enthalten war!

Also haben sie eine Kellerbaufirma beauftragt, die in ihrem Leistungsumfang keine Erdungsmessung hatte, wie sie aber vorgeschrieben ist. Mit dieser Messung wird die erfolgreiche Installation der Erdungseinrichtung überprüft.

Die Bauherren waren sich sicher, dass die Hausbaufirma diese Leistung nun übernehmen würde, schließlich war bei der Bodenplatte eine solche Messung inbegriffen. Daher war ihnen auch die Lücke im Angebot der Kellerbaufirma an dieser Stelle ziemlich egal.

Also wurde der Elektriker, der für das gesamte Fertighaus verantwortlich und eh öfter auf der Baustelle zugegen war, gebeten, doch nach Errichtung des Kellers und des Hauses die Messung des Fundamenterders durchzuführen.

Das tat er und stellte dafür plötzlich eine zusätzliche Rechnung. Die Bauherren waren verwundert und verwiesen darauf, dass das doch im Angebot der Hausbaufirma enthalten war. Die Baufirma jedoch entgegnete, dass die Messung des Fundamenterders im Angebot an die Bodenplatte geknüpft war, nicht an einen Keller. Das machte weder inhaltlich noch technisch einen allzu großen Unterschied, aber vertraglich.

Einmal abgesehen davon, dass die Baufirma hier alles andere als kulant mit den Kunden umgegangen ist, muss doch Folgendes festgehalten werden: Bauherren, die wenigstens um die Funktionsweise des Fundamenterders wissen und beispielsweise beim Lesen eines Angebots nicht davon ausgehen, dass der wohl irgendwie Teil einer Bodenplatte sein müsste und bei einem Keller vielleicht irgendwie nicht benötigt würde – oder anderswo Lücken in ihrem Wissen haben –, sind an einer solchen Stelle im Vorteil. Sie wissen aus dem hier abgedruckten Baukostenplan, dass die Frage des Fundamenterders auf jeden Fall gestellt und beantwortet werden muss, und sie wissen, dass dieser später einmal durch einen Elektriker durchgemessen und freigegeben werden muss. Gefragt ist halb erledigt.

Lichtschächte in »wasserdicht«, bitte

Die Lichtschächte sind schnell erklärt. Die erste Frage, die sich doch aufdrängt, ist: Gibt es auch Lichtschächte, die nicht wasserdicht sind?

Nun ja, das ist wie so häufig eine Definitionssache. Es gibt Lichtschächte, die besonders darauf ausgerichtet sind, dem hier immer wieder auftretenden drückenden Wasser zu begegnen. Und die Ware von der Stange, die vielleicht wieder einmal Teil der berühmten Standardbaubeschreibung ist, kann das unter Umständen nicht oder nicht besonders gut. Dann haben die Bauherren hinterher einen schönen lichtdurchfluteten Keller, der überall perfekt gegen eintretendes Wasser geschützt ist und leider feuchte Lichtschächte, die das Wasser bereitwillig auch an den Rest des Kellers abgeben.

Dämmung für den gewünschten KfW-Standard

Wenn ein Haus geplant wird, dann wird auch immer eine Entscheidung zugunsten eines bestimmten sogenannten KfW-Standards getroffen. Übrigens schon allein aus dem Grund, weil es hierfür bestimmte gesetzliche Vorgaben gibt, nach denen Häuser gebaut werden müssen. Und das bezieht sich dabei in keiner Weise nur auf das Haus oder nur auf den Keller.

Ein bestimmter KfW-Standard wie KfW 40 plus, KfW 40 oder KfW 55 ist dabei eine Summe an Vorgaben und Regularien, Materialien und Möglichkeiten, nach welchen technischen Standards ein Haus gebaut werden muss oder kann, um eine bestimmte energetische Effizienz im Betrieb zu erreichen. Dabei wird darauf geschaut, wie viel Energie notwendig ist, um das Haus durchschnittlich im Laufe eines Jahres zu heizen, und wie viel Energie die dann mollig warme Immobilie nach außen wieder verliert.

Wenn Sie das mal zum Inhalt eines Partygesprächs machen wollen: Das ist der sogenannte Primärenergiebedarf und der Transmissionswärmeverlust. Viel Spaß beim Fachsimpeln.

Viel eher wäre der Tipp jedoch, genau das einmal zum Inhalt eines Gesprächs mit einem unabhängigen Architekten oder mit der Hausbaufirma der Wahl zu machen: Welcher Energiestandard für das Effizienzhaus ist möglich und angeraten? Der richtige Experte weiß dann auch, welche Wandstärke, welche Dämmmaterialien und weiß der Kuckuck noch was dafür zu bedenken sind. Sie stellen die Fragen!

Bestimmte Standards müssen dabei eingehalten werden und bestimmte höhere Standards sind in Bezug auf besonders niedrige Energiekosten interessant. Sie können aber auch interessant sein, weil der Staat zu bestimmten Zeiten bestimmte Standards fördert, beispielsweise durch besonders niedrig verzinste Kredite. So ist es durchaus möglich, für einen bestimmten KfW-Standard einen Teil der notwendigen Finanzmittel bei der KfW-Bank zu finanzieren, vielleicht mit Zinsen nahe 0 Prozent?

Vater Staat beteiligt sich zu manchen Zeiten an den Aufwendungen der Bauherren, das CO_2-Ziel des ganzen Landes vielleicht doch noch zu erreichen.

Beim Keller geht man standardmäßig nicht unbedingt davon aus, den gleichen Energieeffizienz-Standard zu erreichen wie beim Haus darüber. Hier macht wieder der sogenannte Wohnkeller den Unterschied, bei dem die Räume des Kellers zu einem nahezu gleichberechtigten Teil des Wohnraums werden sollen. Spätestens wenn man sich dort also öfter aufhalten will und nicht nur die Kartoffeln im Vorratskeller bei angenehmen 8 Grad Celsius lange frisch hält, ist eine gute Dämmung des Kellers auch eine Überlegung wert.

Nicht nur weil der Keller standardmäßig nicht so gut gedämmt wird, sondern auch weil er klug aus dem Angebot der Fertighausfirmen und anderer Baufirmen herausgelöst werden könnte. Hier sollten Bauherren sich genau überlegen, ob sie dort einen Energieeffizienzstandard umsetzen wollen und wenn ja, welchen.

Grundsätzlich würde ich immer davon ausgehen, dass Energie wohl in der Zukunft nicht zwingend günstiger wird. Und dass es auch mit Rücksicht auf den Planeten ein netter Zug wäre, das eigene Portemonnaie an der Stelle zu schonen.

Sockelputz in grau

Der Sockelputz ist die schützende und besonders belastbare Schicht, die auch sichtbar oberirdisch auf die Außenwände des Hauses aufgebracht wird. Darüber wird meistens dann ein etwas schmückenderer Putz oder Klinker an der Fassade angebracht. Unterhalb dieses meistens recht schmalen Bandes spezieller Schutzmaßnahmen wird im Erdreich mit der Weißen Wanne oder mit Bitumen geschützt.

Insbesondere in der Nähe des Bodens sind die Wände des Hauses jedoch nicht nur durch Regenwasser, sondern auch durch Spritzwasser vom Boden, besonders durch Feuchtigkeit und Witterung, besonders belastet. Sockelputz ist diesen Herausforderungen gegenüber besonders leistungsfähig und sieht noch einigermaßen gut aus dabei.

Mein Tipp für diesen Teil des Hauses: Machen Sie Ihren Sockelputz nicht zum Graubereich.

Erstens könnten Sie ihn ja mal pink machen. Damit haben Sie gute Chancen, relativ früh mit den neuen Nachbarn ins Gespräch zu kommen und zum Gespräch Ihrer Straße zu werden. Auch wenn dann Freunde und Familie zur House-Warming-Party eingeladen werden, lässt sich gut beschreiben, wo sie hinmüssen: das Haus mit dem pinken Sockel! Das muss man aber wollen.

Noch wichtiger und etwas weniger augenzwinkernd ist der Tipp, den Sockelputz nicht im Graubereich des Vertragswesens zu belassen. Denn dort sehen ihn viele Hausbaufirmen gerne und routiniert.

Sockelputz anzubringen ist eine doofe Arbeit. Derjenige, der das tut, muss dabei meistens auf den Knien arbeiten, robbt im Matsch des frisch bebauten Grundstücks herum und es ist entweder viel zu heiß oder viel zu kalt, um ohne Hitzschlag oder Rheuma aus der Sache herauszukommen.

Gleichzeitig ist die Leistung des Sockelputzes eigentlich eine überschaubare Arbeit, die auch deshalb hier in der Tabelle bereits recht gut mit Kosten hinterlegt werden kann: vielleicht 1.500 bis 3.000 Euro.

Die Hausbaufirmen sind an dieser Stelle häufig ihren Mitarbeitern gegenüber großzügig und klammern diese Leistung aus. Sie argumentieren, dass der Sockelputz Teil des Kellers ist. Und ganz gleich, ob der Bauherr die Kellerbaufirma selbst beauftragt oder diese durch die Hausbaufirma vermittelt wurde, schiebt die Hausbaufirma den Schwarzen Peter des Sockelputzes der Kellerbaufirma in die Schuhe.

Die Kellerbaufirma ist ihrerseits natürlich auch erfahren und weiß, dass diese kleine Leistung gerne mal im ganzen Gemenge untergeht, und argumentiert, dass das ja wohl oberirdisch und damit Sache der Hausbaufirma sei.

Aber keine Sorge: Die beiden werden sich über diesen Punkt auf keinen Fall streiten. Die Hausbaufirma lässt einfach eine Lücke in ihrer Baubeschreibung. Und die Kellerbaufirma verzichtet auch darauf, den Sockelputz zum Bestandteil ihrer Leistungsbeschreibung zu machen. So entsteht zwischen diesen beiden Partnern wunderbare Einigkeit: Wir machen es auf jeden Fall nicht!

Die Leistung des Sockelputzes bleibt mitunter unbeschrieben und verschwindet im Graubereich der Angebote. Nur auf Leistungen, die in den Verträgen explizit zugesichert werden, hat der Bauherr jedoch später Anspruch.

Weil aber am Ende auf jeden Fall ein Sockelputz angebracht werden muss, trägt der Bauherr mal wieder die schlussendliche Verantwortung und muss irgendjemanden mit Geld und guten Worten davon überzeugen, sich noch einmal kostenpflichtig für ihn reinzuknien.

Dann ist das oft der Maler, der das Haus verputzt hat und nochmals extra für den Sockel beauftragt werden kann.

Dies und das

So summieren sich größere und kleinere Einzelposten insgesamt zu einer Liste wichtiger Punkte bei der Klärung der Kosten für Fertigkeller und Bodenplatte. Die Liste führt noch einige auf: So muss eine sogenannte Sauberkeitsschicht unter der Bodenplatte geplant werden. Das ist in der Regel eine Kiesschicht oder eine erste dünnere Betonplatte, die dafür sorgt, dass der Untergrund eben und gleichmäßig ist.

Ein weiteres wichtiges Element ist das sogenannte Schnurgerüst. Dieses bezeichnet eine der ersten Arbeiten, die auf einer Baustelle verrichtet werden. Das Haus wird noch einmal eingemessen und jemand steckt mit Hölzern und Schnüren ab, wie und wo das Haus stehen wird. In manchen Fällen ist das der Polier, manchmal auch ein Vermessungsbüro. Mitunter wollen auch Behörden dann noch einmal auf die ganze Sache draufschauen und ihr Okay dafür geben.

Des Weiteren sind bei einem Standardkeller in der Regel keine Rückstauklappen vorgesehen. Diese sind jedoch wichtig und hilfreich, weil sie vor allem Wasser (und mehr) aus dem Kanal davon abhalten, bei steigendem Wasserstand dort in das Haus hineingedrückt zu werden. Wenn beispielsweise eine Toilette im Keller eingerichtet ist und nun bei Hochwasser oder viel Abwasser im Kanal all das, was man vorher eigentlich dort verschwinden lassen wollte, nun noch einmal um Aufmerksamkeit ringt, dann sind Rückstauklappen eine angenehme Einrichtung.

Schlussendlich empfiehlt es sich noch, eine sogenannte »Mehrspartenhausdurchführung« zu kennen. Mit dieser kann man nicht nur beim Scrabble einen dreistelligen Punktesatz mit einem Wort erreichen, sondern auch dafür sorgen, dass alle notwendigen Anschlüsse des Hauses an einer Stelle durch die Kellerwand hindurchkommen.

Schließlich war das Thema Wasser bei den meisten hier besprochenen Themen des Kellers immer wieder ein Hauptfaktor, der bedacht werden musste. Da muss es doch mehr als paradox erscheinen, wenn finanzieller Mehraufwand für eine tolle Weiße Wanne betrieben wird und diese dann an allen möglichen Stellen durchlöchert wird. Eine Mehrspartenhausdurchführung sammelt Strom, Wasser, Gas und manches mehr, was da so ins Haus geleitet werden soll.

Vertragsinhalt und die konkreten Kosten

Beim nächsten großen Themenfeld geht es um all die Kosten und Leistungen, die Sie im Vertrag mit Ihrer Hausbaufirma festhalten. Es ist durchaus üblich, wenigstens diesen großen Themenblock aus einer Hand zu wählen. Das bedeutet selbstverständlich nicht, dass Sie nicht einzelne Leistungen selbstverständlich auch aus dem Gesamtprojekt herausnehmen können.

Wenn Sie darin bestimmte Vorteile erkennen, beispielsweise, weil ein befreundeter Handwerker Ihnen hier seine Hilfe anbietet, weil Sie Eigenleistungen erbringen wollen oder weil Sie besondere Ansprüche an einzelne Teile des Projekts haben, die die Baufirma Ihnen so nicht anbieten kann, kann das ein Mittel der Wahl sein.

Bei den vorangegangenen großen Themenblöcken wie dem Grundstück und seiner Erschließung, der Einrichtung der Baustelle und dem Erdaushub, dem Kellerbau oder dem Gießen der Bodenplatte hatte ich bereits etwas offensiver dafür geworben, diese Leistungen womöglich aus dem großen Gesamtprojekt herauszulösen und selbst zu vergeben.

Insbesondere wenn Sie mit einer Hausbaufirma bauen, wofür es ja sehr gute Gründe gibt, wird der Vertrag viele der folgenden Leistungen mit einschließen und Sie sollten all das mit Ihren Ansprechpartnern durchleuchten.

Hauspreis laut Angebot

Gleich der erste Punkt der Liste ist vermutlich der spannendste und komplexeste. Der gesamte erste Teil des vorliegenden Buches sollte Sie mittlerweile dafür sensibilisiert haben, einen Hauspreis laut Angebot erst dann als relevante und zutreffende Kostenschätzung für Ihren Traum vom Eigenheim zu akzeptieren, wenn eigentlich alle anderen Fragen des Baukostenplans und Ihres eigenen Pflichtenheftes geklärt und mit möglichst präzisen Zahlen hinterlegt sind.

Mit der notwendigen Neugier und manchmal auch der notwendigen Skepsis ausgestattet, werden Bauherren einen solchen Hauspreis immer an die Frage knüpfen, welche Leistungen im Angebot – und noch viel wichtiger später im Vertrag – genau beschrieben und zugesichert sind. Und welche nicht.

Sie werden genau schauen, welche Verantwortlichkeiten wem zufallen und wie Kosten verteilt sind.

Und sie werden genau schauen, welche Standards, welche Eventualitäten und welche Risiken in den Verträgen beschrieben sind und welchen Einfluss sie auf die eben genannten Verantwortlichkeiten, Kosten und Zuständigkeiten nehmen würden.

Wenn etwas nicht nach Plan läuft, wenn es nicht Standard sein soll oder sein kann – wer trägt dann die Verantwortung und die Kosten? Und wer kümmert sich?

Die besten angehenden Bauherren sind dabei keine Pessimisten. Sie sind Optimisten mit Hang zur Transparenz.

Mit dieser Grundeinstellung formulieren Sie so präzise wie eben möglich Ihren eigenen Traum, lassen sich den kreativen Part womöglich von einem unabhängigen Architekten einmal aufs Papier bringen und gehen damit zu einigen Baufirmen, die Sie dann auf einer verbindlichen Basis miteinander vergleichen können. Womöglich lassen Sie die Frage nach dem Grundstück und dem Keller, der Baustelle und dem Aushub dabei zunächst einmal außen vor, um nicht gleich zu viele Fragen diskutieren zu müssen.

Dann lassen Sie sich auf dieser Basis ein Angebot, eine Baubeschreibung und einen Bauplan erstellen. All diese Dokumente prüfen Sie bestmöglich darauf, ob nun auch all Ihre Vorstellungen umgesetzt und möglichst präzise festgeschrieben sind.

Denn damit werden sie Ihnen im dann folgenden Vertrag zugesichert, den Sie auch noch einmal auf eventuelle Lücken prüfen. Selbstverständlich vergleichen Sie den Vertrag auch noch einmal mit dem Angebot, um auszuschließen, dass der eine oder andere Passus aus Ihren Gesprächen mit der Firma verloren gegangen ist.

Wenn Sie dann feststellen, dass das Angebot, oder im Idealfall bereits der Vertrag, Ihre Fragen aus dem Baukostenplan und die wichtigen Fragen aus Ihrem eigenen Pflichtenheft berücksichtigt und gleichzeitig ein Preis für die Erbringung dieser Leistungen dort festgehalten ist – dann haben Sie eine ziemlich realistische Kostenschätzung erreicht.

Und dann planen Sie trotzdem noch mit 5 bis 10 Prozent Reserve für Ihr Gesamtbudget, um weiteren Eventualitäten gelassen entgegenzusehen.

Diese Kostenschätzung können Sie in die Liste eintragen, als allerletzte Zahl!

Bemusterungsbudget

Die folgenden Elemente sind alle Anteile der Bemusterung. Ich hatte bereits beschrieben, dass die Bemusterung durch die Hausbaufirmen eigentlich am liebsten nach Unterschrift unter den Vertrag angeboten wird. Schließlich ist dann für die Baufirma alles in Sack und Tüten.

Für die Bauherren erschwert diese Reihenfolge aber mindestens die konkrete Einschätzung der Kosten. Denn was dort in einer Baubeschreibung angeboten wird, selbst wenn es mit tollen Fotos und vielen sachlichen Beschreibungen hinterlegt ist, muss nicht dem entsprechen, was Sie später als Teil Ihres Traums bauen lassen wollen.

Viele Baufirmen sind an dieser Stelle kulant und lassen zumindest eine Vorbemusterung zu, bei der Sie sich die Dinge einmal in der Realität anschauen können, die Ihnen die Baufirma einbauen könnte. Dann können Sie vor allem auch entscheiden, ob das bestimmte Fenster, das als »Standard« oder »gehobener Standard« Teil des Angebots ist, Ihnen zusagt. Kommt es an dieser Stelle zu klaren Entscheidungen, mit den Auswahlmöglichkeiten der Bemusterung nicht zufrieden zu sein, lassen sich solche Fragen auch jetzt noch stellen und klären.

Nutzen Sie an dieser Stelle ganz diplomatisch Ihren großen Vorteil, dass Sie noch nichts unterschrieben haben. Das ist das größte und vorrangige Ziel der Hausbaufirma in den Gesprächen mit Ihnen. Es ist attraktiv, dass Sie die womöglich größte Einmalinvestition Ihres Lebens bei der Baufirma tätigen.

Der Baukostenplan beinhaltet an dieser Stelle nur die großen Posten der Bemusterungsbudgets. Das ist hoffentlich dafür geeignet, angehende Bauherren dafür zu sensibilisieren, dass hier noch etliche weitere Punkte auftauchen können. Die großen Elemente eines Hauses, die auch einmal schnell vier- oder fünfstellige Beträge bedeuten können, wie eine Treppe oder die Fenster, sollten besondere Berücksichtigung bei der Finanzplanung finden und sind daher hier aufgeführt.

Sind diese Elemente Teil des Angebots der Firma? Und wo sind mit Blick auf die eigenen Vorstellungen eventuell Anpassungen abseits des Standardangebots notwendig und müssen mit Zahlen hinterlegt werden?

»Verschattungen« der Fenster sind ein schönes Beispiel. Wo wollen Sie später in Ihrem Haus die Rollläden schließen können? Ich habe hier in Angeboten und Verträgen von Hausbaufirmen schon alles gesehen:

Eine Verschattung wird an der Südseite für alle Fenster installiert.

Eine Verschattung wird nur im Obergeschoss für die Schlafzimmer installiert.

Eine Verschattung wird für alle Fenster des Hauses mit Ausnahme des Technikraums, der Küche und des Gäste-WCs vorgesehen.

Beispiel

Fast immer sind Kunststofffenster Teil des Baustandards, den Ihnen Hausbaufirmen anbieten. Wenn Sie jedoch stattdessen großartige Holz-Alu-Fenster wünschen, die Sie danach von außen nie wieder streichen müssen und an denen Sie im Idealfall ewig Freude haben, dann sind hierfür schnell 10.000 bis 15.000 Euro zu kalkulieren. Das sollten Sie als Kostenfaktor einplanen, wenn es Ihnen wichtig und lieb ist.

Selbstverständlich ist es angezeigt, hier zu wissen, was man haben möchte. Und es ist auch sicherlich hilfreich, den Blick dafür zu schärfen, dass sich die Hausbaufirmen bereits in solchen Details deutlich voneinander unterscheiden können. Und das kann in einem Unterpunkt oder einem Halbsatz in der Baubeschreibung verborgen sein. Es kann in einer unklaren Beschreibung offengehalten werden oder gar nicht zur Sprache kommen. Entsprechend ist es zugesichert oder nicht.

Zusätzliche Aufwendungen aufgrund bestimmter Herausforderungen

Der nächste große Block möglicher Hauskosten, auf die Sie vor Vertragsabschluss ein Auge werfen sollten, bezieht sich auf Aufwendungen, die aufgrund bestimmter Herausforderungen möglich sein können. Vielleicht ist durch den Bauplatz, durch die Region oder durch Ihre eigenen Vorstellungen manche Anpassung am Haus nötig oder wünschenswert.

Vielleicht ist es Ihnen als Bauherren wichtig, beispielsweise auch bauökologische Gesichtspunkte zu einer Säule Ihrer Überlegungen zu machen. Hier gibt es durchaus spannende Alternativen zu den standardmäßigen, aber eben nicht immer leistungsfähigsten Materialien, die Hausbaufirmen Ihnen anbieten.

Eine Dämmung mit Holzfasern beziehungsweise Holzspänen für Außen- und Innenwände oder das Dach vereint einige Vorteile in Bezug auf Schallschutz, besseren Hitzeschutz und sicherlich auch den ökologischen Fußabdruck und die Wohngesundheit. Allerdings sind längst nicht alle Hausbaufirmen, insbesondere Fertighausfirmen, in der Lage, Ihnen hier immer alle Alternativen anzubieten.

Je nach Gewichtung in Ihrer eigenen Auflistung kann dieses Thema jedoch so hohe Relevanz bekommen, dass es ein Entscheidungskriterium für oder gegen eine Firma sein kann.

Und selbstverständlich hat es damit auch eine Verbindung zu den möglichen Kosten.

Ganz allgemein werden verschiedene Angebote an solchen Stellen auch noch einmal anders unterscheidbar. Denken Sie an ein Angebot eines Hauses, das Sie sich von zwei Firmen auf Basis Ihrer genauen Beschreibungen haben erstellen lassen. Beide bieten einen gewissen Standard für den Schallschutz und die Wärmedämmung an. Im Preis liegen sie womöglich 20.000 Euro auseinander, aber die Baubeschreibungen beider Firmen ermöglichen es Ihnen als Laien kaum, die wirklich relevanten Unterschiede zwischen den beiden Firmen sicher zu erkennen.

Ganz spezielle Fragen, wie sie sich auch hier durch den Baukostenplan ergeben, können aber einen neuen Zugang zu solchen Themen schaffen. Wenn Ihnen beispielsweise bestimmte höhere Standards des Schallschutzes wichtig sind und Sie vielleicht besondere Türen oder einen speziellen Wandaufbau wünschen, dann stellen Sie mit dieser sehr konkreten Frage plötzlich fest, dass der etwas teurere Anbieter das bereits in seinem Angebot enthalten hatte oder es mit seinen Methoden plötzlich deutlich günstiger um solche Anforderungen erweitern kann.

Womöglich tauchte in beiden Angeboten sehr vergleichbar eine Wandstärke von 12 Zentimetern auf, die Sie als angehende Bauherren für identisch erachten. Über den Wandaufbau haben sich beide Firmen nicht allzu präzise ausgelassen.

Und im Vergleich der zugänglichen Informationen ist tatsächlich eine Firma günstiger. Bei dem, was die beiden Firmen Ihnen bauen wollen – deswegen schreiben sie es ja in ein Angebot –, ist Firma A günstiger. Bei dem, was Sie jedoch auf Basis Ihrer eigenen Ansprüche bauen lassen wollen – und darum muss es vordringlich gehen –, ist plötzlich Firma B günstiger. Und das schlichtweg, weil Sie bei Firma A später erhebliche zusätzliche Kosten tragen müssen, um die besonderen Anpassungen Realität werden zu lassen, die Ihnen wichtig sind.

Zusätzliche Aufwendungen aufgrund bestimmter Herausforderungen sind schon deshalb ein wichtiger Teil des Baukostenplans und der Vertragsgestaltung. Denn sie verschaffen einen privilegierten Zugang zu den Fragen, was Ihnen wirklich wichtig ist.

Nicht immer jedoch müssen diese besonderen Herausforderungen auf Ihrem Mist gewachsen sein. Zusätzliche Wärmedämmungsmaßnahmen für Innenwände, Türen und Außenwände können Ihrem besonderen Streben nach effizientem Energieverbrauch oder Ihrer Verantwortung dem Planeten gegenüber geschuldet sein. Sie können aber auch einfach der neuesten gesetzlichen Vorgabe entsprechen.

Sie können einer berechtigten Sorge vor zukünftig steigenden Energiekosten geschuldet sein. Oder sie können die Möglichkeit eröffnen, einen günstigen KfW-Kredit unter Einhaltung höchster Energieeffizienz-Standards zu bekommen.

Besondere Schallschutzmaßnahmen nach innen können der Erkenntnis geschuldet sein, dass Ihre Kinder oder sonstige Mitbewohner ebenso mitteilsam wie energiegeladen sind. Sie können aber auch der Tatsache Rechnung tragen, dass dort im Neubaugebiet die Bundesstraße wochentags doch mehr zu vernehmen ist, als bei der ersten Besichtigung an einem Samstagnachmittag gedacht. Die nächtlichen Frachtflüge am Flughafen in der Nähe hatte der Grundstücksmakler trotz aller Umsicht auch vergessen zu erwähnen …

Schnee, Wind und Erdbeben

Für einige Regionen in Deutschland, Österreich und der Schweiz ist es sicherlich auch relevant, einmal zu schauen, ob sich das zukünftige Häuschen in einer besonderen Schnee- oder Windlastzone befindet und ob es womöglich in einer Erdbebenzone liegt. Meistens haben die zukünftigen Hausbesitzer ja schon ein Gefühl dazu. An der Nordsee mag man womöglich in einer Windlastzone bauen, ebenso im Mittel- oder Hochgebirge. Dort schneit es auch immer noch mehr als anderswo. In manchem Schweizer Hochtal ist im Winter eindeutig mit mehr Schnee zu rechnen als im Kölner Rheingraben.

Dort schneit es sehr selten, dafür befindet man sich da mitten in der sogenannten rheinischen Erdbebenzone, die sich ungefähr von Basel bis in die Beneluxstaaten entlang des größten deutschen Flusses zieht.

Für all diese besonderen Anforderungen gibt es detaillierte Übersichtskarten der sogenannten Schnee- und Windlastzonen und der einschlägigen Erdbebenzonen. Auch hier wird wieder augenfällig, dass ein Haus, wie »man es immer baut« und wie es womöglich einem erprobten Standard einer Hausbaufirma entspricht, nicht immer allen Anforderungen der Hausherren gerecht wird.

Aus diesem Grunde empfiehlt es sich für die Bauherren, bereits vor Vertragsabschluss zu prüfen, auf welche besonderen baulichen Standards sie in den Verhandlungen und Verträgen mit der Hausbaufirma später bestehen sollten. Wird das nicht vor Vertragsschluss geklärt und dort aufgenommen, dann gilt die übliche Regel:

> Was nicht Teil des Vertrages mit der Baufirma ist, darauf besteht auch kein Anspruch. Und die letztliche inhaltliche und finanzielle Verantwortung trägt dann der Bauherr.

Der klassische Punkt, um dann später den Bau in einer Wind- oder Schneelastzone festzustellen, ist spätestens die technische Prüfung. Die Gegebenheiten des Hauses müssen dann im Sinne der Sorgfaltspflicht und daraus abgeleiteten Anforderungen an die Bausubstanz angepasst sein.

Ansonsten wird unter Umständen gar der Bauantrag nicht genehmigt. Die Rückschau auf die bevorzugte Reihenfolge, in der Baufirmen mit Ihnen diese Dinge durchgehen, lässt mal wieder die Nachteile dieses Verfahrens erkennen: Erst wird der Vertrag für das ausgewählte Musterhaus oder den Standardbau unterschrieben, dann erfolgt die Planung und schließlich die technische Prüfung.

Bauherren haben aber ein lebendiges Interesse daran, dass eventuelle Kosten für ihre eigene Übersicht bereits vor der Unterschrift unter den Vertrag kalkuliert werden und von der Firma auch explizit benannt und im Vertrag aufgeführt werden. Und zwar stark heruntergebrochen in folgender Weise:

Anpassung von Statik und Bauweise an Schneelastzone. Anpassung von Statik und Bauweise an Windlastzone. Anpassung von Statik und Bauweise an Erdbebenzone. – Kosten: x Euro.

Fotovoltaik und Speicher

Weiter geht es mit Leistungen und Kosten, die die Bauherren sich wünschen können.

Der Einbau einer Fotovoltaikanlage ist mit Sicherheit heute ein Trendthema, das zukünftigen Bauherren früher oder später in den Sinn kommt.

Strom wird tendenziell eher teurer und Fotovoltaikmodule tendenziell eher günstiger und damit rentabler. Da keimt die Idee!

Neben den Vorteilen in Bezug auf den Umweltschutz durch die Nutzung erneuerbarer Energien für den eigenen Energieverbrauch wird durch den Einbau einer Fotovoltaikanlage und eventuell eines Speichers der Preis für die selbst verbrauchte Kilowattstunde deutlich gedrückt.

Und darüber hinaus kann die Fotovoltaikanlage durch die mögliche Einspeisevergütung, wenn mehr Strom produziert als verbraucht und dann in das öffentliche Netz überführt wird, sogar Rendite erzeugen. Nicht so schlecht – und da sehen auch viele angehende Bauherren eine interessante Möglichkeit, die beim neuen Haus gleich einmal von Grund auf mitgedacht werden kann.

Es ist wie fast immer. Bei Geldanlagen benötigt es zunächst einmal einen Einsatz. Eine Fotovoltaikanlage erzeugt zunächst einmal, noch bevor sie Strom erzeugt, höhere Kosten beim Eigenheim. Schließlich müssen die Module gekauft werden, aufs Dach oder aufs Garagendach gebracht werden, angeschlossen werden und eventuell muss ein Speicher erworben werden.

Je nach Leistungsfähigkeit der Module entstehen schnell fünfstellige Kosten hierfür, die sich auch sicher nicht sofort amortisieren werden.

Diese erste Investition scheuen manche Bauherren dann, verschieben sie vielleicht in spätere Bauphasen und kommen irgendwann zu dem Schluss, dass die Fotovoltaikanlage noch ein wenig warten darf. Das ist angesichts der großen Gesamtinvestition selbstverständlich nachvollziehbar.

Aus wirtschaftlichen Gründen ist es aber nicht besonders klug, hier Schwarz-Weiß-Denken an den Tag zu legen.

Die Bauherren hätten gerne eine Fotovoltaikanlage, können sie sich allerdings jetzt nicht leisten und werden sie auf jeden Fall zu einem späteren Zeitpunkt noch installieren lassen.

Erstens steigt damit die Wahrscheinlichkeit, dass es nie eine Fotovoltaikanlage geben wird. Wenn sie nicht am Beginn eingeplant wird, dann sinkt die Wahrscheinlichkeit einer späteren Umsetzung deutlich.

Das liegt nicht zuletzt auch daran, dass ein nachträglicher Einbau natürlich teurer ist als der Einbau während des Hausbaus. Es müssen Leitungen gelegt werden, das Dach muss noch einmal geöffnet und bestimmte Befestigungen dort angebracht werden. Wenn mancher Dachziegel zweimal in die Hand genommen wird und Leitungen in fertige Wände gestemmt werden müssen, dann kostet das mehr, als wenn diese Schritte von Anfang an gemacht werden.

Aus diesem Grund sollte in Betracht gezogen werden, den Wunsch nach einer Fotovoltaikanlage gleich mitzudenken, aber nur die notwendigen Installationsarbeiten im Haus gleich mit zu beauftragen. Die auch noch einmal recht teuren Module und der Speicher können vielleicht später installiert werden, wenn wenigstens die Leitungen und Montagevorrichtungen einmal angebracht sind. Dann werden alle notwendigen Schritte zur Installation nacheinander und zur besten Zeit getätigt, aber die Kosten können »gestundet« werden.

Dem Dach selbst hilft es übrigens auch, wenn die Installationsarbeiten gleich mit durchgeführt werden. Denn ein Dach wird einmal dicht aufgebaut. Jeder nachträgliche Eingriff in diese funktionierende Gebäudehülle birgt mindestens das Risiko, dass das Ergebnis danach nicht mehr das gleiche sein kann. Dieses Risiko lässt sich minimieren.

Auch hier ist wieder ein klassischer Punkt gegeben, an dem sich die frühe Feststellung der eigenen Vorstellungen und das Weiterdenken der Bauherren in Bezug auf die Konsequenzen auszahlen kann. Fertighaushersteller beispielsweise haben ein ureigenes Interesse, die Häuser, die sie bauen, für Standardbedürfnisse zu optimieren. Sie gehen schlichtweg nicht von großartigen Abweichungen aus.

Sie planen und offerieren Häuser so, dass sie in der Regel an einem idealen Bauplatz mit sehr durchschnittlichen, aber nie herausfordernden Bedingungen funktionieren. Die bisherige Lektüre hat veranschaulicht, dass sie dann eventuelle Risiken und besondere Erfordernisse gerne mal an den Bauherren delegieren.

Eine Fotovoltaikanlage belastet ein Hausdach unter Umständen über den Standard hinaus, weil beispielsweise in einer Windlastzone oder bei erhöhten Schneelasten besondere Verstärkungen des Dachs notwendig sein können.

Viele Baufirmen werden dann später immer argumentieren, dass ihre Dächer hervorragend geeignet seien, normale Lasten aufzunehmen, aber die besonderen Wünsche der Bauherren in Bezug auf eine Fotovoltaikanlage jetzt besondere Anpassungen notwendig machten.

Sprechen Sie mit der Baufirma über diese Wünsche und die entstehenden notwendigen Anpassungen und klären Sie, dass die Leistungen Teil des Vertrages sind und die Kosten klar beschrieben und zugeordnet werden. Das schützt Sie vor späteren Überraschungen.

Es ist immer wieder großartig zu sehen, wie sich so die großen und kleinen Kreise des gesamten Projekts schließen, wenn Sie zunehmend Übersicht über die wichtigen Fragen gewinnen, den Baukostenplan für sich durchgehen und daraus eigene wichtige Punkte für das Pflichtenheft ableiten.

Jeder einzelne Punkt bringt dabei neue Fragen mit sich und das macht das gesamte Projekt erst einmal auch komplexer. Ich bin jedoch der festen Überzeugung, dass es damit weniger kompliziert wird. Fragen, die man sich rechtzeitig stellt und aus denen sich einzelne Aufgaben ableiten lassen, sind nur einmal lästig und anstrengend.

Fragen, die man sich zu spät stellt, sind womöglich später dauerhaft eine Belastung für das gute Gefühl, den Traum vom Eigenheim möglichst perfekt umgesetzt zu haben.

Das lässt sich auch in Bezug auf eine mögliche Kostenkalkulation hier noch einmal schön illustrieren. Möglicherweise haben Sie mal wieder die Wahl zu treffen, welcher Anbieter Ihnen das beste Angebot macht. Ganz klassisch ist wieder Anbieter A etwas günstiger als Anbieter B. Wenn es dann darum geht, die Fotovoltaikanlage, die Ihnen vielleicht sehr wichtig ist, zu installieren, dann muss Anbieter A plötzlich dafür höhere Kosten für eine nun dringend notwendige Dachverstärkung aufrufen. Anbieter B hatte gleich zu Beginn etwas solider geplant und kann zufrieden darauf verweisen, dass die Fotovoltaikanlage ohne Anpassungen am Dach umgesetzt werden kann.

Schienen beide Anbieter zunächst aus nicht nachvollziehbaren Gründen einen unterschiedlichen Preis aufzurufen, so ist nun ein Indikator aufgetaucht, der plötzlich für den teureren Anbieter spricht. In der großen Gesamtkalkulation, die mit dem Baukostenplan verfolgt wird, zeigen sich relevante Unterschiede und schaffen womöglich eine neue Sicht auf die Angebote der Baufirmen.

Hauseingangspodest/Treppe

Ein weiteres schönes Beispiel und der nächste Punkt des Baukostenplans, bei dem angehende Bauherren besonders hinschauen sollten, ist das Hauseingangspodest beziehungsweise die Treppe zum Haus.

Die Intuition sagt wahrscheinlich, dass es doch irgendwie Teil des Hauses und damit des Angebots der Baufirma sein müsste, dass die späteren Bauherren und ihr Besuch irgendwie ins Haus kommen. Die Erfahrung und die Realität zeigen jedoch, dass Baufirmen mitunter eine interessante Tendenz aufweisen, das Haus so zu denken, wie ein Kind es malen würde.

Lassen Sie doch mal ein Kind ein Haus malen – oder malen Sie selbst eines – und schauen Sie auf das Ergebnis. Ein Haus ist dann meistens viereckig, hat ein Spitz- oder Satteldach, Fenster und Türen. Oben am Dach befindet sich ein Schornstein. Fertig ist das Haus.

Dinge, die zum Haus gehören, die ein Kind aber selten mit einzeichnen wird, sind beispielsweise: Terrassen, Markisen, Treppen, ein Windfang, ein Zaun, eine Garage oder eine Fotovoltaikanlage.

Ich glaube, wir alle denken ein Haus im Prinzip so. Die Gefahr liegt nur darin, dass sich diese tief eingeschriebene Vorstellung dazu eignet, beim Gedanken an das eigene Haus gewisse Leerstellen zu lassen.

Ein Angebot für ein Haus und ein Bauplan, ein Grundriss und alle Beschreibungen eines Vertrages wirken schon einmal recht komplett, wenn sie im Prinzip ein viereckiges Haus mit Dach ergeben. Hausbaufirmen wissen natürlich, dass ein Haus mehr ist als das. Aber sie kommen erstaunlich weit damit, wenn sie in ihren Angeboten und Vorträgen später ein Haus wie im Malbuch verkaufen – Wände, Dach, Schornstein, Zimmer, Fenster, Türen. Die Bauherren lassen häufig ein Stück weit außer Acht, dass eine Außentreppe, eine Terrasse und Zuwegung, ein Carport oder eine Garage, die gewünschte Fotovoltaikanlage und der Gartenzaun auch noch finanziert werden müssen. So lässt sich beobachten, dass das Podest der Außentreppe sehr häufig in den Verträgen mit den Baufirmen ausgespart wird; später wird dann argumentiert, dass das eher eine Leistung des Garten- und Landschaftsbaus ist, die die Bauherren selbstverständlich völlig frei gestalten und beauftragen können.

Und ähnlich verhält es sich mit den weiteren in der Liste genannten Leistungen. Das Betonpodest für ein Außengerät der Heizung, beispielsweise der immer mehr verbreiteten Wärmepumpe, wird klassisch genauso vergessen und gehört auf wundersame Weise dann nicht mehr zum Haus, das die Baufirma »all inclusive« errichten wird. Eine Eingangsüberdachung für die Haustür oder ein Windfang ist manchmal nicht Teil der Leistung der Baufirma, aber schön zu haben und manchem wichtig.

Also wird er in manchen Fällen nicht mitkalkuliert und muss später angebracht werden. Wenn dafür die Wandstärke und die Traglast nicht ausreichen, entstehen gleich die nächsten Kosten. Markise und Sonnenschutz für die ebenfalls nicht enthaltene Terrasse inklusive abermals notwendiger Wandverstärkungen sind dann erwartbar gleich ein nächstes mögliches Thema.

Mein Tipp also: Gehen Sie die Liste Punkt für Punkt durch, schauen Sie, welche Elemente Ihnen wichtig sind und welche Sie haben wollen, und ziehen Sie die notwendigen Schlüsse darüber, welche Fragen Sie wann welchen Partnern zu stellen haben. Verschaffen Sie sich einen eigenen Überblick und füllen Sie die Spalte der Kostenschätzung möglichst präzise. Das ist dann wirklich Bauen mit eigenem Plan, bei dem Sie als Bauherren zu jeder Zeit Prozesseigner bleiben können.

Baunebenkosten

Einer der großen Posten in der Kostenberechnung des eigenen Hauses, der dann aber auch viele einzelne und wichtige Punkte mit sich bringt, ist der Faktor der sogenannten Baunebenkosten. Die Krux an diesem Teil ist, dass die Baunebenkosten auf jeden Fall entstehen und dass sie dennoch erst einmal schwer zu kalkulieren sind.

Viele Punkte sind »Kann-Paragrafen«, die Leistungen beschreiben, die vielleicht dem Wunsch der Bauherren entsprechen, aber nicht notwendig sind. Manche davon sind sehr abhängig davon, wie das Projekt insgesamt geplant wird, und sind daher vorab schwer zu kalkulieren. Viele dieser einzelnen Kostenfaktoren, die selbstverständlich auch mit Aufgaben verbunden sind und im Vertrag mit der Hausbaufirma oder anderweitig geklärt werden müssen, sind erwartbar Neuland für die Bauherren.

Daher sind sie hier einmal ausführlich angeführt. Wie immer ist auch diese Liste noch nicht vollständig, sollte aber die gängigsten Fragen aufwerfen und bei der Beantwortung helfen.

Als Faustregel für die Baunebenkosten wird gemeinhin angegeben, dass ungefähr 5 bis 20 Prozent der Gesamtsumme noch einmal »on top« vorgehalten werden sollten.

Es ist mehr als legitim, diesen relevanten Anteil der Gesamtkosten vorher möglichst gut abschätzen zu wollen. Schließlich hängt die gesamte Kostenabschätzung des Projekts und der eigenen Leistungsfähigkeit in Bezug auf die Finanzierung an diesen Zahlen. Wie immer gilt, dass all jene Bauherren, die die richtigen Fragen vorab stellen und sorgfältig dafür sorgen, dass alle Verantwortlichkeiten und Kostenpunkte klar verteilt sind, den besten Überblick gewinnen und wenig überrascht werden.

Weil es bei den Baunebenkosten auch immer um Teile des Gesamtprojekts geht, die nur locker oder lose mit dem eigentlichen Hausbau verbunden sind, für den sich die Baufirma wahrscheinlich jederzeit den Hut aufsetzen wird, ist auch oft unklar, ob sie Teil des Angebots sind. Manche Elemente des Baukostenplans sind womöglich Teil des Angebots Ihrer Hausbaufirma.

Bei anderen könnte sie später argumentieren, dass das nicht Teil des Kernprojekts sei und auch nicht im Vertrag zugesichert worden sei. Und dann gilt wie immer die Regel, dass Dinge, die im Vertrag nicht zugesichert wurden, auch keinen Anspruch gegenüber der Baufirma auslösen.

Aus der Verantwortung für das Gesamtprojekt und die Erfüllung aller notwendigen Schritte werden die Bauherren nie entlassen und erfahren unter Umständen am Ende schmerzhaft, dass sie die letzte Verantwortung tragen.

Eine eigene Übersicht und ein eigener Plan über die notwendigen Schritte ist wie immer das beste Gegengift. Wenn die hier beschriebene Liste der Baunebenkosten von A bis Z darauf geprüft wird, ob sie relevant für das eigene Projekt ist, welche Kosten dafür entstehen und welcher Partner sie übernimmt, dann ist bereits sehr viel Klarheit für diesen Punkt erreicht.

Wieder gehe ich auf die aus meiner Sicht erklärungsbedürftigen Teile der Liste ein.

Investition für die Angebots- und Vertragsprüfung

Die Übersicht der Baunebenkosten beginnt gleich einmal mit einer Kostenstelle, die weder vorgeschrieben noch unabdingbar ist: Eine Prüfung von Angebot und Vertrag durch einen unabhängigen Experten müssen Sie nicht beauftragen.

Je nachdem, wie sehr Sie der Baufirma und Ihrer eigenen Einschätzung des Angebots vertrauen, können Sie selbstverständlich hier dem Prozess folgen. Sie sollten dabei dem mittlerweile zunehmend entstehenden gesunden Bauchgefühl und eigener Übersicht mehr vertrauen als »standardisierten Prozessen« der Baufirmen. Und Sie sollten selbstverständlich stets dem Umstand Rechnung tragen, dass Sie Anfänger in diesem Bereich sind und das einzigartig große Projekt wahrscheinlich zum ersten Mal angehen.

Wenn Sie all das einschätzen und abwägen können, können Sie auf eine Angebots- und Vertragsprüfung verzichten. Dennoch zeigt die Erfahrung, dass eine solche Prüfung die dadurch entstehenden Potenziale, Kosten einzusparen und kostspielige Fehler zu vermeiden, häufig sehr schnell amortisiert. Mit unter 1.000 Euro ist sie dazu auch bei den meisten Anbietern sehr fair kalkuliert.

Profis in diesem Bereich sind selbstverständlich viel einfacher in der Lage zu verstehen, was hinter bestimmten Formulierungen steckt, und sie sind auch über die abgedruckte Liste hinaus in der Lage, eine Einschätzung darüber abzugeben, wo vielleicht noch Lücken in der gesamten Kalkulation aufgefunden werden können.

Profis sind insbesondere auch gut darin zu sehen, wo das Angebot und der spätere Vertrag, der eine noch höhere Gewichtung haben sollte, eventuell voneinander abweichen, und sei es nur in einzelnen Formulierungen und Halbsätzen, die später relevant werden können. Sie sind auch in der Lage, jene 20 Prozent der Fälle sicher einzuordnen, die womöglich von der hier vorgeschlagenen Liste dann doch einmal in einzelnen Punkten abweichen.

Investitionen für die Begleitung der Richtkontrolle und der Hausabnahme

Das vorliegende Buch soll Sie als Bauherren vor allem befähigen, an einem bestimmten Punkt einen Vertrag zu unterschreiben, nebst anhängigen wichtigen Vereinbarungen, der Ihnen die bestmögliche Realisierung Ihres Traums vom Eigenheim ermöglicht. Es sollen die richtigen Fragen gestellt werden können und die richtigen Partner dafür gesucht werden. Die »Baubegleitung«, die Richtkontrolle und die spätere Hausabnahme sind folglich Elemente, die erst danach eine Rolle spielen.

Unter der Baubegleitung kann man sich als allgemeinstem Begriff in dieser Aufzählung sicherlich noch am ehesten etwas vorstellen. Der Experte ist in einem gewissen Rahmen Ansprechpartner bei Fragen und schaut an den besonders wichtigen Punkten auch immer mit drauf.

Die Richtkontrolle ist dabei einer der ganz wichtigen Punkte. Denken Sie dazu noch einmal an den Fliesenspiegel, den ich in einem der vorherigen Kapitel bereits als Beispiel angeführt habe. Grundsätzlich erwartet man, dass ein Haus oder ein Fertighaus später sehr routiniert, sehr gerade und mit rechten Winkeln gebaut wird. Aber erstens ist das schon gleich zu Beginn nicht unbedingt der Plan und es werden mitunter die seltsamsten Grundrisse durch Architekten erstellt.

Manchmal hat man den Eindruck, dass der eine oder andere Architekt irgendwann der rechten Winkel überdrüssig wurde und nun begonnen hat, mal andere Winkelmaße auszuprobieren.

Er muss ja schließlich auch hinterher keinen Schrank in die Ecke bekommen. In anderen Fällen ist bei der Planung etwas schiefgegangen oder der Maurer hat den berühmten Daumen als Maurermaß angesetzt und die Baufirma kann dann darauf verweisen, dass immer noch alles nach DIN errichtet wurde, inklusive eben leider der zulässigen Abweichungen …

Es gibt dazu die nette Geschichte, dass auf dem Bau gesagt wird: Der Architekt rechnet in Millimetern, die Hausbaufirma in Zentimetern und der Maurer ist froh, wenn er auf dem Grundstück bleibt.

Ein schräger Fliesenteppich, bei dem die letzte Fuge seltsam zur Wand läuft, ist eines der augenfälligsten und unter Umständen auch störendsten Ergebnisse einer solchen »kreativen Lösung« beim Hausbau.

Der Fliesenspiegel hatte sich auch deshalb als Beispiel empfohlen, weil erst durch ihn häufig auch für die Bauherren sichtbar wird, dass eine Wand eben nicht im rechten Winkel aufgestellt wurde. Wird dieser Fehler dann erst am Übergabetag bemerkt, dann kommt ein Rückbau oder Abriss des Badezimmers und der betreffenden Wand kaum noch infrage.

Nicht zuletzt, weil die Bauherren zu diesem Zeitpunkt bereits unter einem gewissen Zeitdruck stehen und aus verschiedenen Gründen den Neubau langsam beziehen möchten, schwächen sie ihre eigene Verhandlungsposition. Sie können den Mangel der Baufirma gegenüber zwar recht leicht darstellen, der sieht die schiefe Fuge auch … Der Bauleiter kann jedoch auf bestimmte Normen verweisen und ist vielleicht nur zu einer entgegenkommenden Kulanz bereit.

Die Verhandlungsposition der Bauherren, denen ein solches Ungemach droht, wird ungleich stärker, wenn sie einen solchen potenziellen Baumangel – oder nur einen Umstand, der sich später stark störend auswirken mag – bereits in einer früheren Bauphase entdecken und ansprechen können. Womöglich dann, wenn die Wand gerade gestellt oder gemauert wird. Das ist jedoch häufig nur unter Zuhilfenahme des geschulten Blicks eines unabhängigen Profis möglich, der diese Aufgaben im Rahmen einer Richtkontrolle rechtzeitig übernimmt.

Selbstverständlich können solche unbemerkten Fehler durchaus auch mehr bedeuten als »nur« eine optische Störung. Im Rahmen eines Bauprojekts ist es durchaus auch möglich, dass bestimmte Schwächen lange kaschiert werden. Nicht umsonst gilt auf den Baustellen manchmal augenzwinkernd ein alter Spruch:

»Bauschaum und Silikon ersetzen Plan und Präzision!«

Hinter der Fassade können sich dann durchaus konstruktive Fehler verbergen, die beispielsweise dafür sorgen, dass tragende Hölzer zu einem späteren Zeitpunkt aufwendig ausgetauscht oder andere Teile des Hauses saniert werden müssen. Wenn das Haus gerade erst gestellt wurde, dann kann an diesen Punkten durch Profis kontrolliert und um Nachbesserung ersucht werden. Sind einmal die Malerarbeiten ausgeführt und verschiedene Elemente überdeckt, wird das ungleich schwieriger. Und dann läuft die Zeit einer möglichen Reklamation auch noch herunter. Die Baubegleitung und die Rohbaukontrolle sind die notwendigen Hilfsmittel, um sich auch vor solchen Überraschungen besser zu schützen.

In gleicher Weise funktionieren dann schlussendlich die Begehung und die Hausabnahmen. All das lässt sich beispielsweise für die Art, wie ich es anbiete, auch sehr gut kalkulieren und kostet einen niedrigen vierstelligen Betrag, der sich durch nur einen gefundenen Fehler schnell amortisieren kann und einen außerdem besser schlafen lässt.

Bauantragsplanung

Die jeweiligen behördlichen Verfahren, die für den Neubau eines Hauses vorgeschrieben sind, unterscheiden sich je nach Landesbauordnung. Mancherorts sind sie etwas einfacher gehalten und manchmal genügt daher ein vereinfachtes Genehmigungsverfahren. Manchmal genügt eine Genehmigungsfreistellung für Wohngebäude und manchmal ist es das relativ verbreitete Baugenehmigungsverfahren. Immer werden alle notwendigen Anlagen und Papiere gesammelt. Das geschieht im Rahmen der Bauantragsplanung durch den Architekten der Baufirma und dann wird das alles an die Baubehörden geschickt.

Statik

Selbstverständlich hat das eigene Haus eine Statik. Wenn es bei einer Baufirma beauftragt wird oder gar als Musterhaus aus einem Katalog ausgewählt wird, dann hat es sogar eine weitgehend fertig berechnete Statik. Solange dann keine eigenen Wünsche in Bezug auf die Räume, den Schnitt und eventuelle zusätzliche Ausstattungen wie andere Erker, mehr Fenster und Ähnliches geäußert werden, kann diese Statik auch genutzt werden und ist sicherlich Bestandteil des Angebots Ihres Baupartners.

Werden jedoch genau solche Wünsche später Teil des eigenen Pflichtenhefts, muss an der Statik noch einmal angesetzt werden. Und bereits das kann Mehrkosten verursachen, die unter Umständen nicht mehr Teil des Angebots sind.

Das muss nicht einmal das Haus selbst betreffen, sondern kann auch allein der Tatsache geschuldet sein, dass womöglich Anbauten wie ein überdachter Hauseingang umgesetzt werden sollen. Womöglich soll ein Wintergarten angebaut werden, der durch seine Bauform Einfluss auf die notwendige Statik des Hauses nimmt.

Und auch wenn die Bauherren mit dem Musterhaus oder dem Kataloghaus vollkommen zufrieden sind und dieses genau so umsetzen wollen, ist noch nicht gesagt, dass auch die baulichen Voraussetzungen auf dem Grundstück das zulassen. Womöglich muss die Dachneigung oder der Dachüberstand geändert werden und schon muss auch hier die Statik noch einmal angefasst werden.

Es lohnt sich also auf jeden Fall zu prüfen, ob die Statik des Hauses auch dann Teil des Angebots ist, wenn alles so umgesetzt wird, wie es soll und muss.

Darüber hinaus wird dann mitunter vergessen, dass auch weitere Wünsche auf dem Grundstück unter Umständen eine eigene Statik notwendig machen. Das kann beispielsweise die Garage sein oder gar der Keller.

Manche Hausanbieter berechnen dann eine Statik für das Haus oder bieten diese als Teil ihrer Dienstleistungen an. Werden dann durch die Bauherren Wünsche geäußert, noch eine Garage direkt an das Haus anzusetzen oder das Haus auf einem Keller zu planen, dann erklärt die Baufirma zusätzlichen Bedarf einer Statik für diese Teile. Für die Bauherren ist das manchmal eine Falle, weil sie davon ausgehen, dass das Haus, so wie es ist, auch auf einem Keller funktionieren würde. Das ist jedoch keineswegs eine ausgemachte Sache.

Vielmehr muss die Statik des Hauses an den besonderen Wunsch angepasst werden, statt der von der Baufirma günstig kalkulierten Bodenplatte nun einen Keller einzuplanen. Geht diese Notwendigkeit bei den Verhandlungen mit der Baufirma unter und wird bis zum Vertragsabschluss die günstige Variante ohne Keller für die Statik vorausgesetzt, trägt die Mehrkosten dann der Kunde.

Prüfstatik

Die Prüfstatik schließlich ist abhängig vom Bundesland, in dem gebaut wird. In manchen Bundesländern ist sie notwendig und wird verlangt, in anderen vielleicht nicht. Was sie kann, steht im Namen. Jemand soll noch einmal prüfen, ob bei der Statik alles passt, und zwar von Amts wegen. Die Notwendigkeit einer Prüfstatik ist mitunter auch abhängig von der Größe und dem Umfang des Bauprojekts, fragen Sie einfach danach!

Baugenehmigung

Die Kosten für die Baugenehmigung sind ebenfalls von Bundesland zu Bundesland unterschiedlich. Sie sind insgesamt nicht allzu hoch und werden das gesamte Finanzierungsgefüge Ihres Bauvorhabens nicht maßgeblich verändern. Dennoch ist es gut und richtig, sie in Erfahrung zu bringen und mit ihnen zu kalkulieren.

Kosten für Bankbürgschaft

Die Kosten einer Bankbürgschaft sind fast das Uninteressanteste an diesem Punkt. Sie belaufen sich je nach Höhe der notwendigen Bürgschaft auf Summen im zwei- bis dreistelligen Bereich.

Viel spannender ist, um diese Möglichkeit zu wissen, sie einzuplanen und im Sinne des eigenen Sicherheitsgefühls auch zu nutzen.

Wenn schließlich als großes Ziel dieses Buches ein Vertrag zwischen Baufirma und Bauherren geschlossen wird, dann geschieht das hoffentlich auf Basis eines guten gegenseitigen Vertrauens. Und es ist auch ein Vertrauensvorschuss, der hier geleistet wird – von beiden Seiten.

Die Bauherren dürfen hoffen, dass die Baufirma die zugesicherten Leistungen und ihre Wünsche planmäßig, fachmännisch und zuverlässig umsetzt. Sie verpflichten sich zur Zahlung der vermutlich größten Einmalinvestition ihres (Privat-) Lebens und würden damit nicht selten auch ein großes Risiko eingehen, wenn etwas sehr schiefginge.

Die Baufirma geht ebenfalls ein recht großes Risiko ein. Denn sie geht bei allen gebotenen Leistungen stets in Vorleistung – zumindest ist das durch das bürgerliche Gesetzbuch so vorgesehen. Die Baufirma wird alle Leistungen durchführen und die dabei entstehenden Kosten für Handwerker, Material und Maschinen zunächst einmal selbst investieren. Sind dann einzelne Leistungen abgeschlossen, kann sie sich die Kosten dafür von den Bauherren hoffentlich Stück für Stück wiederholen. Aus diesem Grund werden Teilzahlungen im Vertrag vereinbart.

Die Baufirmen sind dabei, in je nach Größe der Baufirma und ihrer Liquidität unterschiedlichem Maß, finanziellen Belastungen ausgesetzt.

Jede größere Ausgabe für ein Bauprojekt, die ja, wie jetzt gesehen, nie unmittelbar an die Zahlung der Bauherren geknüpft ist, »dehnt« die Liquidität des Unternehmens. Es geht schlicht Geld raus, das nicht gleich wieder reinkommt.

Wie bei quasi jedem Unternehmen führt das für sich betrachtet zu einer negativen Liquidität. Unternehmen, die mehrere Projekte gleichzeitig abwickeln, haben natürlich die Möglichkeit, dies immer wieder durch andere Einnahmen zu kompensieren. In einem Projekt geht gerade einmal Geld aus der Firma raus, dafür wurde bei einem anderen Projekt gerade eine größere Leistung bezahlt. Die Ausgaben und die Einnahmen verteilen sich der Idee nach besser und die Gesamtliquidität des Unternehmens ist natürlich auch in ganz anderen Dimensionen bemessen.

Dieser Zusammenhang ist auch der Hauptgrund dafür, dass ich immer dazu rate, nicht zu kleine Baufirmen zu wählen. Kleine Baufirmen mit vielleicht drei bis vier Projekten im Jahr sind unter bestimmten Umständen schneller in der Situation, finanziellen Belastungen gegenüberzustehen, die sie nicht mehr so einfach bewältigen können, und das ganze Bauprojekt gerät dann potenziell in Gefahr.

Was, wenn eine Firma zehn Projekte im Jahr durchführt und bei einem fallen die Bauherren mit ihren Zahlungen aus – dann hocken schnell alle anderen Bauherren mit im Boot.

Eine Horrorvorstellung wäre für mich als Bauherr vermutlich, dass ich einer Baufirma bereits größere Anzahlungen dafür geleistet habe, dass sie erste Schritte für mein Eigenheim ausführt: Sie hat die Baugrube ausgehoben.

Dann aber wird die Firma aus verschiedenen Gründen zahlungsunfähig und kann den Bau nicht weiter fortsetzen. Als Bauherr wäre ich selbstverständlich nicht bereit, der finanziell schwer angeschlagenen Baufirma jetzt noch den weiteren Bau meines Hauses vorzufinanzieren, obwohl ich das könnte und irgendwie auch wollte, damit es wenigstens da weitergeht. Es wäre doch äußerst unsicher, ob das Geld auch wirklich für dieses Projekt genutzt werden könnte und würde.

Letztendlich ist die Firma vielleicht dann wirklich insolvent und ich bekomme mit Glück noch Anspruch auf die bereits für mich erbrachten Leistungen. Für die 30 Prozent Anzahlung auf das gesamte Bauprojekt gehört mir jetzt ein Loch in der Wiese. Herzlichen Glückwunsch!

Auch die Baufirma hat unter Umständen berechtigte Sorgen, dass die Bauherren ihren zugesicherten Pflichten nicht optimal nachkommen können. Womöglich wurden die Gesamtkosten des Projekts unterschätzt, weil die Kostenschätzung und der Baukostenplan nicht detailliert und umfassend betrachtet wurden. Womöglich sind die Bauherren auch nicht in der Lage, zusätzliche Kosten aufzubringen, die durch die Baufirma selbst im Streben nach einem möglichst günstigen Angebot nicht klar genug kommuniziert wurden. Und manchmal sorgt ja auch das Schicksal dafür, dass die Bauherren plötzlich vor anderen Herausforderungen mit anderen Möglichkeiten stehen.

Weil es eben gesetzlich vorgeschrieben ist, dass Bauunternehmen stets in Vorkasse treten müssen und nur abgeschlossene Leistungen bei den Bauherren in Rechnung stellen dürfen, sind sie darauf angewiesen, dass die Bauherren dann »wenigstens« zügig die umgesetzten Schritte bezahlen.

Aus ihrer Erfahrung wissen die Baufirmen natürlich, dass hier eine Herausforderung besteht. Und auch den Bauherren wird meistens schnell klar, dass der vorgeschlagene Zahlungsplan und überhaupt die Gesamtgröße des Projekts sie in bestimmte Risiken führen kann.

Wenn eine der beiden Seiten nicht mehr leisten kann, was vertraglich zugesichert wurde, dann ist größtmöglicher Ärger vorprogrammiert. Dann geht es vermutlich vor Gericht und es geht schnell darum, eine Partei zu verklagen, bei der ohnehin nicht mehr viel zu holen ist. Also entsteht die Idee, gewisse Sicherheiten für beide Seiten zu schaffen. Die Baufirmen haben häufig schon eine standardisierte Idee dafür.

Sie bieten den Bauherren an, beispielsweise die Schlussrate als Sicherheit auf ein gesperrtes Konto der Baufirma einzuzahlen. Dieses kann erst dann freigegeben werden, wenn das gesamte Projekt fertiggestellt wurde. Das klingt sehr vernünftig. Die Bauherren stellen damit unter Beweis, dass sie in der Lage sind, die Schlussrate zu zahlen. Und die Baufirma hat einen privilegierten Zugriff auf dieses Geld, wenn sie nur die Leistung erbringt.

Schließlich ist die Schlussrate häufig am ehesten der Teil, der seitens der Bauherren wackelt. Im Rahmen des Projekts werden Kosten unterschätzt oder bestimmte Lücken der Finanzierung des Angebots spät erkannt. Dann wird das Projekt im Nachhinein leicht teurer als gedacht und schon entsteht ein Problem. Es ist aus diesem Grund auch ratsam, sich insbesondere für die letzten Zahlungen des Eigenheims Gedanken darüber zu machen, wie die Summen der Baufirma gegenüber gesichert hinterlegt werden können.

Sicherheit am Ende

Es könnte ja auch die Idee entstehen, mit dem jetzigen Wissen die ganze Sache wirklich narrensicher zu gestalten und die gesamte Finanzierungssumme des eigenen Hauses durch eine Bürgschaft absichern zu lassen.

Das wäre gewissermaßen »Gürtel und Hosenträger« für das Projekt. Da sollte doch wirklich gar nichts mehr anbrennen. Allerdings sollte Ihr Projekt doch ohnehin so kalkuliert sein, dass wenigstens für 80 bis 90 Prozent der Summe klar ist, dass Sie diese aufbringen werden. Ein paar kleinere Herausforderungen und unerwartete Kosten mögen auch mit dem besten Plan am Ende noch auftauchen. Doch wenn der Baukostenplan und die Kostenkalkulation solide durchgerechnet wurden, ist es wirklich unnötig, die gesamte Summe durch eine Bürgschaft absichern zu lassen. Sie rechnen die Finanzierung Ihres Hauses doch ohnehin so, dass Sie sich 5 bis 10 Prozent für Überraschungen erlauben können.

Aber: Ein Konto der Baufirma ist dafür nicht der beste Weg. Denn wenn die Baufirma im schlimmsten Falle tatsächlich insolvent wird, dann werden auch alle Konten der Firma Teil der Insolvenzmasse und für alle Forderungen aller Beteiligten herangezogen. Dann haben die Bauherren eine Vorleistung erbracht, die aber nicht gegenüber den Ansprüchen anderer gesichert ist. Ein gesperrtes Konto bei der Baufirma sichert also vor allem die Baufirma gegen Unwägbarkeit.

Es empfiehlt sich daher, einen Dritten für diese Leistung hinzuzuziehen. Und das ist beispielsweise besser eine Bank.

Die verlangt aber wieder Miete für das Geld und es ist unter Umständen besser, eine solvente und finanziell starke Baufirma mit einigen Hundert Projekten im Jahr zu suchen. Diese erkennen die Bauherren oft auch an fairen Zahlungsschritten, wie beispielsweise einer höheren letzten Zahlung, die über das gesetzliche Minimum hinausgeht. Solche freiwilligen Angebote der Baufirmen – oder die schnelle Bereitschaft in den Verhandlungen dazu – zeugen oft von Firmen, bei denen der Gürtel nicht gefährlich eng sitzt.

Kosten für Bereitstellungszins

Wenn letztlich die Kostenkalkulation für das eigene Haus abgeschlossen und mit einer Bank besprochen wurde, dann steht hoffentlich die Finanzierung in Aussicht. Mit Abschluss derselben kann das Projekt eigentlich beginnen.

Die Bank erklärt sich in diesem Moment bereit, das durch den Kredit zugesicherte Geld jederzeit zur Verfügung zu stellen. Das »Problem« der Bauherren ist in diesem Moment jedoch, dass sie das Geld noch gar nicht benötigen. Denn in den allermeisten Fällen wird das Projekt noch nicht allzu schnell losgehen.

Die Bauherren haben sich vielleicht ein Musterhaus aus einem Fertighauskatalog ausgesucht, den Standardvertrag der Firma unterschrieben, sind mit der festgesetzten Gesamtsumme aus dem Vertrag zur finanzierenden Bank gegangen und unterschreiben nun auch dort. Bei der Baufirma haben Sie alles klargemacht – vielleicht um den alten Preis dieses Jahres noch zu sichern – und müssen nun hoffen, dass für das zugesicherte Geld auch wirklich alle notwendigen Leistungen erbracht werden, die Ihren Traum vom Eigenheim Realität werden lassen. Die bisherigen Ausführungen dieses Buches waren unter anderem dazu geeignet, das mit einem Fragezeichen zu versehen.

Viel besser: Die Bauherren sind zunächst einmal zur finanzierenden Bank gegangen und haben sich dort den möglichen Finanzierungsrahmen erklären lassen. Dann haben sie sich den Baukostenplan und die Kostenschätzung vorgenommen und haben für alle notwendigen Punkte ihre Fragen mit der Baufirma geklärt, wissen, zu welchen Kosten nun wer welche Verantwortung übernimmt, und können das ganze Projekt abschätzen. Sie wissen, dass sie mit dieser Firma ihre Vorstellungen zum besten Preis umsetzen können.

Das lassen sie sich vertraglich zusichern und prüfen den Vertrag mit einem Experten auf mögliche verbleibende Lücken.

Dann unterschreiben sie und gehen zur Bank, um nun die Finanzierung final abzuschließen.

Und trotzdem kann all das bedeuten, dass es nicht sofort losgeht.

Unter Umständen war die Zusage des Darlehens auch deshalb wichtig, weil erst jetzt das Grundstück gekauft werden kann. Das zieht dann noch andere notwendige Schritte nach sich, beispielsweise die Vertragsabwicklung für den Kauf, vielleicht eine Vermessung und ein Bodengutachten. Wenn das erledigt ist, sind womöglich die anderen Partner nicht sofort in der Lage, die nächsten Schritte umzusetzen. Die Firma, die die Baugrube ausheben soll, hat noch drei Projekte abzuschließen, bevor sie den Bagger auf Ihr Grundstück setzt. Die Ämter für die Baugenehmigung lassen sich klischeegerecht viel Zeit und alles dauert länger, als Sie sich das gewünscht hätten.

Die volle Summe des Darlehens wird auch deshalb nicht gleich abgerufen, weil Sie klugerweise eine gestaffelte Zahlung des Gesamtprojekts mit der Baufirma verabredet haben, Sie wollen ja Ihr eigenes Risiko minimieren!

Die Bank wird derweil argumentieren, dass das Geld trotzdem die ganze Zeit bereitgestellt wird. Und das wird die Bank meistens für eine gewisse Zeit lang kostenlos tun – eine Zeit, die im Übrigen unter Umständen verhandelbar ist – und danach einen bestimmten Bereitstellungszins aufrufen, der schon manchen Bauherren überraschend als zusätzlicher Kostenfaktor getroffen hat.

Typischerweise bieten Baudarlehen eine Bereitstellung für eine gewisse zinsfreie Zeit an, die zwischen drei und zwölf Monaten liegt. Ist absehbar und wahrscheinlich, dass dieser Zeitraum überschritten wird, kann es sinnvoll sein, nach einer Ausweitung dieses zinsfreien Zeitraums zu fragen. Fragen kostet ja auf jeden Fall nichts.

Im Gegensatz zur Bereitstellung. Denn die lassen sich die Banken mit einigen Prozenten vergüten. Geht man beispielsweise von einem durchaus üblichen Bereitstellungszins von 3 Prozent pro Jahr aus, der dann nach drei Monaten zinsfreien Zeitraums anfällt, und rechnet, dass es dann noch ein ganzes Jahr dauert, bis das gesamte Geld abgerufen wurde, dann fallen auf eine Finanzierungssumme von 500.000 Euro immerhin 15.000 Euro Zinsen an. Ein solcher Posten kann den einen oder anderen Bauherren durchaus kalt treffen, wenn diese Summe vorher nicht einkalkuliert wurde.

Zeit ist Geld

Auch hier zeigt sich mal wieder, dass auch die Zeit einen bedeutenden Einfluss auf den Faktor Geld bei diesem Projekt hat. Natürlich haben Bauherren vermutlich große Lust, den eigenen Traum endlich zu beziehen. Schon deshalb kann es eigentlich kaum schnell genug gehen, das Umzugsunternehmen beauftragen zu dürfen. Auch die vielleicht noch zu zahlende Miete für die bisherige Wohnung ist ein Kostenfaktor, der kalkuliert werden sollte. Insbesondere der Bereitstellungszins für das Darlehen kann noch einmal negativ in der Berechnung auftauchen. Das kann auch einen Unterschied in der Bewertung der Angebote verschiedener Firmen machen. Fragen Sie explizit nach der Lieferzeit des beauftragten Hauses. Wenn Firma A hierfür ein Jahr veranschlagt und gegebenenfalls sogar zusichert und Firma B höchstens eine Lieferzeit von zwei Jahren zusichern möchte, dann kann das ein Faktor sein.

Sonstige Wünsche und ihre Kosten

Der Traum vom eigenen Haus realisiert sich, wie bereits mehrfach beschrieben, oft nur ein einziges Mal. Da fällt es schwer, auf einzelne Elemente klar zu verzichten, die zum Traum dazugehören und ihn in der eigenen Vorstellung wirklich attraktiv machen. Die eigene, interne »Pinterest-Wand« oder der imaginierte Gang durchs spätere Haus hat immer ein paar Kernelemente. Das sind oft auch die hier als »Extras« bezeichneten Hauskosten.

In der hier abgedruckten Liste sind die gängigen Extras aufgenommen, die meiner Meinung nach für eine relevante Anzahl von Bauherren später eine Rolle spielen. Schauen Sie einfach die Liste durch und überlegen Sie sich, was davon Sie auch gerne hätten. Einige ganz wenige Punkte sind vermutlich erklärungsbedürftig.

Smart Home

»Smart Home« ist mittlerweile vielen ein Begriff. Es bezeichnet die durchaus beeindruckenden Möglichkeiten, die vielfältigen Funktionen seines Hauses (Licht, Lüftung, Türklingel und Gegensprechanlage, Klimatisierung und Heizung, Rollläden und manches mehr) miteinander zu vernetzen und zentral und per Internet von überall steuerbar zu machen.

Elektroleerrohre

In manchen Fällen kann es sinnvoll sein, Elektroleerrohre in seinem Haus gleich mit verlegen zu lassen, obwohl noch gar keine Kabel dadurch gelegt werden. Vielleicht fällt es Ihnen später ein, noch weitere technische Anlagen in Ihrem Haus installieren zu wollen. Dann kann es insbesondere von Vorteil sein, einige klassische »Wege« für den Strom schon einmal mit Leerrohren vorzusehen. Durch diese können dann später einfach Kabel hindurchgeschoben werden, anstatt dafür Wände aufzustemmen und Löcher in die Gebäudehülle zu bohren. Es empfiehlt sich, diese Möglichkeit mit der zuständigen Elektrofirma vorab durchzusprechen und sich zu überlegen, welche »Hauptverkehrswege« für Strom denn später relevant werden könnten:

Vom Dach, wo vielleicht einmal eine Fotovoltaikanlage angebaut werden soll, in den Keller – zur Heizungstechnik und zum Zählerkasten? Von der Garage zum Haus? Von der Terrasse oder einem späteren Gartenhaus ins Haus?

Ein guter Elektriker kann Ihnen da Tipps geben.

Differenzdruckwächter für den Kamin

Wenn Sie sich in Ihr Haus einen Kamin einbauen lassen, was heute gar nicht mehr so einfach ist und zahlreichen Beschränkungen unterliegt, dann kann auch ein Differenzdruckwächter für diesen Kamin sinnvoll oder gar vorgeschrieben sein.

Wird der Kamin etwa in einem Raum installiert, der wenige oder keine Möglichkeiten aufweist, dort zu lüften, oder wollen Sie beispielsweise nicht lüften, weil Sie in einem Niedrigenergiehaus wohnen, dann beobachtet der Differenzdruckwächter, ob in Ihrem Kamin möglicherweise einmal der Strom der Verbrennungsabgase in die falsche Richtung läuft. Wenn er nicht aus dem Haus und aus dem Schornstein heraus, sondern umgekehrt in Ihr gemütliches Wohnzimmer hinein Abgase emittiert, dann möchten Sie das wissen. Ein funktionierender Differenzdruckwächter lässt einen gut schlafen, eindringendes Kohlenmonoxid macht auch sehr müde.

Kran und Gerüst

Mit großer Wahrscheinlichkeit benötigt die Baustelle Ihres Hauses einen Kran. Und der muss auf einem sicheren Platz stehen. Der Hausbaufirma ist es unter Umständen ziemlich egal, wo der Kran steht – Hauptsache, er steht – und wer für die Kosten aufkommt – die Baufirma weiß gegebenenfalls nur sicher: Sie bietet es pauschal nicht an. Vielleicht hat sie es aber auch in ihrem Angebot bereits berücksichtigt.

Wenn es keinen genügend soliden Stellplatz für den Kran gibt, dann muss unter Umständen ein Schotterbett für diesen angelegt werden. Wiederum ist es womöglich der Baufirma oder den anderen beauftragten Partnern dabei gleich, ob dieses Schotterbett nach Abschluss der Arbeiten mit dem Kran wieder zurückgebaut und entsorgt wird. Der Kunde zahlt ja …

Für die Bauherren kann es aber eine interessante Überlegung sein, ob der Kran nicht an einem Ort seinen Standort finden kann, der eh geschottert, verdichtet oder betoniert wird.

Gewöhnen Sie sich für solche Überlegungen nach Möglichkeit eine gewisse Bauernschläue an. Vielleicht ist es ohnehin der Plan, eine Garage auf das Grundstück zu setzen oder den Vorplatz später zu pflastern. Vielleicht kann dann das notwendige Schotterbett für den Parkplatz vor dem Haus auch gleich der Ort für den Kran werden. Die rund 1.500 Euro für einen Kranstellplatz lassen sich so womöglich reduzieren oder einsparen.

Genauso notwendig wird ein Gerüst für Ihr Haus sein. Bei manchen Hausanbietern geht aus dem Kleingedruckten des Angebots und des Vertrags hervor, dass dieses nicht Teil der Leistung ist.

Und natürlich steht dann dort nicht: »Das Gerüst ist nicht Teil dieses Angebots, das zahlen Sie gefälligst selbst!« Sondern es steht dort einfach … nichts.

Und mal wieder kommt es, wie es kommen muss: Ein Gerüst ist auf jeden Fall notwendig, um das Projekt fertigzustellen, und wenn es nicht anderweitig geklärt ist, dann stehen die Bauherren in der letzten Verantwortlichkeit hierfür – und zahlen die Zeche.

Durchaus häufig zu beobachten ist auch, dass ein Gerüst für den berühmten »Standard« vorgesehen wird, dass also bei einem ebenen und normalen Grundstück das Gerüst Teil des Angebots ist, dass aber bei Erstellung eines Kellers oder beim Bau innerhalb einer Hanglage die höheren Kosten für das Gerüst dann den Bauherren gesondert in Rechnung gestellt werden müssen. Wohl dem, der das Kleingedruckte dahingehend prüft und seinen Plan und sein Grundstück kennt.

Ganz ähnlich müssen weitere »Kleinigkeiten« geprüft werden. Sind sie Teil des Angebots oder müssen die Bauherren sich selbst darum kümmern? Auch hier wird dann eine detaillierte Kostenschätzung anhand des vorgestellten Baukostenplans vorgenommen.

Eine Straßensperrung kann für einige Zeit in der Bauphase notwendig sein und wird hier in der Liste einmal grob mit rund 700 Euro kalkuliert. Da die Straßensperrung längst nicht bei allen Bauprojekten notwendig ist, ist sie relativ verdächtig, nicht Teil von standardisierten Angeboten und Leistungsbeschreibungen zu sein.

Die Müllentsorgung von der Baustelle ist ein Faktor, den die Bauherren kalkulieren müssen. Vielleicht mit 600 Euro. Ein Bau-WC inklusive regelmäßiger Reinigung und ein Bauzaun sind ebenso notwendig. Viele Firmen haben dies im Grundpreis inkludiert, aber nicht alle.

Ihre Baustelle wird Baustrom und Bauwasser benötigen, was sich auch schnell auf 2.000 bis 3.000 Euro beläuft.

Und so läppern sich kleinere Kostenfaktoren insgesamt zu einer größeren Kostenbelastung für die Bauherren zusammen. Und die bisher immer nur beispielhaft behandelten »Löcher im Angebot« füllen sich anhand der Kostenübersicht und des Baukostenplans nun sehr konkret mit kleineren und größeren Kostenfallen, die sich vermeiden lassen.

Insbesondere sehr variable Kosten sind sehr unterschiedlich in den Angeboten der Baufirmen aufgenommen. Manche Baufirmen schließen sie gänzlich aus, manche übernehmen gewisse Sockelleistungen wie beispielsweise einen »Müllcontainer und die einmalige Leerung«. Manche übernehmen einfach pauschal die Müllentsorgung von der Baustelle und geben den Bauherren die Möglichkeit, diesen Kostenfaktor aus der Schätzung elegant herauszustreichen. Bauherren, die die notwendigen Kostenfaktoren kennen, können die Angebote der Baufirmen transparent und vergleichbar gestalten.

Eine sogenannte Feuerrohbauversicherung sichert gegen Brandschäden in der Bauphase des Hauses ab. Sicherlich ist es leicht vorstellbar, dass insbesondere durch die Handwerker und ihre Tätigkeiten auf der Baustelle, wie beispielsweise Schweißarbeiten, durchaus eine gewisse Feuergefahr besteht. Neben dem Schrecken und dem möglichen Zeitverzug für das Gesamtprojekt ist es natürlich auch eine finanzielle Gefahr, dass das halb fertiggestellte Haus plötzlich niederbrennt. Wenn die Schuldfrage dabei geklärt werden kann und sich eindeutig eine Handwerkertätigkeit als Ursache des Brandes ausmachen lässt, dann kann womöglich noch der Handwerker in Regress genommen werden und eine hoffentlich bestehende Haftpflichtversicherung tritt für den Schaden ein.

Doch auch höhere Gewalt, wie beispielsweise ein Blitzschlag, kann einen Brand im Rohbau verursachen. Beim fertigen Haus ist das finanziell hoffentlich kein großes Problem, weil eine Wohngebäudeversicherung für diese Schäden klassisch aufkommt.

Allerdings müssen die Bauherren in der Rohbauphase für das Haus auch bereits eine solche Versicherung haben, was nicht ganz intuitiv ist, wenn es noch nicht einmal fertig steht. Und es muss auch geklärt sein, dass gerade auch der Rohbau abgesichert ist.

Das ist häufig nur eine Frage der Absprache, wenn der Versicherungsgesellschaft gegenüber dann zugesichert wird, auch das spätere fertige Wohngebäude dort zu versichern. Es sollte erfragt werden und vielleicht mit in aller Regel ziemlich überschaubaren Kosten auch kalkuliert werden.

Die Erdarbeiten wurden als nächster Kostenfaktor bereits relativ ausführlich besprochen. Es ist sicherlich ratsam, auch darüber nachzudenken, wo denn der Aushub der Baugrube später einmal landen kann, wenn nicht ein großer Berg Erde den Garten langfristig verschönern soll. Die Kosten hierfür sind von mehreren Faktoren abhängig, die Sie als zukünftige Bauherren am besten individuell nachfragen und in die Liste eintragen.

Ähnlich ausführlich wurde bereits über die sogenannte Grundhaltung berichtet. Wenn die Gegebenheiten es notwendig machen, sich über Wasser im Grundstück und kein Wasser im Keller Gedanken zu machen, dann müssen hierfür bestimmte Vorkehrungen getroffen werden. Da auch diese sehr abhängig von den Gegebenheiten sind, sind sie sehr individuell zu kalkulieren.

Bauherrenhaftpflicht und Bauleistungsversicherung

Diese beiden Versicherungen wollen Sie als Bauherren womöglich haben und sie sind Ihnen auch sehr anempfohlen. Denn sie schützen Sie vor bestimmten Risiken. Sie schützen Sie allerdings nicht vor dem Risiko, die Versicherungen zu teuer abzuschließen.

Bei manchen Baufirmen ist die Versicherung der Risiken als Bauherren Teil des Angebots. Im Rahmen der grundsätzlich begrüßenswerten Idee des »Alles aus einer Hand« wird den Bauherren diese Zusatzleistung angeboten und kann im gesamten Vertrag aufgenommen werden. Womöglich ist sie sogar im Standardvertrag längst Bestandteil.

Dabei sind am Markt beispielsweise Angebote von Baufirmen in den Verträgen auffindbar, die dies für eine Summe von 0,2 Prozent der gesamten Bausumme anbieten.

Hier gewinnt mal wieder das »Gesetz der kleinen Zahl«. 0,2 Prozent von irgendwas klingt zunächst einmal nicht nach besonders viel Geld und die Kosten dieser Leistung verschwinden gegenüber der gesamten finanziellen Aufwendung. 0,2 Prozent von 500.000 Euro sind auch »nur« 1.000 Euro. Wird diese Summe jedoch mit den üblichen Angeboten des Versicherungsmarkts verglichen, wird sie schnell unverhältnismäßig teuer.

Der Baukostenplan mit den kalkulierten Kosten weist darauf hin, diesen Faktor zu kennen und zu erfragen. Danach kann er dann mit anderen

Angeboten verglichen und womöglich aus dem großen »Angebot aus einer Hand« sinnvoll ausgeklammert werden.

Weitere mögliche Baunebenkosten sind etwa Abbruchmaßnahmen und Entsorgungskosten eines eventuellen Altbestands auf dem Grundstück. Solche Kosten wird Ihnen eine Baufirma niemals standardisiert im Vertrag anbieten. Wenn Sie aber ein Grundstück kaufen, auf dem noch ein altes Haus, ein Schuppen oder Scheunen stehen, und Sie wollen diese nun abbrechen und entsorgen lassen, dann entstehen hierfür selbstverständlich sehr individuelle Kosten.

Der Hausanschluss und die Entwässerung sowie notwendige Kanalarbeiten müssen auch kalkuliert werden und sie sind nicht zwingend Teil des Angebots, das Ihnen die Baufirma macht.

Sie müssen aber wie so oft in jedem Falle einen Partner finden, der diese Leistung für Sie übernimmt. Das ist auch deswegen kein Pappenstiel, weil die Kosten hierfür schnell bei 8.000 bis 12.000 Euro liegen können und insbesondere bei einer größeren Entfernung zum nächsten Kanalanschluss auch nach oben kaum gedeckelt sind.

Kalkulieren Sie das ein und fragen Sie danach, wer die Leistungen zu welchem Preis übernimmt.

Soll Ihr Haus nach KfW-Standard gebaut werden, dann muss hierfür ein Antrag bei der Kreditanstalt für Wiederaufbau gestellt werden. Das machen spezialisierte Ingenieurbüros für einen Pauschalbetrag, der kaum mehr als wenige Hundert Euro beträgt.

Einen »Blower-Door-Test«, den nächsten Punkt des Baukostenplans, müssen Sie beispielsweise dann einkalkulieren, wenn der KfW-Standard für Ihr Haus umgesetzt wurde und Sie die Erreichung der notwendigen Standards nachweisen müssen. Im Prinzip wird dabei durch spezialisierte Firmen die Luftdichtheit Ihres Hauses nachgewiesen.

Ein Ventilator wird in einer Fensteröffnung oder namensgebend in einer Türöffnung installiert und durch eine luftundurchlässige Folie abgeschlossen. Der Ventilator drückt dann Luft in das Gebäude oder saugt sie heraus. Zwischen Innendruck und Außendruck werden Differenzen erfasst und bestimmen die Luftdichtigkeit.

Schließlich soll ein Haus eines bestimmten Energiestandards sich – sehr vereinfacht ausgedrückt – vor allem dadurch auszeichnen, dass die warme Luft drinnen und die kalte Luft draußen bleibt. Und dass zudem auch sonst nur Wärmeenergieverluste in einem erlaubten Rahmen auftreten. Das wird im Rahmen eines Blower-Door-Tests standardisiert nachgewiesen und zertifiziert.

Dieser Test ist auch nicht unbedingt nur dafür gut, einen KfW-Standard nachzuweisen. Schließlich ist es immer im Sinne der Hausherren, die Energieeffizienz ihres Hauses, in Abwägung mit einer guten Lüftung und der Wohngesundheit, möglichst hoch zu halten. Deswegen kann es auch ohne KfW-Standard oder zum erweiterten Erkenntnisgewinn nützlich sein, sein Haus in der Bauphase einmal auf Luftdichte zu testen. Darüber hinaus kann das auch manchen Baumangel und manche unerwünschte Kältebrücke nachweisen, die dann später als Schimmel zutage tritt und von der Baufirma als Lüftungsfehler der Bauherren abgetan werden könnte.

Zusätzliche Gründungskosten

Die Gründungskosten des Hauses schließlich bezeichnen den finanziellen Aufwand aller Leistungen, die notwendig sind, damit das Haus später auf dem Grundstück buchstäblich gut stehen kann. Also vor allem Erdarbeiten und die Bodenplatte (auch »Sohlplatte« genannt) und damit natürlich auch teilweise die Kosten des Kellers.

In dieser Weise können zusätzliche Gründungskosten bei einem Grundstück entstehen und wie fast immer ist das vor allem dann gefährlich, wenn die notwendigen Vorprüfungen durch die Bauherren nicht durchgeführt werden und die wichtigen Fragen nicht gestellt werden.

In aller gebotenen Kürze sind das die außergewöhnlichen Punkte der hier vorgestellten Liste, die sich dem Laien nicht sofort erschließen. Nutzen Sie sie gerne als Inspiration dahingehend, ob in Ihrer großen Liste zum Wunsch vom eigenen Haus noch etwas fehlt. Und informieren Sie sich, welche Punkte jeweils wichtig sind, wo Sie noch Nachfragen stellen sollten und ob Sie auch die wichtigen Extras in ihrer ganzen Bedeutung für das Projekt überblicken.

8. Einsparpotenzial

Mit dem Einsparpotenzial beim Bau des eigenen Hauses schließt sich auch der Kreis dieses Buches. Es hat begonnen mit dem Hinweis auf eine Studie, nach der durch Bauschäden bei beachtlich vielen Projekten teure Folgekosten entstehen, die dann im Zweifel zwischen Bauherren und den Partnern strittig sind.

Doch natürlich gehen die möglichen Einsparpotenziale weit über solche Fehler hinaus, wenngleich diese natürlich einen Blick verdient haben.

Die Einsparpotenziale beginnen bereits vor dem Bau des Hauses, ja sogar vor der konkreter werdenden Planung des Hauses. Sie beginnen bei der Frage, für welche Bauart des Hauses sich die Bauherren entscheiden, ob sie ein Fertighaus oder ein Stein auf Stein gemauertes Haus bauen. Aus der Erfahrung und meiner persönlichen Sicht auf die Dinge spricht vieles für ein gutes Fertighaus mit einem guten Projektpartner.

Das Beste aus zwei Welten

Die Vorstellung lässt sich ziemlich gut umsetzen, wenn das Beste aus zwei Welten umgesetzt wird. Es wird ein frei geplantes Architektenhaus in Fertigbauweise errichtet. Dann wird die freie Planung eines unabhängigen Architekten an den Hersteller der Fertighäuser herangetragen und dieser setzt sie dann mit all seiner Routine und seinen erprobten Verfahren um. Eine kurze Bauzeit, eine hohe Passgenauigkeit der Bauteile und energieeffiziente sowie nachhaltige Materialien werden so ziemlich ideal mit den individuellen Vorstellungen der angehenden Bauherren in Einklang gebracht.

Es ist dann hilfreich und wichtig, sich bei der Planung des eigenen Hauses die richtigen Fragen zu stellen, damit der Traum vom eigenen Haus auch möglichst präzise gefasst werden kann. Es ist selbstverständlich günstiger, mit klaren Vorstellungen an einen Architekten heranzutreten und diesen mit der Verwirklichung des eigenen Plans – zumindest erst einmal mit einer unabhängigen Architektenplanung – zu beauftragen und dann auf Basis dieser sehr genauen Vorstellung Baufirmen vergleichen zu können. Finanziell teurer wird es, wenn dann innerhalb der Planungsphase immer wieder Veränderungsbedarf entsteht oder die Bauherren ohne konkreten eigenen Plan an Baufirmen geraten, die wortgewaltig und überzeugend ihre eigenen Pläne durchsetzen können.

Und emotional »teurer« wird es ohnehin, wenn später der eigene Traum vom Haus allzu vielen Konzessionen und strengem Spardruck unterliegt, weil schlecht und voreilig geplant wurde.

Denken Sie dabei auch immer daran, dass die eigenen Pläne ein bisschen »out of the box« gedacht werden müssen. Denken Sie zunächst an die Funktionen, Notwendigkeiten und großartigen Details, die Ihr Haus haben soll, bevor Sie anfangen, es zu zeichnen oder zu beschreiben. Die allermeisten angehenden Bauherren malen ein Haus sowieso ziemlich ähnlich dem, wie ihre Kinder in der Kindertagesstätte das Haus zeichnen würden. Viereckig, mit Fenstern und Türen, einem Satteldach und einem Bäumchen im Garten. Als Box eben …

Denken Sie jedoch gegenintuitiv zunächst daran, wie viele Kinderzimmer Sie benötigen, ob Sie ein Büro brauchen und ob Sie einen Keller brauchen, bevor Sie sich von einem Architekten oder einer Baufirma einmal »unverbindlich inspirieren lassen«.

Dann planen Sie womöglich auch kein Haus, das Ihnen hinterher zu dunkel erscheint, weil auf der »Kindergartenzeichnung« immer ein normales Fenster pro Zimmer eingezeichnet wurde, obwohl Sie doch einen »lichtdurchfluteten Wohnraum« eigentlich ganz oben auf Ihrer Prioritätenliste hatten.

Dann unterschreiben Sie auch nicht für ein Haus, das drei Kinderzimmer hat und entsprechend teurer ist, als Ihr Budget es hergibt, weil die Hausbaufirma die Pläne dafür mal eben aus der Schublade ziehen konnte und Sie sich haben überreden lassen, dass das zweite und dritte Kinderzimmer – die Sie gar nicht benötigen werden – ja als Gästezimmer oder

Stauraum genutzt werden können. Das Budget für die zusätzlichen Quadratmeter könnten Sie lieber in bodenlange Fenster investieren und keine Box bauen.

Wenn 1 Quadratmeter Haus schnell einige Tausend Euro kostet, dann birgt es ein beeindruckendes Einsparpotenzial, wenn für die Verwirklichung des eigenen Traums bei kluger Architektenplanung eigentlich weniger Raum genügt. Es kann schnell einige Kosten einsparen, wenn Stauraum und weniger häufig frequentierte Funktionen des Hauses in den Keller verlagert werden können, der eigentlich gar nicht geplant werden sollte.

Je präziser Ihr eigener Plan ist, desto transparenter können Sie ihn an Baufirmen herantragen und dann Baufirmen auswählen, die das beste Preis-Leistungs-Verhältnis für Ihre Ansprüche bieten. Das bezieht sich auf den Grundriss des Hauses genauso wie auf die Liste der absoluten Musthaves, die Sie vielleicht nun von Beginn der Planung an führen, es bezieht sich auf Wünsche bezüglich der Bauökologie ebenso wie auf Aspekte der Nachhaltigkeit und vieles mehr.

Es wurde auch dargestellt, dass die eigentlichen Preisverhandlungen mit den Baufirmen dann eher einen nachrangigen Charakter haben, weil sie ohnehin meistens überschätzt werden. Die Baufirmen kalkulieren, trotz der insgesamt großen finanziellen Aufwendungen, eh schon eher knapp, können aber bei einigen Details der Ausstattung und Umsetzung Ihnen als Bauherren leichter entgegenkommen. Wenn Sie genau wissen, was Sie haben wollen und benötigen, dann können Sie solche Details auch leichter ansprechen und durchsetzen.

Häufig ist es dann auch einfacher, einzelne Leistungen der Baufirmen daraufhin zu prüfen, ob sie vollumfänglich Ihren Notwendigkeiten entsprechen. Denken Sie dabei nur an das kleine Wörtchen »bauseits«, das im allerersten Kapitel dieses Buches kurz beschrieben wurde. Ist alles, was Sie brauchen, damit Ihr Traum Realität werden kann, in der Baubeschreibung enthalten oder werden dort Dinge implizit oder explizit ausgeklammert? Dann können Sie sie nachträglich hineinverhandeln. Das spart vermutlich auch Geld, insbesondere wenn eine eilige Nachbesserung plötzlich vielleicht sogar einen Baustopp notwendig macht, weil die Baufirma das für »bauseits« erklärt hatte und sich damit nun nicht mehr darum kümmert.

Und genau so können Sie einzelne Leistungen herausverhandeln, wenn Sie beispielsweise den Fertigkeller oder die Bodenplatte direkt bei einer

Kellerfirma beauftragen statt über die Hausbaufirma. Nebenbei spart das, schon allein durch die bessere Möglichkeit, Angebote zu vergleichen, und durch die wegfallende Provision der Hausbaufirma schnell einige Tausend bis zu 10.000 Euro.

10.000 Euro helfen Ihnen als Bauherren für die eigene Budgetplanung dann auch mehr als eine Preisverhandlung mit der Baufirma, die sich häufig eher im Rahmen weniger Tausend bis hin zu vielleicht 5.000 Euro umsetzen lässt. Sie lassen eine Leistung weg, beauftragen sie woanders und sparen mehr, als Sie mit jeder Preisverhandlung bei der Baufirma erreicht hätten. Die Baufirma wird dabei kaum argumentieren können, dass sie für Sie diese Änderungswünsche nicht kalkulieren kann – sie muss sie ja gar nicht mehr kalkulieren.

Weitere Einsparpotenziale etablieren sich beispielsweise in der Möglichkeit für Sie, die Finanzierungszinsen für das gesamte Projekt zu vergleichen und weitere Leistungen im Haus darauf zu prüfen, ob sie nicht ohne die Baufirma vergeben werden können. Einige Beispiele dafür finden sich im Buch, wie etwa die Beauftragung der Fotovoltaikanlage und des notwendigen Speichers bei einer Fachfirma.

Und letztlich können Sie sich selbstverständlich darüber Gedanken machen, ob Sie einzelne Arbeiten nicht auch in Eigenleistung erbringen. Diesen Punkt habe ich in den bisherigen Ausführungen des Buches nicht allzu stark gemacht, weil hier doch immer wieder zur Vorsicht gemahnt werden muss. Viele Bauherren kommen schnell und relativ früh im Prozess auf die Idee, bestimmte Arbeiten in Eigenleistung zu erbringen. Das hat selbstverständlich den Vorteil, dass etwa die notwendigen Malerarbeiten oder die Bodenbeläge durchaus keine Raketenwissenschaft darstellen und auch von Hobbyhandwerkern erbracht werden können.

Ich neige dabei allerdings immer dazu zu schauen, ob der notwendige Zeitaufwand, der Sie als Laien immer von der Geschwindigkeit eines Profis unterscheiden kann, dabei im Verhältnis zu den eingesparten Kosten steht. Wenn die vorherige Mietwohnung deutlich später verlassen werden kann, weil doch zu viel Eigenleistung abgebildet wurde und damit mehr Kosten verursacht, als sie einspart, dann ist das keine gute Rechnung. Wenn die Ergebnisse Ihrer eigenen Arbeiten am Bau später die traurige Wahrheit bedeuten, dass die Fenster leider nicht passen und der Fliesenspiegel vielleicht doch eine Aufgabe war, die ein Profi schneller und besser erledigt hätte, dann muss womöglich sogar noch einmal nachgearbeitet werden und das ganze Einsparpotenzial an Zeit und Geld ist mehr als dahin. Trotzdem lassen sich durchaus fünfstellige Beträge bei den genannten Arbeiten wie Maleraufgaben und Bodenbeläge in Eigenleistung auffinden.

Als allerletzten Hinweis sind Sie jetzt auch in der Lage zu erkennen, an welchen wichtigen Points of no Return in der Planung des eigenen Hauses Sie womöglich die Hilfe eines Profis hinzuziehen.

Sie fragen einen Bausachverständigen mit Expertise im Bereich der Vertragsgestaltung und Verhandlung am Bau, ob er mit Ihnen mal über die Angebote der Baufirmen schaut. Sie beauftragen vielleicht einen unabhängigen Architekten, der Ihnen hilft, die eigenen Vorstellungen möglichst klar zu fassen und dann die Baufirmen daran zu messen. Sie suchen sich im späteren Bauprozess an wenigen wichtigen Punkten auch noch einmal die Hilfe von Profis, beispielsweise bei der Rohbauabnahme und bei der finalen Hausabnahme, gehen vor Ablauf der Gewährleistung noch einmal mit jemandem durch das Haus, der sich mit möglichen Baumängeln auskennt, und sparen so fast immer mehr, als die Sachverständigen kosten. An Geld wahrscheinlich, an Nerven fast sicher!

Wir sehen uns am See!

Ressourcen zum Buch

Bauherren sind mit der Aufgabe, die sie sich mutig und neugierig selbst stellen, nicht allein. Einen Beitrag dazu soll dieses Buch leisten.

Es gibt aber auch darüber hinaus viele interessante Tools und Informationsquellen, die immer besser werden. Die Möglichkeiten für Bauherren, sich ihren Job noch einfacher zu machen, sind in ständiger Bewegung und Erneuerung begriffen und immer wieder aufs Neue interessant.

Mein Team und ich sind immer bestrebt, konkrete Tipps für solche Tools und Quellen zur Verfügung zu stellen, wenn unsere Kunden uns beauftragen. Dieses Buch soll aber kein Werbeflyer sein und möglichst objektiv auf den Markt schauen, zudem möglichst lange aktuell bleiben. Wer dennoch unsere Insidertipps zu wichtigen Fragen wie dem Kellerbau, dem richtigen Bausachverständigen und unabhängigen Architekten, bekannt guten Hausbaufirmen und manch guter Firma für ein Bodengutachten nutzen möchte, will vielleicht doch konkretere Hinweise finden.

Aus diesem Grund habe ich eine Ressourcenseite im Internet zusammengestellt, auf der ich immer die besten Tipps sammle, mit denen Bauherren sich selbst nach dem aktuellen Stand der Dinge Informationen suchen und Hilfe finden können:

www.hausbauexperte.net/ressourcen

Ich gebe auf dieser Webseite regelmäßig neue Tipps aus meiner Praxis und für die wichtigen Meilensteine auf dem Weg zum eigenen Traumhaus. Dort findet der interessierte Leser unter anderem:

- von mir empfohlene und erprobte Tools, um mehr Überblick über die eigenen Zahlen zu bekommen;

- ein Tool, um den eigenen Aushub auf dem Grundstück berechnen zu können;
- Zugang zu Experten, die wir selbst in unseren Projekten immer wieder vertrauensvoll dazuholen;
- einen schnellen Zugang zu unabhängigen Architekten, die ihre Leistungen auch vorab transparent kalkulieren und den eigenen Plan der Bauherren auf Papier bringen;
- Zugang zu einer Community aus Bauherren, die auch untereinander lernen und sich gegenseitig inspirieren können;
- weiterführende Tipps aus der Praxis, die über das in diesem Buch Genannte hinausgehen und weitere Vertiefung erlauben;
- … und immer aktuelle Tipps und Neuigkeiten.

Dank

Vielen Dank an alle, die mich auf meinem Weg begleitet und inspiriert haben, die dieses Buch aber auch erst möglich gemacht haben; durch direkte Mitarbeit an diesem Buch, durch die Bereitstellung zeitlicher Ressourcen, durch ehrliches Feedback, aber auch durch ihre Vorbildfunktion:

Laura Beuler
Günther & Maria Beuler
Martin Runge
Jan Bargfrede
Dr. Oliver Pott
Michael Baumann
Klaus-Peter Päuser
Ibrahim Evsan
Prof. Dr. Karolin Frankenberger
Prof. Dr. Wolfgang Jenewein
Prof. Dr. Dr. h.c. Torsten Tomczak
Prof. Dr. Andreas Hermann

Mein besonderer Dank geht auch an alle Bauherren, die meinem Team und mir in all den Jahren ihr Vertrauen geschenkt und mit uns ihren Traum vom Eigenheim umgesetzt haben. Der großartige Austausch mit all diesen Kunden hat dieses Buch in besonderem Maße inspiriert und eure Geschichten können jetzt weiteren Bauherren hoffentlich eine wertvolle Unterstützung sein.

Tobias Beuler
Nürnberg, im Mai 2024

Anmerkungen

1 Maaß, Stephan (2021): »Ein fehlerfrei gebautes Haus ist inzwischen die Ausnahme«, *Welt*, 28.04.2021, https://www.welt.de/finanzen/immobilien/article207276873/Baumaengel-gibt-es-fast-bei-jedem-Hausbau-wo-Sie-aufpassen-sollten.html; Download vom 15.12.2023.

2 Ebenda.

3 Ebenda.

4 Verband der Sparda-Banken e. V. (Hrsg.) (2023): »Sparda-Studie Wohnen in Deutschland 2023«, https://sparda-wohnen2023.de/typo3conf/ext/sparda/Resources/Public/PDF/Sparda-Studie_Wohnen-in-Deutschland_2023.pdf?v=2; Download vom 12.12.2023.

5 Vorausgesetzt natürlich, dass die Personen im selbst bewohnten Eigentum dort auch wohnen wollen. Das ist sicher die klare Mehrheit.

6 Erste Group (2023): »Wohnbaustudie 2023: Der Wunsch nach Eigentum ist weiter ungebrochen«, 20.06.2023, https://www.erstegroup.com/de/news-media/presseaussendungen/2023/06/20/wohnbaustudie-2023-wunsch-nach-eigentum-ungebrochen; Download vom 11.12.2023.

7 Miler, Olga (2021): »Der Traum vom Eigenheim – und was du darüber wissen solltest«, *watson*, 15.04.2021, https://www.watson.ch/wirtschaft/leben/591275313-moneytalks-der-traum-vom-eigenheim-und-was-du-darueber-wissen-solltest; Download vom 11.12.2023.

8 Ebenda.

9 *Ab in die Ruine!*, VOX.

10 *Einsatz in 4 Wänden*, RTL.

11 *Achtung Baustelle*, Kabel 1.

12 *Do It Yourself – S.O.S.*, ProSieben.

13 siehe »Ressourcen zum Buch«.

14 Es gibt natürlich auch andere tolle Suchmaschinen, teilweise sind diese auch weniger übergriffig, was Daten angeht. Aber mit seiner Marktdurchdringung und Bekanntheit »googeln« wir in diesen Beispielen wie circa 90 Prozent der Deutschen.

15 So ermittelten Anbieter auf Basis der Sucheingabe »Hausbau Kosten qm« folgende Angaben: Dr. Klein: ab 1.300 bis 1.700 Euro pro Quadratmeter, https://www.drklein.de/was-kostet-ein-haus.html; www.construyo.de: 1.800 Euro pro Quadratmeter, https://www.construyo.de/ratgeber/neubau/haus-bauen-kosten; Bausparkasse Schwäbisch Hall: 2.034 Euro pro Quadratmeter; LBS: 1.500 Euro pro Quadratmeter, https://www.lbs.de/service/s/infos_tipps_rund_ums_eigenheim/immobilien_know_how/massivhaus-fertighaus-baukosten.jsp; alle: Download vom 20.10.2023.

16 Statistisches Bundesamt (2021): »Von Januar bis November 2020 genehmigte Wohnungen: 59 % in Mehrfamilienhäusern«, Pressemitteilung Nr. N 015 vom 25. Februar 2021, https://www.destatis.de/DE/Presse/Pressemitteilungen/2021/02/PD21_N015_44.html; Download vom 09.10.2023.

17 Schmid, Eva Dorothée (2023): »Baukosten pro Quadratmeter: Was kostet ein Neubau?«, *Wohnglück*, 01.09.2023, https://wohnglueck.de/artikel/baukosten-pro-qm-neubau-47899; zugrunde gelegt werden Daten des Statistischen Bundesamtes; Download vom 09.10.2023.

18 Die Landesregierung Nordrhein-Westfalen (2018): »Preise für Grundstücke und Immobilien in Nordrhein-Westfalen steigen weiter«, 28.12.2018, https://www.land.nrw/pressemitteilung/preise-fuer-grundstuecke-und-immobilien-nordrhein-westfalen-steigen-weiter; Download vom 20.10.2023.

19 *Deutschlandatlas*: »Baulandpreise: So viel kostet der Quadratmeter in Ihrer Region«, https://www.deutschlandatlas.bund.de/DE/Karten/Wie-wir-wohnen/043-Baulandpreise.html#_6yvj9907y.

20 Martins-Brünslow, Bettina (2023): »Was kostet ein Haus? Kosten für Hausbau und Hauskauf im Überblick«, Dr. Klein, 24.03.2023, https://www.drklein.de/was-kostet-ein-haus.html; Download vom 09.10.2023.

21 Die Schätzungen stammen aus dem Jahr 2024, aber wenn man mich darauf anspricht, habe ich sicher eine aktuellere Einschätzung.

22 Eigene Umfrage unter 30.000 Social-Media-Followern, qualitative eigene Auswertung, nicht repräsentativ, vom 05.10.2023.

23 https://www.goodreads.com/quotes/10330302-an-idiot-with-a-plan-can-beat-a-genius-without, Download vom 12.02.2024.

24 Statistisches Bundesamt (2023): »Fast jedes vierte 2022 fertiggestellte Einfamilienhaus ist ein Fertighaus«, Zahl der Woche 24 vom 13. Juni 2023, https://www.destatis.de/DE/Presse/Pressemitteilungen/Zahl-der-Woche/2023/PD23_24_p002.html.

25 *sachsen.de*: »Grundstücksnachweis«, https://www.landesvermessung.sachsen.de/grundstucksnachweis-5714.html.

26 https://www.a-better-place.de/aushub-berechnen/ oder in den »Ressourcen zum Buch«.

27 Peters, Patrick: »Informationsasymmetrie: Konflikte in der Kommunikation vermeiden«, Allensbach Hochschule, https://www.allensbach-hochschule.de/informationsasymmetrie-konflikte-in-der-kommunikation-vermeiden/.

Die besten Steuerstrategien für Immobilieninvestoren

Erik Renk, Till Carstens

Wer in Immobilien investieren will, kommt um das Thema Steuern nicht herum. Ob Grunderwerbsteuer beim Immobilienkauf, Ertragsteuer auf die Einkünfte durch die Vermietung oder Steuern beim Weiterverkauf von Immobilien: Geld mit Immobilien verdienen kann bedeuten, einen großen Teil davon an den Staat abführen zu müssen. Deshalb ist es sinnvoll, sich von Anfang an Gedanken über die richtige Steuerstrategie zu machen. Erik Renk und Till Carstens, beide erfahrene Immobilieninvestoren, verraten, wie die Steuerlast erheblich gesenkt werden kann. Der Schlüssel dazu sind die richtigen Immobilien, das passende Know-how und die ideale Strategie. In diesem Buch erfährst du, wie du Immobilien steuerfrei veräußerst, Immobilien handelst und weniger als 1 % Steuern zahlst, ohne Eigenkapital modernisierst und 100 % der Kosten absetzt und Immobilien steuerfrei auf die nächste Generation überträgst.

256 Seiten | Softcover | 25,00 € (D) | ISBN 978-3-95972-459-3

Der Finanzplan für dein Leben

Erik Renk, Till Carstens

Stephan Busch und Tom Wonneberger geben Antworten auf die wichtigsten Fragen rund um Finanzen, Versicherungen und (Alters-)Vorsorge: Welche Versicherungen brauche ich wirklich und welche kann ich mir sparen? Wie sieht eine clevere Sparstrategie aus und wie setze ich sie um? Wie könnte ein Vermögensaufbau mithilfe des Arbeitgebers aussehen und wann sollte ich anfangen, an Altersvorsorge zu denken? Das Buch bietet alle Basics in Sachen Finanzen und Versicherungen, gibt Entscheidungshilfen und sorgt so für Gelassenheit und Sicherheit bei einem unbeliebten, aber wichtigen Thema – einfach und verständlich ohne überfordernden Fachjargon. Es enthält das Rüstzeug, um in allen Lebenslagen und -phasen die richtigen Entscheidungen für die Finanzplanung zu treffen.

320 Seiten | Softcover | 22,00 € (D) | ISBN 978-3-95972-668-9